農学とは何か

田付貞洋・生井兵治 編

朝倉書店

編集者

生井　兵治　　元 筑波大学教授，元 筑波大学附属駒場中・高等学校校長

田付　貞洋　　東京大学名誉教授

執筆者

生井　兵治　　元 筑波大学教授，元 筑波大学附属駒場中・高等学校校長　[1章]

篠原　　温　　千葉大学名誉教授　[2章]

道山　弘康　　名城大学農学部 教授　[2章]

鵜飼　保雄　　前 東京大学 教授 [3章]

岩田　洋佳　　東京大学大学院農学生命科学研究科 准教授 [3章]

田付　貞洋　　東京大学名誉教授　[4章]

宇垣　正志　　東京大学大学院新領域創成科学研究科 教授　[4章]

安藤　　哲　　東京農工大学名誉教授　[5章]

服部　　誠　　東京農工大学大学院農学研究院 教授　[5章]

宮﨑　　毅　　東京大学名誉教授　[6章]

津村　義彦　　筑波大学生命環境系 教授 [7章]

小川　和夫　　目黒寄生虫館 館長　[8章]

白樫　　正　　近畿大学水産研究所 准教授 [8章]

局　　博一　　東京大学名誉教授　[9章]

中島　紀一　　茨城大学名誉教授　[10章]

（執筆順）

はじめに

　皆さんは，「農」や「農業」にどんなイメージをおもちだろうか．農学を学ぼうと少しでも考えた皆さんは，「中山間地などの荒廃した田畑や里山を蘇らせたい」「若者が喜んで始めたくなる農業を」とか，「生物多様性を育む自然と調和する農業を」「途上国の食糧生産に貢献」などという抱負を抱いたかもしれない．これらはどれもとても尊い志である．

　一方で，「農」とか「農業」と聞くと，日焼けして汗まみれで泥んこになる炎天下の野良仕事が脳裏にうかび，農業を「汚い重労働」とイメージする人もいるかもしれない．でも，野良仕事中の無我の境地と仕事の達成感と爽快感は，コンクリートに囲まれた現代の都市生活では得ることが不可能な，「いのちの洗濯」でもあるのだ．天地（自然）に同化し，「農」の面白さ，楽しさを味わい，さらには，生命の多様性，巧みさ，不思議さ，偉大さを肌で感じられるからである．1万年前に始まった食糧自給のための原始的「農」は，近代に至るまで大きくその姿を変えることはなかった．ところが，わが国では明治期以降は後で述べる明治政府の近代化政策に始まり，昭和期，特に第二次大戦後になると経済至上主義が台頭して生産に偏重した「近代農業」に変質していった．そのような今こそ，本来の「農」をも万人に味わってほしいものだ．

　そもそもすべての動物は，草食・肉食・雑食の別を問わず，日々他の生物のいのちを犠牲にすることなしには生存できない．ヒトは，動物界で唯一，食物とするほかの生物の生命を自らに都合よく増殖できる技術，すなわち「農」を創出したことで「万物の霊長」として存在できた．現生人類は，「農」なくして存続しえないことは自明なことだが，私たちは常日頃このことを意識することはほとんどない．しかし，それぞれが生まれ，住んでいる場所で連綿と営まれてきた自給自足的な「農」にこそ，農地と環境を維持しながら食糧を得るという最も重要で基本的な営みの意味があることに気づかなければならない．

　ところが，特に1960年代からの高度経済成長のもとでは「農」を軽視する考えが急速に強まり，「農」の本質とはかけ離れた「農学」が進展した．さらに，さまざまな技術革新の成果としての「科学技術」が皮肉にも「緑の地球号」を荒らしまわり，その結果が地球温暖化や人工放射能汚染を招いている．以上のような状況への危機感が「21世紀は『食糧』と『環境』の世紀だ」と言われるゆえんであり，国連が，2013年を国際水協力年，2014年を国際家族農業年とし，2015年を国際土壌年と定めた背景でもある．

こんなに重要な「農」を追求すべき「農学」だが，今日では文理融合科学であるとされ，その対象は伝統的な野良仕事の業から大きく踏み出して，環境，生態系，生物多様性，観光，医療，福祉などと多岐に広がっている．したがって，現代農学は，理・工・医・薬・経済・社会などの諸学とさまざまに重なり合い，ますます総合的，学際的な学問になっている．このこと自体は自然ななりゆきと受け止めなければならないが，困ったことは農学が現実の荒廃した田畑とはほとんど無縁になってしまっていることである．

　明治政府以来，農学の中心的な課題は，一貫して農作物の収量の増大と品質の向上とされてきた．このうち，増収を目指して最も力が注がれたのは，①農地造成・土壌改良，②化学肥料・農薬の利用，③品種改良（育種）の3分野の基礎研究と技術開発であった．そこで，これらの成果を概観してみると次のように要約される．

　①の農地造成・土壌改良は，費用対効果では最も優れており，実行できれば生産性は飛躍的に高まる．しかし，かかる費用が莫大であることに加え，現在の地球上には問題なく農地造成できる土地はもうほとんどなくなってしまっている．

　②の化学肥料・農薬の利用は，てっとり早く生産性を高められるのだが，反面，これらの多用・乱用は耕地や河川の富栄養化と農薬禍を招き，人間をはじめ自然生態系の諸生物に甚大な被害を及ぼす危険が伴うことも明らかだ．そこで，いまでは化学的手法だけではなく，それ以外のさまざまな手法も組み合わせた，「総合的有害生物管理（IPM）」という概念が世界的に定着しつつあり，これはさらに農林生態系を超えた「総合的生物多様性管理（IBM）」という考えにまで発展しようとしている（第4章参照）．

　③の品種改良（育種）は，費用対効果では2番目だが，費用が農地造成・土壌改良よりもはるかに少なくてすむことが世界的に認められ，各国とも基礎研究と事業を精力的に行って大きな成果をあげている．しかし，この動きは冷静な目で注視する必要もある．それは，自然を征服したと勘違いした人間のおごりに通じるからである．利用しやすい生物を効率よく育成する技術として遺伝子工学が発展した．その結果，少数の多国籍バイオ企業が独占するトウモロコシ，ダイズ，ナタネ，ワタなどの遺伝子組換え（GM）品種がアメリカ大陸をはじめ世界各地で栽培されるようになってしまった．日本にもこれらのGM産品が大量に輸入されている．GM産品の品質は非GM産品と実質的に同等とされてはいるのだが，負の影響について十分な検証ができないため，多くの市民や一部の科学者は安全性に不安を感じている．GM技術が機械論的にすぎる技術であることは否定できないため，知られざる負の影響の存在が心配されるのだ（第3章参照）．

　本書は，高校でほとんど触れられない総合科学としての現代農学の全体像を，歴史をふまえてわかりやすく紹介しようという目的で企画された．この序文で，私たちがさまざまに訴えてきた現代農学がもつ心配な部分についても，できるだけ解決の道を探れるように配慮したつもりである．本書を読んでくださった皆さ

んには，ぜひその点も意識して将来を考えていただきたいと願っている．以下，本書の構成と概要を紹介する．第1章は総説で農学全体を「農」と関連させて概説する．第2〜4章では農学の基盤となる農業生物学を，生物生産（作物学，園芸学），品種改良（育種学，生物測定学），植物保護（植物病理学，応用動物昆虫学，雑草学）の3つに分けて紹介する．第5〜10章では農芸化学，農業工学，森林科学（林学），水産学，獣医畜産学，農業経済学について，それぞれの歴史，今日的内容と展望を簡明に紹介する．

「農」に直結する農学は，とてもおもしろい学問だ．とっつきやすそうな章からでも読み始めていただきたい．高校生の読者には多くの皆さんが受験に際して農学系に挑戦されることを願っている．その他の学生や市民の皆さんも，本書から農学のあり方と重要性や，おもしろさ，楽しさと新たな展開を感じてくださることを期待している．

2016年夏　生井兵治

〈編集部註〉　編集者の一人で，「はじめに」と第1章を執筆された生井兵治先生は，2017年4月，本書の編集途上で残念ながら病没されました．心からご冥福をお祈りするとともに，本書を通じて生井先生のご遺志が広く世に伝えられること願っております．（巻末に執筆者一同による追悼文を掲載いたしました．）

目　　次

第1章　農学とは何か —— 総説 ——……………………………………〔生井兵治〕…1

1.1　は じ め に…………………………1

1.2　農と農学についての簡単な歴史的考察‥2

  1.2.1　江戸時代から明治中期までの
篤農たち…………………………3

  1.2.2　世界にみる農学の成立と社会的背景
…………………………………3

  1.2.3　科学と技術…………………………4

  1.2.4　農業と農学…………………………5

  1.2.5　世界と日本の農業の特質…………5

1.3　日本における農学の黎明と発展の歴史
…………………………………6

  1.3.1　近代農学教育の黎明………………7

  1.3.2　戦後の国立新制大学に設立された
農学系学部………………………8

  1.3.3　国公立の農業試験研究機関の歴史
…………………………………8

  1.3.4　農学関連の学協会…………………10

1.4　21世紀の大学における農学教育………11

  1.4.1　大学基準協会（2003）による農学の
位置づけと農学教育の目標………11

1.5　お わ り に…………………………12

第2章　農業生物学1：生物生産 —— 作物学・園芸学 —— ………………〔篠原温・道山弘康〕…13

2.1　作物学，園芸学とは…………………13

  2.1.1　栽培の重要性………………………13

  2.1.2　作物学・園芸学の目的と研究……14

2.2　作物学の研究分野……………………15

  2.2.1　作物学で扱う作物の種類の多さと
重要性……………………………15

  2.2.2　作物学とは…………………………16

  2.2.3　日本の作物学研究の現状…………17

2.3　作物学の研究史・主要な業績………18

  2.3.1　西洋の風が吹き込んだ明治時代初期
…………………………………18

  2.3.2　近代科学としての作物学（農学）の
基盤を作った明治時代中期から
大正時代…………………………18

  2.3.3　わが国独自の作物学が展開した
昭和初期…………………………19

  2.3.4　戦後の食糧増産意欲に支えられた
作物学研究の発展 —— コメ余りまで
…………………………………20

  2.3.5　コメ余り状況下における作物の形態
と機能の基礎研究の発展 —— 1980年
まで………………………………20

  2.3.6　経済・環境問題のグローバル化時代
の研究 —— 1980年代以降…………21

2.4　作物学の将来問題……………………21

  2.4.1　作物学に進むには…………………21

  2.4.2　今後の作物学………………………22

  2.4.3　作物学に関する私の夢……………24

2.5　園芸学の研究分野……………………24

  2.5.1　野菜園芸学…………………………24

  2.5.2　果樹園芸学…………………………26

  2.5.3　花き園芸学…………………………27

2.6　園芸学の研究史・主要な業績‥‥‥28	2.7.1　大規模施設園芸に関する研究——
2.6.1　研究における農業の生産現場の	群落光合成に及ぼす環境条件の影響
重要性‥‥‥‥‥‥‥‥‥‥‥28	‥‥‥‥‥‥‥‥‥‥‥‥‥‥30
2.6.2　野菜園芸の研究史‥‥‥‥‥‥28	2.7.2　養液栽培に関する研究‥‥‥‥31
2.7　園芸学の将来問題‥‥‥‥‥‥‥‥30	2.7.3　人工光型植物工場に関する研究‥‥31

第3章　農業生物学2：品種改良 —— 育種学・生物測定学 —— ‥‥‥‥‥〔鵜飼保雄・岩田洋佳〕‥‥33

3.1　育　種　と　は‥‥‥‥‥‥‥‥‥33	3.2.8　遺伝子組換え育種‥‥‥‥‥‥44
3.2　品種改良と育種学の研究史‥‥‥‥34	3.3　最近の育種学における主要な研究‥‥46
3.2.1　農耕の開始と作物の誕生‥‥‥34	3.4　生物測定学‥‥‥‥‥‥‥‥‥‥‥46
3.2.2　作物の起源地と祖先種の解明‥‥35	3.4.1　生物測定学の研究史 —— 交雑育種に
3.2.3　遺伝資源の探索と保存‥‥‥‥36	おける活用‥‥‥‥‥‥‥‥‥46
3.2.4　自殖性作物の交雑育種‥‥‥‥37	3.4.2　生物測定学がひらく新しい品種改良
3.2.5　ヘテロシス育種‥‥‥‥‥‥‥38	の世界‥‥‥‥‥‥‥‥‥‥‥48
3.2.6　倍数体育種‥‥‥‥‥‥‥‥‥40	3.5　育種学と生物測定学の将来‥‥‥‥52
3.2.7　突然変異育種‥‥‥‥‥‥‥‥42	

第4章　農業生物学3：植物保護 —— 植物病理学・応用動物昆虫学・雑草学 ——
‥‥‥‥‥‥‥‥‥‥‥‥‥‥‥‥‥‥‥‥‥‥‥‥‥‥‥‥‥〔田付貞洋・宇垣正志〕‥‥54

4.1　農業生物学と「植物保護」‥‥‥‥54	4.3.4　将　来‥‥‥‥‥‥‥‥‥‥‥64
4.1.1　植物保護とは‥‥‥‥‥‥‥‥54	4.4　応用動物昆虫学‥‥‥‥‥‥‥‥‥65
4.1.2　植物保護を担う研究分野‥‥‥55	4.4.1　概　要‥‥‥‥‥‥‥‥‥‥‥65
4.2　植物保護の方法‥‥‥‥‥‥‥‥‥55	4.4.2　研究内容‥‥‥‥‥‥‥‥‥‥66
4.2.1　植物保護と農薬‥‥‥‥‥‥‥55	4.4.3　事　績‥‥‥‥‥‥‥‥‥‥‥68
4.2.2　総合有害生物管理（IPM）と	4.4.4　将　来‥‥‥‥‥‥‥‥‥‥‥70
総合生物多様性管理（IBM）‥‥56	4.5　雑　草　学‥‥‥‥‥‥‥‥‥‥‥71
4.3　植物病理学‥‥‥‥‥‥‥‥‥‥‥57	4.5.1　概　要‥‥‥‥‥‥‥‥‥‥‥71
4.3.1　概　要‥‥‥‥‥‥‥‥‥‥‥57	4.5.2　事績と研究内容‥‥‥‥‥‥‥72
4.3.2　研究内容‥‥‥‥‥‥‥‥‥‥58	4.5.3　将　来‥‥‥‥‥‥‥‥‥‥‥73
4.3.3　事　績‥‥‥‥‥‥‥‥‥‥‥61	

第5章　農　芸　化　学‥‥‥‥‥‥‥‥‥‥‥‥‥‥‥‥‥‥‥‥‥〔安藤哲・服部誠〕‥‥74

5.1　農芸化学の歴史と現況‥‥‥‥‥‥74	5.2.1　多様な微生物‥‥‥‥‥‥‥‥75
5.1.1　農芸化学とは‥‥‥‥‥‥‥‥74	5.2.2　共生微生物‥‥‥‥‥‥‥‥‥75
5.1.2　農芸化学の幕開け‥‥‥‥‥‥74	5.2.3　発　酵‥‥‥‥‥‥‥‥‥‥‥76
5.1.3　現在の農芸化学における研究‥‥75	5.2.4　醸　造‥‥‥‥‥‥‥‥‥‥‥77
5.1.4　ジュニア農芸化学会‥‥‥‥‥75	5.2.5　抗生物質‥‥‥‥‥‥‥‥‥‥77
5.2　微生物の利用‥‥‥‥‥‥‥‥‥‥75	5.2.6　生態系における役割‥‥‥‥‥78

5.3　植物を巡る化学物質·····················79
　5.3.1　植物ホルモンの多様性とその
　　　　　はたらき·····················79
　5.3.2　植物の化学調節·····················80
　5.3.3　雑草防除·····················81
　5.3.4　ファイトアレキシンとアレロパシー
　　　　　·····················81
5.4　哺乳動物や昆虫の生理とその制御·····82
　5.4.1　ガンとの闘い·····················82
　5.4.2　動物のホルモン·····················82
　5.4.3　昆虫のホルモン·····················83
　5.4.4　昆虫のフェロモン·····················84
5.5　遺伝子組換え·····················85

5.5.1　遺伝子実験技術·····················85
5.5.2　遺伝子組換え作物（GM作物）·····86
5.5.3　問題点と課題·····················87
5.6　食と健康·····················88
　5.6.1　栄養素·····················88
　5.6.2　食品アレルギー·····················89
　5.6.3　機能性食品·····················90
5.7　食の安全・安心·····················91
　5.7.1　化学農薬の役割·····················91
　5.7.2　農薬の安全性評価·····················92
5.8　環境問題への取り組み·····················93
　5.8.1　環境保全型農業·····················93
　5.8.2　環境保全型バイオ後術·····················93

第6章　農　業　工　学·····················〔宮﨑毅〕···96

6.1　農業工学の概要·····················96
　6.1.1　農業工学とは何か·····················96
　6.1.2　農業工学の創始と変遷·····················98
6.2　農業工学の現在·····················99
　6.2.1　農業工学の基礎と専門基礎·········99
　6.2.2　農業工学を学べる学科名称·······100
　6.2.3　農業工学の中の専門分野（1）·····100
　6.2.4　農業工学の中の専門分野（2）
　　　　　── 関連学会について············104
6.3　農業工学の貢献と事績·····················105
　6.3.1　農業工学の代表的な研究実績·····105

6.3.2　農業工学の伝説を作った研究者・
　　　　技術者たち·····················107
6.4　農業工学の将来·····················109
　6.4.1　望ましい資質·····················109
　6.4.2　推奨される勉強·····················109
　6.4.3　農業工学の優れた技術者を育成する
　　　　　ための取り組みJABEEとは·····110
　6.4.4　関連分野，協力分野，近未来に
　　　　　拡大・発展しそうな分野·········110
　6.4.5　執筆者自身の研究ならびに
　　　　　当該分野に関する夢など·········112

第7章　森林科学（林学）·····················〔津村義彦〕···117

7.1　総合科学としての森林科学·········117
　7.1.1　森林科学とは·····················117
　7.1.2　森林と人間との関わり·········118
　7.1.3　林学教育の歴史·····················118
　7.1.4　研究対象·····················118
7.2　森林科学の下位分野·····················119
　7.2.1　主に生物を対象とした学問分野··119
　7.2.2　主に環境を対象とした学問分野··120
　7.2.3　主に林業を対象とした学問分野··121
　7.2.4　主に木材を対象とした学問分野··123

7.3　最近の森林科学でのトピック·········124
　7.3.1　主に生物を対象とした森林科学分野
　　　　　のトピック·····················124
　7.3.2　主に環境を対象とした森林科学分野
　　　　　のトピック·····················125
　7.3.3　主に林業を対象とした森林科学分野
　　　　　のトピック·····················126
　7.3.4　主に木材を対象とした森林科学分野
　　　　　のトピック·····················126

7.4　日本の林業および森林に関する優れた点
　　　……………………………126
7.5　今後の森林科学………………127
　　7.5.1　生産性の高い持続的林業………127

7.5.2　環境防災………………………127
7.5.3　生物多様性保全………………128
7.5.4　森林資源の循環利用…………128
7.6　今後の森林および林業の課題………128

第8章　水　産　学………………………………………〔小川和夫・白樫正〕…130

8.1　水産学概説……………………130
　　8.1.1　水産学とはどんな学問分野か……130
　　8.1.2　食品としての水産物…………130
　　8.1.3　日本における水産学研究と教育‥131
8.2　漁　業　学……………………131
　　8.2.1　漁業学の概要…………………131
　　8.2.2　漁業学・水産資源学の研究……132
　　8.2.3　漁業学・水産資源学の事績……133

8.2.4　漁業学・水産資源学の展望……134
8.3　増　養　殖　学………………135
　　8.3.1　増養殖学の概要………………135
　　8.3.2　増養殖学の事績………………138
　　8.3.3　その後の増養殖研究…………141
8.4　水産学の将来…………………143
　　8.4.1　水産学に進むには……………143
　　8.4.2　今後の水産学………………144

第9章　獣医畜産学………………………………………………〔局博一〕…146

9.1　獣医畜産学とは………………146
　　9.1.1　色々な動物をみて比較する楽しさ
　　　……………………………146
9.2　獣医学が扱う動物や目的…………146
　　9.2.1　医学に役立つ研究……………147
　　9.2.2　臨床獣医学……………………147
　　9.2.3　国際獣疫と人獣共通感染症……147
　　9.2.4　獣医学のなかから生まれた日和見
　　　感染の考え…………………149

9.2.5　食の安全………………………150
9.3　畜産学の主な分野と畜産の歴史……151
　　9.3.1　和牛開発の歴史………………152
　　9.3.2　日本における食肉需要と食肉の
　　　生産性……………………153
　　9.3.3　畜産食品と健康有効成分………154
9.4　レギュラトリーサイエンスへの道……154

第10章　農業経済学………………………………………………〔中島紀一〕…155

10.1　農業経済学のイメージ…………155
　　10.1.1　幅広い文系学科としての農業経済学
　　　……………………………155
　　10.1.2　出発点は現実の社会問題への関心
　　　……………………………155
　　10.1.3　農業経済学は雑学重視………156
　　10.1.4　学科名はさまざまに…………156
　　10.1.5　さまざまな専門学会…………157
10.2　農業・農村についての法律と施策‥157
　　10.2.1　食料・農業・農村白書………157

10.2.2　農業基本法から食料・農業・農村
　　　基本法へ……………………157
10.2.3　「選択的拡大」という言葉………158
10.2.4　法制度の変化とその背景………159
10.3　食料問題 —— 飢餓と飽食…………160
　　10.3.1　世界の人口増加と食料問題……160
　　10.3.2　途上国での飢餓問題と農業……161
　　10.3.3　緑の革命………………………162
　　10.3.4　先進国での飽食問題…………163

10.4　農業問題——土地と農民，企業的農業の
　　　展開としぶとく生きる伝統的な農業
　　　……………………………………164
　10.4.1　農業とはなにか？ ……………164
　10.4.2　農地という存在 ………………164
　10.4.3　農業の担い手——小農という存在
　　　……………………………………166
　10.4.4　農業機械，農業施設，化学肥料・
　　　農薬などの農業資材の供給——
　　　農業関連産業 ………………167

　10.4.5　農業経営の展開 ………………168
　10.4.6　農産物の流通とフードシステム
　　　……………………………………169
10.5　農村問題——地域，暮らし，環境…170
　10.5.1　壊れていく地域社会 …………170
　10.5.2　農村地域社会の仕組み ………171
　10.5.3　農村・農家の暮らし …………171
　10.5.4　農村・農業環境問題…………173
10.6　これからの農業・農村——世代をつなぐ
　　　選択へ…………………………173

編著者　生井兵治さんのこと——ご逝去を悼んで——……………………………………175
索　　引……………………………………………………………………………………176

第1章

農学とは何か
—— 総説 ——

1.1 はじめに

　ヒトを含むすべての動物は，日々他の生物のいのちを犠牲にすることなしには生存できない存在である．動物界で唯一，他の生物の生命を自らの都合に合わせて増殖できる技術，すなわち「農」を創出したことで「万物の霊長」として存在するヒトは，自然の支配者ではなく，生態系における生物多様性の循環の中で他の生き物よりも少しだけ余計に「お裾分け」を貰う立場と謙虚に心得るべきであろう．

　農学は，ヒトの生活の基盤として重要な「農」と「農業」を追求する文理融合科学である．しかしながら，複合的・応用的な学であるため，高校までの教育の中ではほとんど触れられることがない．多くの学生は，大学進学を意識したときに初めて農学と農学部の存在を知ることになる．そうした学問分野は他にも多数あるが，農学はそのなかでも最も広範な内容を含む分野の一つである．

　大学が農学をどのように教授しているかを概観するために，農学部で初めに学ぶ概論的な講義科目の概要を，例として東京大学と京都大学のシラバスを参照して紹介する．他の大学にも，講義科目名はさまざまだが，これらと同様の位置づけの導入的な講義科目があるだろう．

■東京大学の場合　　東京大学では農学部への進学が内定した教養学部2年後期の学生を対象に，農学部で初めに学ぶ概論的な講義科目とし

て，広範囲にわたる農学を広い視野から俯瞰する13の講義からなる「農学総合科目」，農学各分野の基礎となる26の講義からなる「農学基礎科目」，ならびに農学に共通する倫理教育に関わる4科目の講義からなる「農学共通科目」が用意されている．これらのうち「農学総合科目」のタイトルは，「人口と食糧」「生態系の中の人類」「土壌圏の科学」「水の環境科学」「環境と景観の生物学」「生物の多様性と進化」「環境と生物の情報科学」「化合物の多様性と生理機能I」「化合物の多様性と生理機能II」「バイオマス利用学概論」「森林資源と木材利用」「食の安全科学」「放射線環境学」で，それぞれの専門分野の教員が担当する．農学部進学予定者はこれらから自由に選択して4単位以上を履修する．これにより各人の興味のある分野の基礎とともに農学の概要を学ぶ．「農学共通科目」のタイトルは，「農学リテラシー」（必修）「環境倫理」「生命倫理」「技術倫理」で，必修科目を含む2〜3科目を履修する．農学においても学問や技術の著しい進歩とともに急速に重要性が高まっている倫理教育を農学部進学前に受講する．

京都大学の場合　　一方，京都大学農学部では「農学概論I」と「農学概論II」を開講しており，「農学概論I」では「これから農学を学ぶ際に必要とされる基本的かつクリティカル（批判的）な視点を提供することを目的とする．農学の特質や，農林水産業の歴史と現代的課題，農村や農業者が抱える問題，食と農林水産業との結びつき，農学における新技術の導入と論点，考慮すべき倫理問題

などについて解説を行うなかで，農学に対する反省的考察（つねに自らを省察しつつ研究を進めること）を受講生が身につけることをめざ」す．「農学概論Ⅱ」では「農学を構成するさまざまな学問領域の基礎とその発展の歴史を学び全体像をつかむとともに，他の学問領域との関連を理解」し，「学んだ内容と各受講生が将来対峙する実務現場との関連を実感できるようになる」ことなどを目標としている．

　農学部で初めに学ぶ概論的な講義科目であっても，例に挙げた2つの大学でやり方にも内容にも微妙な違いがあるのは興味深い．しかし，いずれにしても，農学の対象がいまでは伝統的な農業生産を中心として裾野が大きく広がり，環境，生態系，生物多様性，観光，医療，福祉などと多岐にわたること，したがって，現代の農学は，理・工・医・薬・経済・社会などの諸学ともさまざまに重なり合いをもち，ますます総合的，学際的な学問になり，「食料と環境の世紀」といわれる21世紀における最重要学問の一つである点を最初にしっかりと把握させることを重視しており，この点はほかの大学における概論的な講義科目でも同様であろう．さらに付け加えれば，明治期から政府の農産振興策の一環として整備が進められた研究・教育組織で行われてきた従来の農学研究には，国策としての日本農業の近代化を「上から目線」で推し進め，生産性と品質の向上にのみ注力するあまり，農業の当事者である農民の暮らしや農林生態系における生物多様性の保全にはほとんど目を向けなかったという偏った傾向があったことも，これから農学を学ぶ学生には初めに認識してもらいたいことである．
　以上のことをふまえて本章では，まず初めに，何のため誰のための農学か，科学と技術の関係，日本と世界における農業と農学の関係，などを歴史的に概観しておきたい．

1.2
農と農学についての簡単な歴史的考察

　筆者は，『農学基礎セミナー 新版 農業の基礎』(2003) の「まえがき」の前段で，「農の歴史はヒトの歴史そのものであり，豊かな農が生活基盤である社会にはヒトはもとよりすべての生き物を愛しむ優しい心と自然に対する畏敬の念が満ち溢れてい」るが，「高度に発達した経済至上主義の競争社会の現代では，都会はもとより農山村ですら，日々の生活は自然の営みから大きく隔絶されており，子どもも大人も極めて無機的な暮らしを余儀なくされて」，「精神的にも肉体的にも傷みやすく，ぎすぎすした社会になるのが当然で」ある，と書いた．そしてまた，「お日様に照らされ土まみれになりながらおこなう野良仕事のひとつひとつをなしとげながら体全体で感じる爽快感は格別で，いのちの洗濯にこれほど効果的な活動はありえず」，それは「ヒトにはもともと野山をかけめぐって獲物をあさり田畑を耕して農にいそしむという大自然の懐にいだかれた生活の原体験があり，今でもそれが遺伝子に連綿とすりこまれているからであろう」とも書いた．
　ここであえて上記の文章を引用したわけは，頭と体の両方を使わないと充実感が湧かないということが，ヒトの自然な感覚だと思うからである．しかし，経済至上主義の工業社会においては自給自足的な農が産業としての農業に変質し，今日の日本では貿易自由化政策のもとで全国民の食料需要の4割弱（カロリーベース）しか自給できていない．文明開化の明治維新以来，地下資源の少ないわが国では殖産興業による近代化を目指し，農業を軽視し商工業を重視する政策が推し進められてきた．農民は冷遇され，環境問題が大きく取り上げられるまでは，大学農学部や国公立農業試験研究機関も冷遇され続けてきた．
　だから，本書で「農学とは何か」を考える場合には，まず農（農業）のあるべき姿を明確にする

とともに，何のための誰のための農学なのかということを歴史的に概観し，これからの農（農業）と農学の進むべき道を展望する必要がある．

ちなみに，2014 年は国際連合が定めた「国連家族農業年」であった．これは，世界の多くの国ぐにが家族的小農を重要視している証拠である．

1.2.1 江戸時代から明治中期までの篤農たち

近代以前においては，農業に関する研究・技術開発を行うのは主に農家自身だった．すなわち，新しい栽培法の開発，病気に強い品種の作出といったことを，個々の農家が自分の田畑で行っていたのである．そして，そうした農家のなかでも，とりわけ研究や技術の指導・普及に熱心で，地域の農業の向上に貢献した人々を「篤農」とよんだ．

江戸時代から明治中期頃の篤農，すなわち宮崎安貞，奈良専二，田村茂吉，中村直三，船津伝次平，石川理紀之助などは，自らの実践による農業体験に基づいた土を重視する農業哲学と経験から得たそれなりの科学（農学）を身につけていた．

一方，特に東京の農学校で西洋科学を学んだ卒業生の多くは，わが国の農業の実際と結びつかない科学で事に当たろうとした．駒場農学校第 2 回卒業生の横井時敬は，講演会の席で「農学栄えて農業滅ぶ」と揶揄したとされる．当時の農学界では，欧米の後追いのような論文が多く，現場の農業に役立つ農学研究は少なかったのである．

そのようななかで，国や地方の農業試験研究機関では，篤農などによる農業の現場からのアイデアや要望に応えるかたちの試験研究が中心的に進められた．

1.2.2 世界にみる農学の成立と社会的背景

このテーマをおおざっぱに説明するために，近代農学が成立した 16 世紀から 19 世紀にかけてのヨーロッパにおける代表的な研究者 4 名を取り上げて農業と農学に関する言説をたどってみよう．

イギリスの法学者トマス・モアは，1516 年に著した『ユートピア』で，「真の理想郷は自由と規律をかねそなえた共和国であり，その国民は人間の自然な姿を愛し，戦争で得る名誉ほど不名誉なものはないと考える」とした．同書のなかで，モアは当時の牧羊目的の企業的農地囲い込み（エンクロージャー）について，自給的農業を攻撃するもので，経済的側面にとどまらず，人間の内面にまで弊害をもたらすと痛烈に批判した．これは敬虔なキリスト教徒であったモアの宗教的良心に基づくところが大きいと思われるが，その後大きく進展する農業の資本主義化に対する原初的な批判と受け取ることもできよう．

18 世紀イギリスの農学者 A. ヤングは，イングランドにおける家畜飼育・穀物輪作・施肥が合理的に結合したノーフォーク式 4 種輪作制（コムギ→カブ→オオムギ→クローバー）を基礎とする新農法の普及によりイギリスに企業的大農経営の道を拓き，自給的小農から資本主義的な大農経営に向かうヨーロッパの農業革命に大きく貢献した．以上から明らかなようにヤングの農学の方向性は前述のモアとは正反対に映るが，これは「ユートピア」を生み出したモアの時代背景とは異なり，産業革命を機にすでに発展しつつあった資本主義の大きな流れの中にあっては必然であったのだろう．

同じ流れの中で 19 世紀のドイツで農業経済を中心に据えて農学を総合化・体系化したとされるのが，農学者で農業教育者でもある A. D. テーアである．彼は自らも農業を営み，1809～1828 年の間に，『合理的農業の原理（全 4 巻）』を著し，「近代農学の始祖」と称されている．栽培技術との関連では，有機栄養説（土壌中の腐植が養分となる）と輪栽式農法（コムギ・ライムギ→カブ・テンサイ・ジャガイモなど→オオムギ・エンバク・豆類など→クローバー・ウマゴヤシなどでローテーションを組み，畜産で堆厩肥を利用，飼料作物を輪作に取り入れる；前述のノーフォーク式

もこれに入る）を確立した．これらによりヨーロッパでは，同書を「有機農業の聖典」と見る向きもある．ただし，テーアの思想も企業体としての農業の永続性を保つために土壌を重視する立場に立脚しており，ヤングの延長線上にあるといえる．

テーアと同時期のドイツの著名な化学者 J. F. フォン・リービッヒは，実験室の化学的知識に基づいて 1840 年に『化学の農業及び生理学への応用』を著し，テーアの有機栄養説を批判するとともに，植物が基本的に無機養分だけを吸収して生育できるという「無機栄養説」を提唱した．すなわち，植物の栄養源は，無機物（CO_2，水，アンモニア（硝酸），リン酸，カリウム，硫酸，ケイ酸，カルシウム，マグネシウムなど）であり，植物の三大必要要素は窒素，リン酸，カリウムで，作付け前の耕地には不足した無機物を補えばよいとする施肥理論である．さらに 1844 年には，植物の生長は必要な養分のうちの最も少ないものによって制限される，とする理科の教科書にも出てくる「最小養分律（最小律）」を提唱した．以上は画期的な説でありその後の農学に多大な影響を与えた半面，農業現場ないしは実験圃場の観察によらないため，分析的に見るだけで農業で重要な総合的な観点に欠けるという批判がある．なお，無機栄養説も最小律もリービッヒ以前に同じドイツの農学者 P. C. シュプレンゲルが発見し，発表もしていたが注目されなかったものを，リービッヒが普及に努めたのが真相であるとして，「シュプレンゲル・リービッヒの無機栄養説と最小律」と表記すべきとの意見があることを付記する．

以上から見えてくるのは，産業革命以降のヨーロッパを中心とする資本主義的工業社会においては，人口増加に伴い食糧増産が至上命令となり，自給自足的な農が産業としての農業に変質せざるをえない時代背景である．農学にはいかに効率的に農産物を増産できるかという課題が突き付けられたのである．そうなると，農学が自給自足的な農では強く体現できる農業がもつ根源的かつ重要

な価値，「ヒトはもとよりすべての生き物を愛しむやさしい心と自然に対する畏敬の念」から遠ざかっていったのは自明の理であろう．そしてこの構図は明治以降の日本でも同様に現れ，国策に裏打ちされた強い流れは現在もなお主流をなしている．しかしながら，自給的農業に典型的に見られる素朴な農の価値も決して忘れてはならない貴重なものだ．といってもかつてと同様の自給的農業を取り戻すことは不可能である．近代化された農業を推進するなかにあって，いかにして同じような価値を見出すのか．これも現代農学の重要な課題であろう．

1.2.3 ▶ 科学と技術

一般的な「科学」の定義は，「①体系的であり，経験的に実証可能な知識．物理学・化学・生物学などの自然科学が科学の典型であるとされるが，経済学・法学などの社会科学，心理学・言語学などの人間科学もある．②狭義では自然科学と同義」であり，一般的な「技術」の定義は，「科学を実地に応用して自然の事物を改変・加工し人間生活に利用するわざ」（『広辞苑』）である．

科学は基礎科学と応用科学に分けられ農学は応用科学に分類される．そして，学問の世界では基礎科学が応用科学よりも高級であると思っている学者や市民が少なくないようである．

いずれにしても，一般的に欧州の近代科学の成立は，17 世紀頃（ニュートンやデカルトが活躍した時代）に制度的体系が形成され，19 世紀には科学を担う専門職としての「科学者」が成立したとされる．また，近代的な技術の成立は，18 世紀後半からの産業革命（紡績機，蒸気機関など）と，19 世紀後半からの第二次産業革命（重化学工業の発達）が大きな 2 つの画期とされている．そして，「科学技術創造立国」を標榜する今日の日本では，1995 年以来，「科学技術基本法」に基づき「科学技術基本計画」を 5 年ごとに改定しながら，「我が国における科学技術の水準の向上を

図り，もってわが国の経済社会の発展と国民の福祉の向上に寄与するとともに世界の科学技術の進歩と人類社会の持続的な発展に貢献することを目的」として，国家プロジェクトが取り組まれている．しかも，ここでいう科学技術は，「人文科学のみに係るものを除く」ことが前提になっており，かつ「科学に裏打ちされた技術」のことではなく「科学と技術」の総体を意味し，特に日本では科学が技術に隷属した状態を意味している．なお，歴史的に，偉大な技術は科学と技術の両面に秀でた企業人によって誕生している．

1.2.4 農業と農学

農業を研究する学問が農学であることは間違いない．しかし，1.1 節で述べたように現在の農学は農業の研究にとどまるものではない．農学の対象は伝統的な農業，つまり「有用な植物を栽培」し，あるいは「有用な動物を飼養」する「生産業」を中心とするが，その裾野は大きく広がっていて，林業，水産業はもとより，生物そのものや生物の機能を利用する多様な産業が広く農学の対象となっている．このように農学には植物，動物をはじめとするさまざまな生物が関わるのが特徴であるので，一見，農学イコール応用生物学ではないかと考えるかもしれない．しかし，農学にはそれ以外に，これらの産業の文化的，歴史的あるいは社会的な側面も重要である．したがって農学の研究対象は，農業関連産業を中心に，環境，医療，福祉，観光，家政などきわめて幅広い．そのため農学の研究分野も，以上に直接・間接に関わる生物学，化学，工学，経済学，政治学，歴史学など多岐にわたっている．現代の農学は，理・工・医・薬・経済・社会などの諸学ともさまざまに重なり合い，交流をもつ，理系・文系の枠を超えるまさに総合的な学問である．

次に，農学が農業をはじめ基本的に生物を利用する産業を対象とすることから，農学の生物学的側面をもう少し詳しく見てみよう．ひとくくりに

すれば上に書いた応用生物学に該当し，生物学を活用して目的の生物や生物機能をより良く，より効率的に利用することを目的とする部分であり，具体的には生産量の増大と品質向上を効率的に行うための技術開発に関する研究である．伝統的には品種改良や栽培・飼養方法の改良などがあるが，この分野で近年大きな力を発揮しているのは，進歩が著しい遺伝子やゲノムの解析技術を駆使する分子生物学である．具体例をあげれば，ある種の細菌が生産し昆虫を特異的に殺す作用のあるタンパク質（Bt タンパク質）の遺伝子を作物のゲノムに導入して害虫耐性の作物品種（Bt 作物）を作る技術は，タバコ，ダイズ，ワタなどですでに普及している．この例に見られるように，分子生物学的手法を用いると，生物の種を超えた遺伝的操作が可能であり，また，品種改良に要する時間を著しく短縮できるなど，伝統的方法では考えられなかった技術開発が可能になった．したがって，さまざまな場面で分子生物学的研究が展開されているが，この流れは，うっかりするとミクロの分子レベルの現象から得られた知識を統合すれば生物現象のすべてが解き明かされると考える要素還元主義に陥る危険がある．農作物の栽培をはじめ，農学が扱う生物現象は基本的に個体や個体群，あるいは生態系に生じることを忘れてはならない．マクロレベルの生物現象を扱う生態学的な研究がミクロレベルの研究とならんで，あるいはそれ以上に重要である．

最後に，農学における技術開発では現場との関連を考える必要がある．マクロレベルの現象が総合されているのが現場である．農学研究者は日頃から農業などの現場と緊密な連携を深めておかなければ，大きな技術革新は生まれないであろう．

1.2.5 世界と日本の農業の特質

熱帯多雨林地帯では，年間を通して農業をやることが可能であるが，狩猟と採集が日々の生業であり，農業はあるとしても十分なエネルギー（カ

ロリー）を賄える穀物栽培が安定しているため畜産はない．樹性サバンナ地帯では，雨期には農作物を栽培するが，雨量が多ければ畜産はない．雨量が比較的多い日本でも，歴史的には畜産はなかった．一方，草性サバンナ地帯では，雨期には農作物を栽培するが，畜産が発達している．

　雨量の多い地域では穀類や豆類からエネルギーを摂り，油糧作物や豆類から油脂とタンパク質を摂って生活することが可能なため，畜産は必要不可欠なものではない．日本の農業は歴史的に畜産が欠けていたといわれるが，それにはこうした必然がある．このように，農業は気候・風土に強く影響され，それに適応したものとして土地ごとに成立してきている．これを環境決定論とよび，地理学や生物学（生態学）で広く受け入れられている考え方である．しかし一方で，農業は自然に対して人為的な働きかけを行うことによって生産力を高めようとするものであるから，全面的に環境決定論を受け入れることはできない．

　日本の農業は世界的にみて単位面積あたり収量は多いが，輸入原料による化学肥料・農薬に大きく依存しているのが特徴である．

　工業・商業など，第二次以降の産業に従事する人々（非農業人口）の増加率はひとえに土地生産力，すなわち作物（わが国の場合特に，コメ）の収量に強く依存する．わが国の江戸時代末期の人口は 2500 万〜3000 万人で，その約 2 割が武士や商人や職人などの非農業人口であったから，当時の日本の自給自足的な農業における土地生産性はきわだって高かった．そして，日本では，コメと雑穀類（アワ，キビ，モロコシ，ソバなど）や豆類（ダイズ，アズキ，ラッカセイなど）を食べれば人体を構成するタンパク質の構成要素である 20 種類のアミノ酸を十分に摂取できる．ちなみに，大人 1 人のタンパク質必要量は 1 日あたり約 70 g だといわれている．コメのタンパク質の生物価（体内に吸収されたタンパク質のうち，排泄されず体内に保持される分の割合を百分率で表し

た数値．必須アミノ酸含量に依存する）をコムギや雑穀・豆類の生物価（鶏卵が 100）と比べると，ソバ 92，ダイズ 86，コメ（白米）65，コムギ（パン）44 であり，コメやコムギだけでは必須アミノ酸が不足する．

　いずれにしても，経済至上主義の資本主義が高度に発達し，市場経済中心の競争社会にあって，「経済価値」だけが重視される今日こそ，本来は経済成長になじまない「農」と「農業」を徹底的に軽視する国政と地方行政を大転換してほしいものである．すなわち，大規模農業を目指すのではなく，昔から地域の実情に合った家族的な小規模農業，しかも兼業農家を優遇する政策を進めるしか，在郷の自然を守りながら農作物を収穫し続ける術はないのである．

1.3
日本における農学の黎明と発展の歴史

　ここでは，まず明治期に駒場農学校と札幌農学校を拠点として外人教師による欧米の近代農学教育（移入教育）を始めるまでと，大正・昭和期にアジア・太平洋戦争によって農業をはじめとする全産業が著しく疲弊した時期を経て，幾多の問題をはらみながらも戦後の復興を遂げた 20 世紀末までの農学研究と農学教育の歴史を，そのときどきの農業の実態とからませながら概観してから，農学関連の学協会の歴史について見ていきたい．

　なお，明治期以降，アジア・太平洋戦争が終わるまでの農学研究の歴史は，4 期に区分けされることが多い．すなわち，第 1 期は明治前期で，明治政府によるいろいろな研究機関や学校の整備が進められ，農業生産そのものの発展は，もっぱら幕末から続いてきた篤農たちの技術の普及であった．第 2 期は明治中期で，駒場の地でドイツ人教師ケルネルらによる水稲の肥料や生産物の成分分析結果が発表されたり，研究機関が品種改良（育種）などの面で具体的な成果を上げ始めた時期で

6　第 1 章　農学とは何か

ある．この時代では，農業政策と農民との対応のなかで出てきた問題点を捉えるという姿勢が続いており，篤農の活躍に負うところが多かった．第3期は明治後期から大正時代で，新しい欧米の知識を受容し直そうとする時期であり，特に明治末期から大正時代には，日本獣医学会を皮切りに日本造園学会まで8つの学会が創立されるなど，大日本帝国が確立する前の昭和初期までの農学研究者による研究活動が大きく進展した．第4期は，昭和初期から終戦までで，戦時下にあっても農業試験研究機関の研究者たちが命がけで守り続けてきた成果が大きく実り始めた時期である．

1.3.1 ▶ 近代農学教育の黎明

歴史的にわが国では，各学問分野の権威に対して人びとの尊敬と従順の意識が非常に強かった．江戸時代までの権威ある名著とされた農書や本草学書とその著作者は，特に中国の漢籍（漢文で書かれた書籍）や諸子百家の業績などの読書力・読解力に優れる儒学者であった．

本草学とは古く中国で発達した薬学・医学につながる植物を中心とした学問であり，諸子百家とは春秋戦国時代（前770〜前221年）の思想家や学派の総称である．だから，当時の農書や本草学書の内容は，自ら観察して確かめた知識や技術を記すのではなく，もっぱら中国の書物の受け売りであった．すなわち，中国の高級官僚たちの編纂になる『斉民要術』や『欽定農政全書』などが多大の影響を与えている．たとえば，わが国初の木版本の農書である『農業全書』（1697年，元禄10年）には，国内の事例を記した箇所も少しはあるが，多くは『農政全書』からの断りなしの翻訳引用である．この傾向は，文明開化後も続き，西欧諸国の学術文化についても同様に，現実の農業とは無関係のままに受容する態度が強かった．

ただし，幕末になると，自己の経験や見聞を著した篤農による農書が現れ，なかには田村吉茂の『農業自得』（1852年，嘉永5年）などのよう

に木版本として広まったものもある．いずれにしても，長い江戸時代に儒学の訓話的伝統や地に足の着いた知識の伝承が風土となっていたなかで，明治政府は欧米の近代農学を教育するために，札幌農学校と駒場農学校を相次いで開校したのである．

A 札幌農学校と駒場農学校

明治政府は，欧米の近代農学を体系的に理解させ，かつ研究方法を身につけさせることを目的として，まず札幌農学校と駒場農学校を創設した．

①**札幌農学校**　札幌農学校は，1872年（明治5年），開拓使仮学校として創設されて以来，外国人教師をもっぱら米国から招き，北海道開拓に有用な専門技術者の養成を目的とした（**表 1.1**）．その後，東北帝国大学農科大学（1907年．農科大学だけ札幌に設置），北海道帝国大学農科大学（1918年（大正7年））を経て，1947年（昭和24年），新制国立大学の発足時には，北海道大学農学部・獣医学部・水産学部として承継され，現在に至る．

②**駒場農学校**　駒場農学校は1874年（明治7年），内務省勧業寮内藤新宿出張所（現在の新宿御苑）内に設置された農事修学場に端を発する．

表 1.1　札幌農学校沿革

年	出来事
1872（明治5）	開拓使仮学校創設
1875（明治8）	開拓使仮学校を札幌学校に改称
1876（明治9）	札幌学校を札幌農学校に改称
1907（明治40）	水産学科設置

表 1.2　駒場農学校沿革

年	出来事
1874（明治7）	内務省勧業寮内藤新宿出張所内に農事修学場設置
1877（明治10）	農学校と改称
1882（明治15）	駒場農学校と改称．同年，東京山林学校設置
1886（明治19）	帝国大学設置．同年，駒場農学校と東京山林学校が合併し東京農林学校設置
1890（明治23）	東京農林学校を帝国大学に合併して，帝国大学農科大学を設置
1897（明治30）	帝国大学は京都帝国大学が設立されたため東京帝国大学へ改称
1919（大正8）	東京帝国大学農科大学を東京帝国大学農学部と改称

その目的は，「一，内外農産物，農芸品の蒐集及展覧」「一，農業に関する新説の発揚，実験及報告等」「一，農業生の教育」であった．以降の変遷は表1.2に示す．1949年（昭和24年），新制国立大学発足時には，東京大学農学部として継承され，現在に至る．

B 旧制大学などにおける農学教育

ここでは，旧制の大学などや戦後に新制大学となった高等農林学校などを概観しよう．

■帝国大学　　現在の東京大学と北海道大学の前身については上述のとおりであるが，その他の旧帝国大学は朝鮮と台湾に設立したものを含めて7大学あったが，上記2帝大以外の農学系学部の設置は，1919年（大正8年）の九州帝国大学農学部，1923年（大正12年）の京都帝国大学農学部と，1928年（昭和3年）の台北帝国大学理農学部のみであった．なお，1886年（明治19年）の帝国大学令第一条は「国家ノ須要ニ応スル学術技芸ヲ教授シ其蘊奥ヲ攷究スルヲ以テ目的トス」，第二条は「帝国大学ハ大学院及分科大学ヲ以テ構成ス大学院ハ学術技芸ノ蘊奥ヲ攷究シ分科大学ハ学術技芸ノ理論及応用ヲ教授スル所トス」とある．また，1918年（大正7年）の大学令第一条は「大学ハ国家ニ須要ナル学術ノ理論及応用ヲ教授シ並其ノ蘊奥ヲ攷究スルヲ以テ目的トシ兼テ人格ノ陶冶及国家思想ノ涵養ニ留意スヘキモノトス」，第四条は「大学ハ帝国大学其ノ他官立ノモノノ外本令ノ規定ニ依リ公立又ハ私立ト為スコトヲ得」とあり，国立以外に公立大学や私立大学が創設できるようになった．

■その他の旧制大学・高等師範学校など　　数は限られるが，東京高等師範学校理科第3部（博物・農学；1898年（明治31年）に高等師範学校に設置された農学専修科が淵源），東京文理科大学理科第4部（農学；1943年（昭和18年）に東京文理科大学に設置），東京農業教育専門学校（1899年（明治32年）に駒場の東京帝国大学農科大学内に創立の農業教員養成所が淵源で，当時唯一の

表1.3　高等農林学校

学校名	創立年	備考
山口県山口農学校	1885	現 山口大学農学部・共同獣医学部
農商務省水産講習所	1897	現 東京海洋大学海洋科学部
愛媛県農業学校	1900	現 愛媛大学農学部
盛岡高等農林学校	1902	現 岩手大学農学部
新潟県立農林学校	1903	現 新潟大学農学部
木田郡立乙種農学校	1903	現 香川大学農学部
鹿児島高等農林学校	1908	現 鹿児島大学農学部・水産学部・共同獣医学部
上田蚕糸専門学校	1910	現 信州大学農学部・繊維学部
鳥取高等農業学校	1920	現 鳥取大学農学部
三重高等農林学校	1921	現 三重大学生物資源学部
宇都宮高等農林学校	1922	現 宇都宮大学農学部
岐阜高等農林学校	1923	現 岐阜大学応用生物科学部
宮崎高等農林学校	1924	現 宮崎大学農学部
千葉高等園芸学校	1929	1909年の千葉県立園芸専門学校が淵源．現 千葉大学園芸学部
東京高等農林学校	1935	1890年創立の帝国大学農科大学乙科，さらには1886年の農商務省東京農林学校が源流．現 東京農工大学農学部
帯広高等獣医学校	1941	現 帯広畜産大学畜産学部

農林学校教員養成機関であり，同校には農業教員養成所と女子農業教員養成所が付置）の3つは，1949年（昭和24年），国立学校設置法により東京教育大学農学部となり駒場に設置された．東京農業教育専門学校が核となった東京教育大学農学部は，現在の筑波大学生命環境学群生物資源学類の前身である．

■高等農林学校など　　創立年代順に，表1.3に示す．

1.3.2 戦後の国立新制大学に設立された農学系学部

上述のとおり，戦後の学制改革によって旧制の帝国大学農学系学部から高等農林学校などまでが新制大学の農学系学部になったが，そのほかにも農学系学部を有する国立（新制大学以降）・公立・私立の大学があるので，表1.4に示す．

1.3.3 国公立の農業試験研究機関の歴史

わが国では，アジア・太平洋戦争後しばらく経った1965年でも，主食のコメの自給率は95%であった．それ以前の明治から戦後にかけての長い期間

表 1.4 全国大学の農学系学部と設立年

【国立大学】

名称	設立年	備考
弘前大学農学部	1949	
山形大学農学部	1949	前身は 1947 年設置の山形県立農林専門学校
東北大学農学部	1947	歴史的には，1907 年（明治 40 年）に東北帝国大學農科大學を札幌に開設．1918 年（大正 7 年）に農科大學が分離して北海道帝国大學農科大学へ
茨城大学農学部	1952	前身は 1946 年設置の財団法人霞ヶ浦農科大学
山梨大学生命環境学部	2012	
静岡大学農学部	1951	前身は 1946 年設置の静岡県立静岡農林専門学校
名古屋大学農学部	1951	
神戸大学農学部	1966	前身は 1949 年設置の兵庫県立農科大学
島根大学農学部	1965	1995 年に理学部と農学部を併せて生物資源科学部．前身は 1947 年設置の島根県立農林専門学校
岡山大学農学部	1949	
広島大学水畜産学部	1949	1979 年に生物生産学部に改組
高知大学農学部	1949	
佐賀大学農学部	1955	文理学部から独立
長崎大学水産学部	1949	前身は 1948 年設置の長崎青年師範学校水産科
琉球大学農学部	1950	

【公立大学の農学系学部】

名称	設立年	備考
秋田県立大学生物資源科学部	1999	
宮城大学食産業学部	2005	1952 年設置の宮城農業短期大学が母体
石川県立大学生物資源情報学部	2005	前身は 1971 年設置の石川県農業短期大学
福井県立大学生物資源学部	1992	
福井県立大学海洋生物資源学部	2009	
滋賀県立大学環境科学部	1995	前身は 1950 年設置の滋賀県立農業短期大学
京都府立大学生命環境学部	2008	源流は 1895 年設置の京都府立簡易農学校．紆余曲折を経て 1944 年に京都府立高等農林学校，1949 年に新制京都府立大学農学部
大阪府立大学生命環境科学部	2005	前身は 1955 年に名称変更した大阪府立大学農学部．源流は 1883 年設置の獣医学講習所と 1944 年設置の大阪農業専門学校などを母体とし 1949 年設置の浪速大学農学部
公立鳥取環境大学環境情報学部	2012	前身は 2001 年設置の鳥取県と鳥取市が設置する公設民営方式の鳥取環境大学
県立広島大学生命環境学部	2005	前身は 1989 年設置の広島県立大学生物資源学部．源流は 1954 年設置の広島農業短期大学
熊本県立大学環境共生学部	1999	前身は 1980 年設置の生活科学部．源流は 1947 年設置の熊本県立女子専門学校

【私立大学の農学系学部】

名称	設立年	備考
〈北海道〉		
東京農業大学生物産業学部	1989	
酪農学園大学農食環境学群・獣医学群	2010	前身は 1960 年設置の酪農学部酪農学科，1964 年設置の酪農学部獣医学科．源流は 1934 年開塾の北海道酪農義塾
〈東北〉		
北里大学獣医畜産学部	1978	前身は 1966 年設置の畜産学部
〈関東〉		
東京農業大学農学部	1949	前身は 1925 年設置の東京農業大学．源流は 1891 年設置の徳川育英会育英黌農業科農学部の改組による
東京農業大学応用生物科学部*・地域環境科学部*・国際食料情報学学部（1998 年）		
麻布大学獣医学部	1980	前身は 1950 年設置の麻布獣医科大学．源流は 1890 年設置の東京獣医講習所
玉川大学農学部	1947	前身は 1929 年設置の玉川学園農学部
東京工科大学応用生物学部*	2016	
法政大学生命科学部*	2008	
日本獣医生命科学大学獣医学部・応用生命科学部	2006	前身は 1949 年開設の日本獣医畜産大学．源流は 1881 年設置の私立獣医学校
日本大学生物資源学部	1995	源流は 1943 年設置の日本大学農学部．1952 年に東京獣医畜産大学を吸収合併し，農獣医学部と改称
明治大学農学部	1949	前身は 1946 年設置の明治農業専門学校

1.3 日本における農学の黎明と発展の歴史　　*9*

（表 1.4 のつづき）

恵泉女学園大学人間社会学部社会園芸学科*	2013	母体は 1950 年設置の恵泉女学園短期大学園芸科
北里大学海洋生命科学部	2008	前身は 1972 年設置の水産学部
神奈川工科大学応用バイオ科学部*	2008	
〈東海・近畿〉		
中部大学応用生物学部	2001	
名城大学農学部	1950	
京都産業大学総合生命科学部	2010	
京都学園大学バイオ環境学部*	2006	
龍谷大学農学部*	2015	
近畿大学農学部	1958	母体は 1925 年設置の大阪専門学校と 1943 年設置の大阪理工科大学
〈中国・四国〉		
吉備国際大学地域創成農学部	2013	
独立行政法人水産大学校	2001	前身は 1963 年改称の水産大学校. 源流は 1946 年設置の水産講習所下関分所
〈九州〉		
南九州大学環境園芸学部	2009	前身は 1967 年設置の南九州大学園芸学部
東海大学農学部	2008	前身は 1973 年設立の九州東海大学農学部
東海大学海洋学部	1962	

ここでは，2015 年度の全国農学系学部長会議の構成私立大学学部を中心に，北海道地方から順に示した．*印は非構成大学学部.

は食糧が逼迫する状態が続いており，冷夏の年には飢饉になるのが常態化していた．そこで，明治政府は農産振興に力を注ぎ農業試験研究機関を設立した．そこで行われる農学研究が国民の食料を賄う農業という産業の発展を目的とする国（政府）の農政と深く結びついたことは当然である．農業試験研究機関において，そのときどきの社会情勢に対応して農学研究が進められることが国民の胃袋を満たす原動力となりうるわけで，これは一面的には当然の姿である．しかし現実は，農政がつねに国民のための食糧（食料）生産とこれを担う農民の生活を純粋に思考しているとは限らないから，農業試験研究機関が全面的に農政に結びついた農学研究だけを行うことになれば，農学研究の正常な発展にとって問題である．まして，大学における農学研究までが時の農政に大きく左右される状況があれば，農学研究を歪める自殺行為である．なぜならば，農政にかぎらず国政全般が国民のためではなく，ひとにぎりの絶大な権力を有する財界，政界，官界の意図に沿ってなされることが世の常だからである．

1.3.4 農学関連の学協会

まず初めに，日本における農学関連の学術研究団体すなわち，学会や協会の歴史を概観しておこう．これによって，おぼろげながらも農学の範疇の歴史的変遷と全貌が見えると思うからである．

A 農学関連学会の黎明

日本で最初の農学関連の学会は，19 世紀末の 1884 年（明治 17 年）に創立された日本獣医学会である．次いで，1887 年（明治 20 年），当時の駒場農学校（現在の東大農学部の源流），札幌農学校（現在の北大農学部の源流）の卒業生らが中心となり農学会が創立され，学術論文を発表する『農学会報』を発刊し，1898 年（明治 31 年）には札幌農学校の卒業生による札幌農林学会が創立された．しかし，20 世紀になってもほかの農学関連学会の創立は遅々として進まず，ようやく 1913 年（大正 2 年）に水産学会（現 日本水産学会）が設立された．以降，1929 年（昭和 4 年）までに設立された学会を表 1.5 に示す．

B 日本農学会の設立と現在の加盟研究団体

1929 年には，表 1.5 に示した 16 学会が構成学会となり「日本農学会」が設立された．その目的は，農学に関する専門学協会の連合協力により，農学およびその技術の進歩発達に貢献し，総合統一された農学の発展を目指すことである．

今日，総合的（広義の）農学系学協会の集合体

10 　第 1 章　農学とは何か

表 1.5　日本農学会設立までの農学関連学会の流れ

設立年	学会名
1884（明治 17）	日本獣医学会
1887（明治 20）	農学会
1898（明治 31）	札幌農林学会
1913（大正 2）	水産学会（現 日本水産学会）
1914（大正 3）	林学会（現 日本森林学会）
1918（大正 7）	日本植物病理学会
1923（大正 12）	園芸学会（現 日本園芸学会）
1924（大正 13）	日本畜産学会，日本農芸化学会，日本農業経済学会
1925（大正 14）	日本造園学会
1927（昭和 2）	日本土壌肥料学会，日本作物学会
1929（昭和 4）	農業土木学会，日本蚕糸学会，日本応用動物学会
	日本農学会（以上の 16 学会により構成）

で，各学協会が会員である「日本農学会」は，学問的深まりにともなう研究分野の細分化を反映して，2017 年 3 月時点の加盟研究団体は 50 学協会に増えている．したがって，日本農学会が対象とする今日の「農学」は，狭義の農学，林学，水産学，獣医学，農芸化学（農業化学），農業経済学，農村社会学等をはじめ，広く生物生産，生物環境，バイオテクノロジーなどに関わる基礎から応用までの広範な学問全般を含んでおり，食糧と環境を念頭に置いた総合生命科学であるといえよう．

なお，日本学術会議は，2006 年（平成 18 年）に「声明 科学者の行動規範について」を発表した．これは，国内外で続発する科学者の不正行為を防止するため，「科学者が，社会の信頼と負託を得て主体的かつ自律的に科学研究を進め，科学の健全な発展を促すため，科学者個人の自立性に依拠する，すべての学術分野に共通する必要最小限の倫理規範」を示したものである．

1.4
21 世紀の大学における農学教育

ここでは公益財団法人大学基準協会が，2003 年（平成 15 年）に策定した「農学教育に関する基準」の内容を簡略に紹介する．なお，大学基準協会は，文部科学大臣より認証された認証評価機関で，日本の高等教育の質の向上を目指して大学，短期大学，各専門職大学院の認証評価事業も行っている．

1.4.1 大学基準協会（2003）による農学の位置づけと農学教育の目標

A 農学の位置づけ

農学（水産学，林学などを含む広義の農学，以下同じ）は，食料や生物資材の持続的再生産と生物遺伝資源の保全，人間社会と環境との調和，環境の保全および修復などに関わる科学技術の発展を通じて，人類と地球生態系の永続と福祉に貢献することを理念とする総合科学である．

その基盤となる学術には，生命科学，生物生産科学，生物資源科学，環境科学，生活科学，生物素材科学などの自然科学に加えて，農業経済学，環境経済学，資源政策学などの社会科学も含まれる．

B 農学教育の目標

農学が，上で述べたような総合科学であることから，農学教育の目標に以下の 2 つを置く．

第一の目標は，生物，環境，自然に関する専門知識を有し，農林水産関連産業とそれに関わる人間社会から生態系までを，広い視野で考究できる人材の養成である．

第二の目標は，社会に生きる人間としての幅広い教養と豊かな人間性，とりわけ生命・生物環境に対する哲理と倫理を有する人材の養成である．

以上から，農学を修得した人材には，多様な生態系と共生しつつ人類の生存と福祉に貢献するための生物の管理・利用能力ならびに倫理性が強く求められる．この要請に応えるために，特に以下のような個別の能力が必要とされる．

- 総合的な視点から社会全体の課題を，地域的視点から地域社会の個別課題を把握できる．
- 豊かな人間性と高い倫理観に基づいて社会に貢献できる．
- 多様な文化の存在や科学的事実を理解したうえで自己の考え方や主張をまとめて討議・発表で

きる.

- 自己の能力を生涯にわたって継続して向上さ
せ,社会貢献できる.
- 論理的で科学的な思考が可能であり,また情報
システムを活用できる.
- 農学的課題の解決にあたっては,農学の基礎知
識と専門知識を活用できる.
- 多様化・複雑化する生物生産システム,生命,
環境,自然に関する諸課題の解決にあたっては,
学際的な農学知識を複合的に活用できる.
- 生命倫理を尊重し,動物福祉に配慮できる.

1.5 おわりに

これまで各所で見てきたとおり,江戸時代後期
から明治時代初期までの「篤農」が現場における
経験に基づいて編み出した啓蒙・指導の農作業技
術は,まぎれもなく「農」や「農業」の内側から
の目で経験的に捉えられた技術であった.しかし,
明治政府の近代化政策によって西欧思想と分析的
な近代科学が導入されると,ヒトとは別に用意さ
れた "nature"(森鴎外が「自然」と和訳)の概
念が広まり,「農」や「農業」の外側からの目で「科
学的」に分析された農業技術が国策として広めら
れることになった.ここにおいて,「農学」は現
場の「農」からの乖離を始めると同時に,工業的
な「農業」に変質することとなったのである.

2015年10月9日,日本学術会議は,「農学委員
会・食料科学委員会合同 農学分野の参照基準検
討分科会」の「(報告)大学教育の分野別質保証
のための教育課程編成上の参照基準農学分野」[*1]
を公表した.これをみると,残念というか,経
済価値だけを重視する近代化・工業化を推し進
め「農」を軽視する行政が国策として進められて

きた現状では当然というべきか,今日の全国の在
郷の荒廃した農山漁村の窮状をどのようにして救
い,持続的な「家族的小規模農業」を安定的に蘇
らせるかという内から目線の本来のあるべき農学
の姿は皆目感じられず,農山漁村の現場とはまっ
たく乖離した外から目線の農学教育を志向してい
るようにしか感じられない.

顧みれば,農林省農事試験場長などを務めた川
井一之(川井,1977)や,農林水産省農林水産
技術会議事務局長などを務めた川嶋良一(川嶋,
1986)は,「外から目線」ではあるが現実の農業
とは大きく乖離した農学を,さまざまな具体例を
示しながら強く批判している.

ここにおいて,最後に,現在お百姓として農を
勤しみながら,農政と農学を痛烈に批判してやま
ない2人の近著を紹介しよう.農学を学ぶ前にぜ
ひ読んでいただけば,「農」と「農業」のあり方
と「農学」のあり方を根源にさかのぼって考える
契機となるに違いないと思うからである.2人の
近著とは,宇根豊『農本主義が未来を耕す――自
然に生きる人間の原理』(2014)と,山下惣一『小
農救国論』(2014)の2冊である. [生井兵治]

▷注 ────────
[*1] http://www.sci.go.jp/ja/info/kohyo/pdf/kohyo-23-h151009.pdf

▶参考図書 ────────
宇根豊(2014)『農本主義が未来を耕す――自然に生
きる人間の原理』現代書館.
川井一之(1977)『近代農学の黎明――農学と農法と
人間の記録』明文書房.
川嶋良一(1986)『農業技術の課題と展望1 農業技術
研究の原点を求めて』農業技術協会.
生井兵治・相馬暁・上松信義(2003)『農学基礎セミナー
新版 農業の基礎』農山漁村文化協会.
山下惣一(2014)『小農救国論』創森社.

第2章

農業生物学 1：生物生産
── 作物学・園芸学 ──

2.1
作物学，園芸学とは

2.1.1 栽培の重要性

　農学概論などの導入的な科目では，講義の冒頭に「地球上のあらゆる生命は「植物」に依存している」と学生に伝えることがある．たいていの学生はきょとんとした顔をするので，次のように続ける．

　水と二酸化炭素と光を使って，無機物から有機物を合成できる生物は（ほぼ）植物だけである．それらの植物を食べる草食動物がおり，それを食べる肉食動物がいる．それらの生物が死んだあとは，死骸を食べて分解する微生物があり，すべては土に帰る．土中では，さらに微生物による分解が進み，最終的には無機物となる．この無機物を利用する形で植物が繁殖・繁茂し，いわゆる食物連鎖の環が回る環境をはぐくんでいるのがこの地球である．

　また以下のように続けることもある．食事のときに唱える「いただきます！」の言葉には「命」が隠されており，本当は「いのち，いただきます！」ということであり，食事に関わる多くの命への感謝の気持ちを表す言葉であり，人間は食物連鎖の最高位に位置づけられている，と．野菜サラダなどは，まさしく生きている生命をそのまま「いただいている」ことになるのである．もちろん，これらの植物を栽培した生産者への感謝も忘れてはならない．

　地球上に人間が誕生してから長い間，農業は存在せず，食物連鎖の一員として，狩猟や採集によって命を長らえていた．しかし，約1万年前に，道具を工夫し定住できる住居を構えるようになると，家の周辺で食料を調達する必要が生じ，やがて農業という形で食料生産が行われるようになった．これが農業の始まりであり，住居を伴う遺跡にはイネの種子の化石などが発見されている．

　農耕の開始とともに，人類は，播種→定植→管理→収穫のサイクル，すなわち「栽培」を学び，さまざまな発見，工夫，発明を重ねて現代に至っている．「栽培」は英語で culture という．今ではこれは「文化」という意味でより多く使われている．栽培によって多くの派生する知識や発明を生んできた結果，「栽培」という言葉が「文化」という意味で使われるようになったのである．

　いうまでもなく，人類が栽培を始めるまで，栽培植物というものは存在しなかった．野生の植物のなかから人間が有用なものを選び，何十・何百世代もの間栽培を続けるうちに，自然淘汰および人為的選抜によって作り上げられていったのが今の栽培植物である．

　ロシアの農学者ヴァヴィロフは世界中を調査して，「栽培植物の起源」を特定している（図2.1）．彼は地域別にその植物の遺伝子変異の多様さを調査し，それが多い地域を原産地とした．他の地域より変異が多いということは，その植物が誕生してからの時間が長かったということを示しているからである．これを遺伝子中心説という．

2.1　作物学，園芸学とは　　*13*

図2.1 栽培植物の原産地（Vavilov, 1926；Harlan, 1975；星川, 2002 などをもとに作図）

ただし，変異が集積している地域（遺伝子中心）は1つとは限らない．たとえばハクサイの原産地は，キャベツ，黒ガラシなどアブラナ科共通の原産地である中央アジアとする説と，現在の栽培品種の変異が多くみられる中国説とがある．これは，人間がよそから栽培植物を持ち帰って自分の土地で栽培し，それが定着・繁栄した結果，後発の遺伝子センターが形成されたもので，本来の原産地はおそらく中央アジアだったと思われる．

■農作物と園芸作物　栽培植物は作物とよばれ，農作物（圃場作物，普通作物）と園芸作物に分類される．広い面積を使って露地栽培されるのが農作物であり，比較的狭い面積（温室などを使用することもある）で集約的に栽培されるのが園芸作物であるともいえよう．たとえば食用にする植物について両者の相違を見てみよう．農作物はイネ，ムギ，ダイズのように乾燥すれば貯蔵ができ，主食となる植物が大面積で露地栽培される．一方，園芸作物は副食物（いわゆるおかず）となる食材が多く，貯蔵ができないこともあり，住居に近い場所に囲いのある畑をつくり，その比較的狭い囲いの中で植物を栽培する方法をとる．囲いによって野生動物や盗難などから植物を守り，手厚く植物を管理しながら栽培することができる．

2.1.2　作物学・園芸学の目的と研究

農業は産業の一つで，第一次産業とよばれる．産業とは，商品を製造し，それを販売して利益を生み出し，生産者をはじめとする関係者の生計を支えるものである．すなわち，売れる商品を作り，なるべく良い値段で販売し，利益を追求するなりわいが農業といえるのである．

農業の研究，すなわち農学は農業産業に貢献できる研究でなければならない．学問分野には，基礎科学と応用科学があり，農学は後者である．「農学栄えて農業滅ぶ」という言葉があるが，農業産業に貢献できない農学研究はするべきではないという，農学の研究者に対する戒めの言葉であり，研究者はつねに自分の研究が農業産業のどこに貢献できるかを考えておく必要がある．

作物学・園芸学は，幅広い農学の一部であり，栽培，保蔵，加工，流通，販売などの技術分野が含まれる．少し詳しく述べると，作物学・園芸学は，植物分類学，植物形態学，植物生理学，植物生態学，遺伝学などの基礎科学をベースとし，育種学，生命工学，土壌肥料学，農業気象学，農

機械学，環境調節工学，植物病理学，応用動物昆虫学，農業経済学，農業経営学，青果保蔵学，農産製造学などの応用科学とも深い関わりをもった総合科学であるといえるであろう．

ただし，本章では栽培技術の研究を中心に述べることとしたい．

栽培技術の研究の目的は，収穫量を増加させ，品質を良くする技術を編み出すことであり，その基礎となるのは植物生理学と植物生態学である．植物生理学は，植物の体内で起きているさまざまな事象を明らかにする分野であり，植物生態学は植物を外から（適した環境条件などを）観察し，どんな特性をもっているかを浮き彫りにする分野である．「生態学」は英語では ecology である．最近では環境にやさしいという意味で「エコ」という言葉がさかんに使われているが，本来の意味のエコロジーとは生態すなわち「生活のありさま」のことで，植物生態学でもむろんこの意味である．具体的には，対象植物に対する温度，湿度，日長などの影響を明らかにして，生態特性として他の植物と区別できるようにする学問である．

さらにいわゆる理学的な研究とは一線を画するものとして，「品種」に関する研究があげられる．栽培植物の生理・生態の研究は，品種を特定しなければ，農学の研究としては無意味であることが多い．たとえば「イチゴに関する研究」ではなく，「イチゴ品種'とちおとめ'に関する研究」でなければならない．同じ手法を用いた研究でも，品種を変えるとまったく異なる結果が得られることがあるからである．

本章では，2.2〜2.4 を作物学，2.5〜2.7 を園芸学の構成でそれぞれの項目を解説している．

2.2 作物学の研究分野

2.2.1 作物学で扱う作物の種類の多さと重要性

作物学で扱う作物は農作物である．農作物は田や畑で大規模かつ粗放的に栽培されるが，食用とするもの，油や繊維などに加工されるもの，家畜の飼料にするものなど，幅広い用途の作物が含まれ，分類的には食用作物，工芸作物，飼料作物，緑肥作物の4種類に分類される．それぞれをもう少し詳しくみると以下のようになる．

①**食用作物**　食用作物にはイネ科穀類，イネ科以外の穀類，豆類，イモ類がある．イネ科穀類にはアジア人の主食になるイネ，パンやパスタなどにされ西洋人の主食になるコムギ，中南米のトウモロコシ，そのほかにソルガム（モロコシ），パールミレット，フォニオなどもある．イネ科以外の穀類はソバが代表である．豆類にはダイズ，アズキ，インゲンマメ，ササゲ，エンドウ，ラッカセイなどがある．イモ類にはジャガイモ，サツマイモ，ヤムイモ（ナガイモの仲間），タロイモ（サトイモの仲間）などがある．これら食用作物は人の生命維持のエネルギー源としての役割をもつ食料とされるため，人の生存には必須のものという重要性をもっている．

②**工芸作物**　工芸作物は工業的に加工されて利用される作物であり，繊維料，油料，糖料，デンプン・糊料，嗜好料，芳香油料，香辛料，ゴム・樹脂料，タンニン料，染料，薬料など，さまざまな用途の作物である．加工後に私たちの前に出てくるために一般に知られていないものが多いが，生活にとって重要な作物もある．繊維料類には私たちの衣服の原料のワタを代表として，ジュート，ケナフ，イグサなどがある．油料類には，食用油として重要なダイズ，ナタネ，ゴマ，ヒマワリ，オリーブ，アブラヤシ，ココヤシなどがある．アブラヤシはスナック菓子の揚げ油として大量に使

われている．一方，潤滑油，ポリウレタン，プラスチックなどの原料になるヒマ，チョコレートのカカオの代用だが化粧品としても利用されるシアバター，バイオディーゼルへの利用が期待されるジャトロファなど，「そんなものがあった？」と思われるものもある．糖料類にはサトウキビ，テンサイなどが，甘味料類としてステビアなどがある．高級和菓子に使われる和三盆糖はサトウキビの近縁種からとれる．デンプン・糊料類にはキャッサバ，サゴヤシ，コンニャク，トロロアオイなどがある．キャッサバのデンプンはタピオカともよばれ，うどんなどの食感を良くするために混合されることもある．トロロアオイは和紙をすくときに使う糊である．トウモロコシのデンプンが水あめにされて糖料になる場合もある．チャ，コーヒー，カカオなどの嗜好料類，ラベンダー，ハッカ，バラ，レモングラスなどの芳香油料類，コショウ，トウガラシ，ショウガ，ワサビ，バニラなどの香辛料類は私たちの心や食を豊かにしている．ゴム・樹脂料類にはパラゴム，ウルシなどがある．石油からも合成ゴムができるが，自動車のタイヤにはパラゴム由来の天然ゴムが混合され，航空機タイヤではさらに多く混合される．タンニン料類としてマングローブなどがあるが，タンニンはポリフェノール類といえばわかるであろう．革なめしに使われるが，木材やダンボールの接着剤などにも使われる．アイ（紺），ウコン（黄），ベニバナ（赤），サフラン（黄）など染料類，薬用ニンジン，除虫菊，キナなど薬料類も私たちの生活に重要な役割を果たしている．

③ 飼料作物　私たちが健全な食生活をするには，肉，ミルク，チーズなども必要であり，家畜の餌になる飼料作物が重要なのはすぐにわかる．大きく分けて，刈り取って家畜に与える青刈り作物，家畜を栽培地に放して食べさせる牧草，飼料用根菜類，飼料用葉菜類，飼料木がある．青刈り作物としては飼料用イネ，トウモロコシ，ソルガムなどの食用作物も多く使われる．牧草類には寒

地型と暖地型があり，それぞれにイネ科とマメ科の牧草がある．寒地型イネ科牧草にはオーチャードグラス，チモシーなど，マメ科牧草にはクローバー，アルファルファなどがある．暖地型牧草ではイネ科のネピアグラス，ローズグラスなど，マメ科ではデスモディウムなどがある．飼料用根菜には飼料用カブやビート，ルタバガなどがある．飼料用葉菜には飼料用ナタネ，ケールなどがある．飼料木としてはギンネム，キマメなどがある．

④ 緑肥作物　緑肥作物としてマメ科のレンゲ，クローバー，クロタラリア，セスバニアなどがある．マメ科植物は根に根粒菌（こんりゅうきん）が寄生しており，植物が利用できない空中窒素を植物が利用できる形にして植物に供給している．そのため，植物の肥料成分のうち最も重要な窒素栄養を土壌に供給するために使われる．イネ科穀類のエンバク，ライムギなども使われるが，これらは根が土壌の深くまで張るために，土壌を深く耕し深層への有機物施用効果が期待されている．良い土壌は一定量の有機物を含有している．土壌への有機物施用は健全な土壌を作るために昔から使われているが，低投入持続型農業の推進のためにも重要である．

2.2.2 作物学とは

「作物学」とは「作物に関する科学」である．したがって，作物の原産地とそこから世界へ広がった経路，生理・生態的性質，栽培特性，収量性，収穫と収穫後の加工に関する特性，品質など作物の生産に直接関係する事象や問題点はすべて作物学の研究対象である．前述のように作物学で対象とする作物には人間の生活に必須のものが多いため，もしその価格が高くなると農家は儲かるが，貧しい人は生命を維持することができなくなる．したがって，これらの作物の研究は，お金をたくさん儲けることにつながるというよりは，「人類の生存のお役に立てる」非常に意義のあるものである．医学研究は「病気になった人を助ける」ものであるが，作物学を含む農学研究は「人が病

気にならないように貢献する」ものである.

作物学の基本的な目標は「品質の良い生産物をたくさん収穫できるようにするために,品種,栽培法,加工法,貯蔵法,利用法をどうすればよいか,という問題に答える」ことである.しかし,扱う作物は園芸作物と比べると大規模かつ粗放的に栽培されるので,研究から出てきた栽培法が精密で多くの作業を必要とするものでは使えない.したがって,研究の目標のうちで,「良い品種とはどのようなものか?」という問題に答えることの重要度が園芸学よりも大きい.

作物の研究方法の基本は作物の生育経過を詳細に観察することであり,そこから出てくる知識を目標達成に用いるのである.作物は種類によって形態,成長パターン,好みの生育環境,利用部位や用途が異なり,また栽培地によっても成長や収量・品質が異なることから,作物の種類別に研究が必要なのは当然であるが,品種別や地域別にも研究をしなくてはならない.最近イネやシロイヌナズナ(シロイヌナズナは作物ではない)を用いて行われている遺伝子関係の研究成果は,作物によって染色体の形や数も異なることから考えれば,他の作物にそのまま使えることはありえないということが比較的簡単に理解できるであろう.

2.2.3 日本の作物学研究の現状

A イネの増産の研究

日本人の主食であるイネの研究が日本の作物学研究の半分以上を占めている.イネの研究では日本が世界をリードしているといって間違いない.

これまでイネの収量増加の研究が集中して行われ,収量増加のためには穂が小さくても穂数が多く,草丈が高くならず,葉が直立するように栽培法を改善するか,品種を育成することが良いという理論ができてきた.この理論によって,日本の平均玄米収量を1 ha あたり5 t までは増加させることができ,世界的な食料増産のきっかけになった「緑の革命」にも大きな影響を及ぼした.しか

し,そのレベル以上に収量を増加させようとすると,なかなかうまくいかないようである.現在は,その問題についてどうしたらよいのか方法を探っている状況である.①大きな穂の品種,葉が長くても曲がらずに直立する品種,倒れないように茎の太い品種,米粒の大きな品種を使う,②多くの水と土壌養分を吸収できるように根を長くする,③茎葉から穂への光合成産物の流れを良くする,④光合成能力自体を高めるなどの研究が行われている.これらの研究の形態研究は電子顕微鏡による細胞の微細構造にまで,生理研究は遺伝子レベルにまで深く入り込んで,収量増加の現象の実体を把握して新しい増収理論や新しい品種を作るための目標を打ち立てようとしている.

B コメの品質

コメ余りの始まった昭和40年代(1965年ごろ)からコメの品質の研究がさかんになった.品質の研究では「美味しいコメとはどんなものか?」を知ることが大きな目標である.美味しい品種の育成も進んでいるが,その特性を十分に発揮させる栽培法の研究もさかんに行われている.美味しいというのは個人差や地域差がある.しかし,一般に美味しいコメはタンパク質含有率が低い,デンプンにおけるアミロース含有率が低い,マグネシウム:カリウム比が高いといった化学的特性をもつことがわかっている.そのために,現在はタンパク質が多くならないように出穂後の実りの時期に追肥しない栽培が行われている.しかし,コメは古くなっても物質の含有量はほとんど変化しないのに明らかにまずくなることなどから,化学成分だけでは美味しいコメが判断できないこともわかっている.このようにコメの食味は完全には解明されていない状況である.

C コメ余りによる別の作物の生産への転換

コメ余りは水田を転換畑にして他の作物を作るという状況も起こした.コムギにおいては,輸入に頼らないため,まずは麺用およびパン用の品種が育成され,それらの収量増加と品質向上のため

に生育特性や播種期や施肥量などの栽培方法が研究されている. また, オオムギ, ダイズ, ソバなども研究がさかんになっている. 水田転換畑で問題になる湿害の研究も行われている. さらに, ダッタンソバ, ハトムギ, アマランサス, キノア, アメリカマコモ (いわゆるワイルドライス) といった新作物の導入のために, それらの生育特性が詳細に研究されている.

D 生産費低減のための栽培研究

ほかに, 貿易の自由化などによって激化する海外との競争のための研究も行われている. イネでは現在の田植の労働を省くために水田に直接種子をまく直播栽培の研究, 耕さないで播種する不耕起栽培の研究なども労働軽減や生産費低減をめざして行われている.

E 環境問題に対応する研究

地球環境問題には気候変動と温室効果ガス放出による気温上昇という問題があり, 大きく報道されている. 気温上昇によって, 米粒に同化産物の蓄積が悪く, 米粒の一部が白く濁る白未熟米が発生し, コメの品質低下が大問題になっている. その防止法を見出すために, 白未熟米の種類別に発生の要因の詳細な検討が行われている.

ほかに, 畜産で発生するふん尿の処理不十分による地下水汚染の問題がある. 日本の畜産は飼料の多くを輸入している. これは, 海外で畑に施された窒素などの肥料成分が飼料作物に吸収されて, 日本でふん尿として蓄積するということになる. この解決には, 飼料作物の増産とふん尿の有機質肥料としての施用が重要になる. 有機質肥料が作物の成長および収量に及ぼす影響の研究は低投入持続型農業の推進のためにも重要である.

F 国際協力のための作物学研究

日本人は現在多くの農産物を世界各地から輸入して, 豊かな生活を享受している. しかし, 輸出国は貧しい国が多く, そこの人々の多くは農業に従事している. 多くの研究者が栽培現地や国際機関などで現地の食用作物や輸出作物の栽培に役立てるために作物学研究を行っている.

2.3 作物学の研究史・主要な業績

2.3.1 西洋の風が吹き込んだ明治時代初期

明治時代以前も農業に熱心な人々 (篤農家) が技術的にはかなり高い水準の知識を蓄積していた. 明治時代に入ると, 試験場や農学校が設立され, 外国人教師による指導が始まった. 「青年よ, 大志を抱け!」という言葉で有名なクラーク博士もその外国人教師の一人である. しかし, 西洋の農学は大規模経営の畑作のもとで発展したものであり, 水田を中心とした狭い農地で繰り広げられる日本の農業の現実とは合わない部分が多かった. そのために, 当面する農業改良については, 篤農家による「老農」(現業熟練且老実なる農学家) が組織されて活躍した. この時代に西洋農学と日本の現実の間で繰り返されたさまざまな試行錯誤が, 科学としての日本の作物学 (農学) を誕生させる端緒になった.

2.3.2 近代科学としての作物学 (農学) の基盤を作った明治時代中期から大正時代

農科大学や試験場でイネに重点を置いた科学的研究が展開されたが, 栽培現場の農法を検証する動きは少なかった. このような時代に現場の問題から「塩水選種法」を 1883 年 (明治 16 年) に開発して普及させ, コメの増産に大きく貢献した当時福岡県農学校の横井時敬は特異な存在であった. 塩水選種法は, 良い苗を作るために濃度の高い塩水に種籾を浸して沈んだ比重の重い種籾を選ぶことであり, 今でも使われている. 彼はその後帝国大学農科大学教授, 東京農業大学初代学長になり, 日本の農業教育の発展に尽力した. 「稲のことは稲に聞け, 農業のことは農民に聞け」や「農学栄えて農業滅ぶ」など多くの格言を残している.

また，試験場では，膨大な数の全国各地の品種が収集されて選抜による品種育成が続けられた．1900年にメンデルの法則の再発見があり，イネの人工交配による品種育成が始まった．また，それまでに使われてきた肥料にはいろいろなものがあったことと，魚粕，ダイズ粕や過リン酸石灰などの販売肥料が増加したことから，それらの肥料効果を確定するという研究が行われた．

日本の水田は冬期に排水しても水が溜まった状態の湿田（しつでん）が多く，これでは土壌の酸素不足が激しいためコメがたくさんとれなかった．そのため，篤農家によって提唱されていた排水すれば畑になるような「乾田化（かんでん）」と家畜によって耕すときに使う犁（すき）が改良されて広まった．これらによって深耕化が進み，施肥量が増加したが，雑草の繁茂をもたらした．そのために「太一車（たいちぐるま）」とよばれる回転式除草機が広まり，それを入れやすいように整然とした列にしてイネを植える「正条植え」が全国に広まった．すなわち，現在の日本の水田はイネが整然と並んだ美しい景観を形成しているが，そのもとはこの時代であった．また，最近水田の生物多様性の観点から冬の水田を湛水（たんすい）する運動があるが，この時代に進められた乾田化とは反対方向であり，時代の変化を感じさせられる．

2.3.3 わが国独自の作物学が展開した昭和初期

現場に即したわが国独自の研究が展開し，近代科学としての水準が達成された時代である．その特徴は，作物の生育経過を詳細に観察する研究がいろいろな作物で試みられたことである．多くのイネ科作物の枝分かれは茎が見えないので「分げつ」とよばれるが，主茎の出葉中の葉から3枚下の葉のつけねと茎の間（葉腋（ようえき））にある分げつ（側芽）から第1葉が出葉するなど，イネ・ムギが規則的な成長をするという片山佃（つくだ）の発見は特筆されるものである．分げつは先端に穂をつけるため，分げつ数は収量と深く関係する．そのため，イネ・

ムギの生育や収量の決定のしかたを理解するために大きな発見であり，今もイネ・ムギの研究の基礎になっている．

また，この時代は風水害，冷害，旱害などの災害研究が多く行われ，生育経過の詳細な観察からイネの冷害についても大きな発見があった．すなわち，イネには低温に敏感に反応する発育段階があることがわかり，その最も危険な時期が出穂前10〜12日くらいの花粉の減数分裂期頃と特定された．また，この発育段階では低温感受部位である穂の位置が地表面から20 cmの部分にあることがわかり，冷温が襲ってきても水が穂を守るように水田に20 cmの水を張ればよいということを明らかにし，その後の冷害対策に大きく貢献した．わが国初のファイトトロン（人工気象室：温度，湿度などの気象条件を自動制御できる施設）は，冷害研究のために建設された．また，湛水した水田の土を盛り上げて苗を植える場所だけを畑状態にし，そこに油紙を被せて保温する「油紙保温折衷苗代」が1942年（昭和17年）に開発されたことによって，種子の早まきができるようになり，本田での栽培期間を十分にとれるようになったことも冷害対策のもう一つの大きな進歩であった．

ほかにも，米粒の形態や発育の研究，コムギの雪腐れ，麦踏み，パンについて，ジャガイモの種芋の齢，サツマイモの根の肥大の研究など，作物の生育経過を詳細に観察する研究が行われた．また，台湾などから多くのコメが輸入されていたが，それらの貯蔵性や品質の研究も行われた．一方，雑草の防除作業軽減をめざして，雑草の種子や幼植物の観察と除草剤の初期の研究が始まった．

1920年（大正10年）のフォトペリオディズム（光周性）の発見，1932年（昭和8年）のバーナリゼーション（春化）の発見は日本の研究に大きな影響を及ぼし，品種による感光性や低温要求度の違いについての研究が行われた．そして，イネ，コムギ，ダイズなどの品種の開花期の特徴，日本にお

ける分布状況との関係やコムギの春まき性・秋まき性の問題が明らかにされた．フォトペリオディズム（光周性）は開花期だけでなく葉の成長や枝分かれなどにも日長時間が影響を及ぼすというものであったが，日本では開花期を調節するという点だけが注目された．これは，人工交配による初めての品種の「陸羽132号」が1921年に育成され，交配育種の時代に突入していたことにより，研究者の興味が開花期の異なる2品種を交配するための開花期調節であったことが影響したと考えられる．

2.3.4 戦後の食糧増産意欲に支えられた作物学研究の発展――コメ余りまで

第二次世界大戦後の激しい食糧不足を解決するべく，多くの優秀な人材が農学分野へ参入し，特に主食であるイネの増産に結びつく研究が展開された．実際に土地面積あたり収量が著しく増加し，作物学研究が輝いた時代である．その特徴は，それまでに行われてきた個体，器官，組織レベルの研究に加えて，個体の集団レベルの研究が開始されたことであり．また，生育や収量の解析に窒素代謝および光合成と炭水化物代謝といった植物生理学からのアプローチが図られ，さらに形態的要素も組み合わされたことである．

この時代には，保温折衷苗代の普及とともに，栽培時期の可動性に関する研究が発表されて，早・晩期栽培や早植栽培が全国的に普及するようになった．これらは増収および収量の安定化だけでなく，イネの作付けの前や後に他作物の栽培を可能にして水田の有効利用に貢献した．また，作期や地域の違いによる出穂期の変動から，品種の早晩性に対して感光性だけでなく，感温性と基本栄養成長性が関与することが明らかにされた．

イネの炭水化物代謝の研究から，イネの単位土地面積あたり収量は，出穂前に葉鞘や茎にデンプンが蓄積されて出穂後に穂に移行する部分と，出穂後の葉からの光合成産物による部分があるこ

とが明らかになった．そして，出穂後の葉が混み合う状態での土地面積あたり光合成は，十分な葉面積をもつことのほかに，栽培法改善などで葉が直立して互いに蔭を作りにくいような群落の育成によって多くなることが明らかになった．このように，戦前から始まった光合成研究は圃場個体群の受光態勢という概念を加えて著しく発展し，イネの収量の増加に大きく貢献するとともに，品種育成の目標設定に対しても重要な影響を与えた．

もう一つ重要な研究として，イネの土地面積あたり収量を，①土地面積あたり穂数，②一穂あたり籾数，③全籾数に対する中身の詰まった籾の割合（登熟歩合），④精玄米一粒重，という収量構成4要素に分解して，それぞれがどのようにして決定するかの経過が明らかにされた．これによって多収穫のための栽培法改善の指針ができるようになり，この時期のイネの増収に貢献した．

イネにおいては，以上の研究の他にも地上部の成長点における器官の分化が観察され，維管束の連絡や通気組織の連絡のしかたも観察された．地下にあって研究の難しかった根の研究も進み，葉や分げつと同様に分化と成長に規則性があることが明らかになった．また，米粒の発育から充実の過程および発芽後の胚乳養分の消費過程も明らかにされた．イネ以外の作物でも，麦類，雑穀，豆類，イモ類の研究も本格化した時代であった．また，雑草に関しても，ホルモン型除草剤2,4-Dの利用が開始され，除草剤の研究が始まった．

2.3.5 コメ余り状況下における作物の形態と機能の基礎研究の発展――1980年まで

戦後の食糧増産意欲と研究成果の適用から，土地面積あたり玄米収量は増加を続け，1960年（昭和35年）には1haあたり4tを超えた．その後も増加して1994年には5t台を突破した．コメの総生産量は1967年に1276万tでこれまでの最大になり，その直後からコメ余りが始まって

20 　第2章　農業生物学1：生物生産

1970 年からは生産調整が実施されることになった．そして，この時代は農業の化学化，機械化，装置化，兼業化が進んだといわれる．

イネの増収理論は出穂前 33 日を中心として肥料効果を抑制し，生育後期を重点に施肥するというものであった．しかし，日本の寒地と暖地でイネの生育の進行状況の違いが明らかにされ，九州では出穂前 33 日の時期に施肥をしたほうが増収につながることが明らかになった．この時代の前期は，窒素肥料の施用法と水管理を中心とする多収穫技術の確立を主な柱とする研究が多かった．

光合成を基本とした物質生産の研究は，この時代も最も活発な状態で継続した．そして，1960 年代に発足した国際イネ研究所（IRRI）や国際トウモロコシ・小麦改良センター（CIMMYT）などの国際的な研究機関に，わが国の研究者が個体群光合成の理論をたずさえて参加し，「緑の革命」に大きな役割を果たした．後半は，イネなどの植物に比べて光合成能力の著しく高い C_4 植物の発見を契機として，作物の光合成と物質生産の研究が種間差の問題など広範囲な基礎分野との結合を通じて新たな発展をみせた．

この時代，形態学の研究の蓄積と進歩も目覚ましく，生理機能と形態を結合した研究が発展した．また，植物ホルモンなどの生理活性物質が作物に及ぼす効果の研究や組織培養の研究が登場してきた．さらに，日本の高度成長の負の遺産ともいえる環境問題が大きくなり，大気汚染物質の亜硫酸ガスなどによる作物被害の研究が行われたこと，余剰米の発生によって品質に対する関心がにわかに高まりコメの成分や食味などと栽培環境の研究が行われたこともこの時代の特徴であった．

2.3.6 経済・環境問題のグローバル化時代の研究 ── 1980 年代以降

作物の形態と機能の基礎的研究がいっそう深化して発展している．葉，茎，根，花，果実などの各器官の分化，発育や形態について，電子顕微鏡レベルの微細構造までとらえられ，深く研究が展開している．そして，それらと環境条件，あるいは植物ホルモンや遺伝子の発現などとの関係も詳細に調べられるようになった．一方，コメ余り対策として転作作物の研究も少し増えたようである．また，①経済のグローバル化による競争の激化に対応する省力などの生産費低減のための研究や品質の向上の研究，②地球温暖化など地球規模に広がりを見せる環境問題のために，バイオエネルギーの研究，高温などのストレスに対する栽培的対応の研究および低投入持続的農業推進のための研究，③世界の人々が食料や豊かさを得られるように，開発途上国での作物栽培の研究などが行われている．

2.4 作物学の将来問題

2.4.1 作物学に進むには

作物学は食べるもの，着るもの，使うものの原料植物を扱うということなので，植物が好きな人，広々とした田んぼや畑が好きな人，どのような植物からどのようにして目の前にある食べ物などになるのかということに興味がある人は，作物学分野に入ってくるととても幸せになると思う．特に，作物は言葉を話すことはないが「作物の言う言葉に耳をかたむける」くらいに作物の生育経過を詳細に観察することが作物学の基本的な研究方法であることから，植物をジッと観察することが好きな人は向いていると考える．

また，日本人は海外で生産される作物の生産物を輸入して生活している．それらは多くの場合作物学で扱う作物である．その輸出元の国が貧しい国の場合は，輸入する作物とその国の人たちが生きていくために必要な食用作物の生産に協力しないと，日本人は輸入農産物の供給を安定して受けられない．したがって，「地球のすべての人に食料を！　平和で豊かな生活を！」という国際協力

の使命感にあふれる人，海外の農業に興味のある人も作物学分野に入ってくるとよいと思う．

前もってやっておいたほうが良いことをあえていうのならば，農学部に進学するための対策は当然である．しかし，いざ作物学分野に入った後の勉強，研究を考えると，幅広い教養を身につけておくことが重要である．作物学は作物を栽培して収穫利用するまでの広い範囲をカバーしているため，単に応用植物学だけではすまされず，人間，社会，歴史，文化などの分野の教養が必要になることもある．また，生物は個体間変異が大きいことから，統計学的な考え方で研究結果を判断することが多い．物理学や化学の知識を基礎にした実験手法や測定機器なども用いる．収量解析をする際に，収量構成要素に分解して調査し，それらの結果を再構築して結論を出すときなどは，論理的なものの考え方が必要になってくる．それには小学校時代にやったような「鶴亀算」「流水算」などの問題を，因数分解の方法を使わずに解答を導き出す考え方の訓練が役に立つ．海外志向の研究をやりたい人は英語などの外国語も必要である．

2.4.2 今後の作物学

作物学の目標から考えると，栽培などの現場に利用されて初めて作物学研究の意義が出てくるのであり，現場に利用できないものは作物学研究としては不完全である．そういう意味では，2.3（研究史）で解説したイネの増収理論を作り上げた日本の光合成と物質生産研究は，日本のイネの栽培方法だけでなく，世界的に「緑の革命」で育成品種の目標設定に強い影響を及ぼし，完結した作物学研究の見本といえる．

「緑の革命」は多収性品種と栽培技術をセットで普及することで成し遂げられたので，非常にわかりやすかった．2009年の日本農学会のシンポジウムで作物研究所の岩永勝は，次に革命的なことが起こるとするのならば，それぞれの地域に適合した技術改善をこつこつ積み重ねることによっ

て達成されるのではないか，それは「緑の革命」という緑一つの色ではなく，「虹色革命」と表現できるようなものになるのではないかと言っている．そのときに，課題となることは①アフリカの天水農業地帯での収量性，②持続的農業，③気候変動への対応，④緑経済・緑社会への移行，⑤質と栄養価・安全性，⑥農業の収益性などがあげられた．

A イネをはじめとする穀類のこれまで以上の収量増加をめざして

現在も世界の人口は増加し続けているが，新たに耕地として開発できる土地は限られている．したがって，世界の人口増加に対応する穀類などの食料生産の増加は，土地面積あたり収量の増加に頼らざるをえない．しかし，土地面積あたり収量の改善についての展望はいまだに開けていない．すなわち，世界的にみると人類は食料危機がいつ来てもおかしくないほどぎりぎりの状況に直面しているのである．これは先進国の食料供給が現在は順調であるがゆえに，収量増への真剣な取り組みがみられないことと関係していると思われる．一方，日本においては，主食にされるイネを今以上に増収させると水田が余るが，水田を畑として他の作物を栽培すれば，食料自給率上昇に貢献できると考えられている．しかし，日本のイネの研究は現在遺伝子レベルまで深く掘り下げられてイネに対する理解は進んでいるが，栽培や育種の現場にはほとんど戻ってきていない．私は，このような現状ではあっても，今後，若い研究者の新鮮な感覚によって，何かのきっかけによって現場に役立つ研究に発展して，イネの著しい増収技術につながる日が来ることを期待している．

B 地球環境問題の激化に関係する作物生産の研究

近年，地球の温暖化など地球環境問題が大きく広がりつつあり，人類の生存をも脅かす状況になっている．二酸化炭素を吸収して酸素を出す植物を栽培する農業は基本的に環境に良い影響を及ぼすはずであっても，機械化などによる石油エネ

22　第2章　農業生物学1：生物生産

ルギーや化学肥料や農薬などの化学物質の多投入など，環境にマイナスになるような問題が起こっている．飼料の輸入による日本への窒素の集積の問題もある．これらの改善には，有機肥料や緑肥の施用，農薬の削減などによって，農業を低投入持続的なものに変化させることが必要になっている．しかし，それでは収量が減少することがわかっており，食料生産増加と低投入持続的農業をどう折り合わせるかが，今後の作物学研究の大きな課題になってくる．

C 経済のグローバル化に対応する作物研究

現在は世界の経済がグローバル化して，TPPなど貿易の自由化のうねりが日本に押し寄せており，日本の農産物の生産費の高さが問題とされている．しかし，稲作は高い生産性を維持しながら，日本の国土の環境や水源の保持をしてきており，これがなくなったら食料だけの問題ではないのである．それに対応するイネの研究では省力・低コストをめざした直播栽培などについて行われている．しかし，地域独特の条件があるために，同じ直播といっても湛水土壌中直播，乾田直播，不耕起V溝直播など，さまざまな取り組みと研究が行われている．今後，これらの研究によって地域に適合した技術が開発され，日本各地または世界各地で展開されることを期待している．

一方で，生産物の品質を高めて，高価でも売れるようにして，国際競争に勝っていこうという試みもされている．ただし，コメについてはどのようなコメが美味しいのかがいまだに完全には明らかにされていない．アミロース含有率が高いとまずいといわれているが，最近アミロース含有率が高くても美味しいという品種が出てきている．このような品種の成分などの化学的特性だけでなく，物理的特性などさまざまな特性を評価することによって，美味しいとは何か，に迫る研究が進展する可能性をもっている．

D イネ以外の作物の研究

日本の作物学研究はイネに過度に集中してき

た．日本では，イネの栽培面積を減らした分，他の作物の生産が増えているのかというと，少し物足りない．他の作物は海外から買ったほうが安いことが原因になっており，それらの作物の研究が少なく収量が低いことも一つの原因になっている．ただし，日本国内には地産地消，食の安全，品質重視という言葉で表される空気が流れていることも確かなため，これらの作物の栽培に対する要望が強くなる可能性はある．このような作物の研究は，イネにおける研究の進展の経過が参考になり，生育経過の詳細な観察が基本となるであろう．そして，輸入に頼らない安定的な食料などの供給をめざす必要がある．ただし，ダイズなどの双子葉植物はもともと葉が直立しないタイプのため，イネの光合成と物質生産の研究の成果とは違った形のものになっていくであろう．どのようなものになるのかは楽しみである．

イネ以外の作物のうち，麦類やダイズは水田を畑に転換した後の重要な作物として考えられている．コムギは日本で生産できる麺用およびパン用の品種が作られ，それらの栽培方法の研究が多くなってきている．ダイズは日本における収量が不十分なため，さらに収量を増加させるための研究が多くなっている．しかし，ゴマ，ヒマ，ジュートなどの油や繊維などを採取する工芸作物のように日本での栽培がほとんどない作物に関しては，研究が非常に少ない．このような作物でも日本は海外から輸入して利用しているのであり，その輸出元の国が貧しい場合，その作物を輸出して外貨を稼ぐという意味でその国の発展に大きく寄与する作物である．このような作物の日本への供給を安定化させるためには，国際技術協力が必要になる．

イネ以外の作物はほとんどが畑で栽培される．水田とは違って畑では同じ作物の栽培を繰り返すと収量が低くなったり，病害虫が大発生したりする連作障害が問題になる．したがって，イネ以外の作物の栽培には，コムギ→ダイズ→ジャガイ

モなどといった輪作を行わなければならない．この場合，作物を植え付ける順番は地域による事情にもよるが，それぞれの作物の収量に影響する．1つの作物だけでなく幅広く作付け体系のなかから作物生産の改善をねらうことは，今後詳細に検討する必要のある研究課題である．

2.4.3 ▶ 作物学に関する私の夢

私は「ヒマ」という油料作物をさまざまな環境で栽培し，側枝の成長の変化を知ることから研究の世界に入った．当時ヒマなんていう作物は聞いたこともなかったが，「ひまし油」の名で工業用の潤滑油に使われているという．また，天ぷら油を固めて捨てる商品「固めるテンプル」の原料であったことや，ポリウレタン，プラスチック，ナイロンなどを作るのにも使われることに驚いた．生産量が少なく，人間生活のなかに隠れているような作物に興味をもつようになり，ソバ，マコモタケ，ジュート，ケナフ，ボウマ，アマ，チョマ，クロタラリア，クズ，ヒマワリ，ゴマ，ナタネ，エゴマなど，さまざまな作物を栽培しては研究するようになった．

そういうなかで，有名なフォトペリオディズム（光周性）は日長時間が開花始期だけでなくさまざまな成長形質に影響するのに，日本の研究者は開花始期の変動以外には注目していないことに気づいた．ソバとゴマの研究の過程で，両作物とも短日性植物で日長時間が短くなると開花が早まることはたしかであったが，それはわずかであって，茎や開花期間が短くなり，花房および花の数が減少して収量が大きく変化するということを見つけた．同時に，日長時間によってこのように作物栽培上重要な形質が変化することにだれも注目しなかったことに疑問さえもったのである．その後，これらのうちソバの研究成果は沖縄で冬期に栽培して日本で最も早く出荷されるソバの生産を可能にするために利用された．沖縄ではサトウキビの収穫後次の植え付け前で畑が露出して土壌が流亡

しやすい時期なので，この栽培は海への土壌流出から珊瑚礁を守ることにもつながる．アフリカのブルキナファソ国は日本へゴマを輸出している．そこでは現在8月に播種されているが，同じ雨季のうち7月に早めるだけで収量が2倍以上に増加することがわかり，ゴマの生産支援が行われている．この国が少しでも豊かになることを楽しみにしている．

以上のように生産量が少なくあまり作物化の進んでいない作物は環境の変化に対して成長や収量が劇的に変化するので，私は観察していてとても楽しい思いをさせてもらった．また，農業の現場に利用されることは研究の喜びである．こういう作物は他にも多くあるため，作物学研究がイネ，麦類，ダイズなどに極端に集中している状況下で，今後こういった作物の研究にも若い人が興味を示してくれて，私と同じように日々作物の成長の変化に驚き，研究成果が農業に利用されるのを楽しむ日が来るのを待っている．

2.5
園芸学の研究分野

園芸学分野は幅が広く，主として副食物として食卓で食べられる野菜類，おやつや食後のデザートとして食べられる果実類，家の中や庭園などを装飾し，その美しさを鑑賞する花き類などが含まれる．研究分野としては大きく，①蔬菜園芸学（以降は野菜園芸学），②果樹園芸学，③花き園芸学，の3つがあり，それぞれ研究手法は大きく異なる．しかし，植物生理学，植物生態学が栽培研究の基礎となる点は共通である．以下に各分野で行われている主な研究を紹介する．

2.5.1 ▶ 野菜園芸学

野菜は食卓では，副食品（おかず）として利用され，低カロリーでありながら人間の身体には重要な栄養成分を多く含んでいる．代表的な成分と

しては，ビタミン類，ミネラル類，繊維があげられる．学生には，「ビタミン，ミネラル，繊維！」と声を出して覚えておくよう伝えている．

野菜には，果実を収穫する果菜類，葉や蕾を収穫する葉菜類，根を収穫する根菜類がある．それぞれ収穫する部位が異なるため，栽培法も大きく異なる．光合成をする葉を食用にする葉菜類では光合成を促進させることが重要であるが，葉に蓄積した光合成産物を果実や根に効率的に転流させる必要がある果菜類や根菜類では，転流を促進し，呼吸による消耗を抑える工夫も必要である．

A 発芽に関する研究

野菜の種子は，現在ほとんどが F_1（雑種第一代）とよばれるものになり，母親系統と父親系統を掛け合わせてできた雑種の種子である．F_1 種子を栽培すると雑種強勢がはたらき，両親系統より斉一で優れた生育が得られ，収量も多くなる．しかし栽培している植物から種子を採取すると，雑種であるためメンデルの分離の法則どおり形質が分離してしまうので，自家採種はできない．したがって生産者は，種苗会社から種子を毎年買わざるをえないという仕組みができている．種苗生産が産業として成立している理由でもある．F_1 種子は非常に高価で，たとえばトマトは1粒20円以上，キュウリは30円以上もしている．

市販の種子は保証発芽率が決められており，おおむね80％以上である．発芽率をさらに向上できれば種子代が節約できるため，種子処理技術が研究されている．発芽を阻害する種皮を機械で取り除いた種子はネーキッド種子とよばれ，ホウレンソウなどで実用化している（図2.2）．また種子に限定的に水分を与え，種子の発芽に向けての準備をさせておく，プライミングとよばれる種子処理があり，この処理をすると発芽には不適当な温度や水分条件でもよく発芽するようになる．その処理条件を細かく調べる研究も行われている．

B 栽培技術に関する研究

野菜の栽培は多様であり，有機栽培，減肥料栽培，養液土耕栽培，養液栽培などが研究されている．有機栽培は，土のもっている優れた機能を利用した栽培方法であり，土壌中の有益な微生物の活動によって施用した有機物を徐々に分解しながら肥料成分を溶出させ，野菜を栽培する方法である．自然のもつ浄化力を利用し，物質循環を栽培に生かした持続的な農法といえよう．現在は小規模経営が多いが科学的な検証をさらに進めて，大規模経営を実現させる研究が待たれる．

これと対極にあるのが養液栽培であろう．土を使わずに水に溶かした肥料液（培養液）だけで植物を栽培する方法であり，植物が利用する無機栄養素を吸収量に基づいて与え，科学的なアプローチによって，水と肥料の利用率を究極的に高めた栽培法といえよう．植物の生育スピードは土耕栽

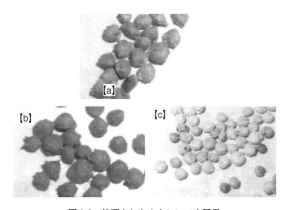

図 2.2　処理されたホウレンソウ種子
(a) 普通種子，(b) フィルムコート，(c) ネーキッド＋フィルムコート

図 2.3　水耕栽培によるサラダナの生産方法

培の2倍以上となり，葉菜類では年間に16回転もの栽培が実現できる（図2.3）．しかし，技術的には完成途上のものであり，現在もさかんに研究が続けられている．

減肥料栽培は，従来の栽培法で採用されてきた圃場全体に肥料を施すのではなく，植物が採植されている畝付近に限定して施すことによって，施肥量を30％以上節約しながら，同等の収量をあげる技術である．化学肥料を用いた栽培では，緩効性肥料を元肥とし，速効性肥料を追肥とする栽培が行われてきたが，肥効調節型とよばれる肥料が開発され，60日型とか100日型など異なるタイプの肥料がある．野菜の生育に伴って日数をかけて徐々に溶け出すので，効率的に肥料成分が吸収され，雨による流亡も防ぐことができる．これらの技術は肥料の無駄を少なくし，環境にやさしい栽培技術として注目され，地域の試験場などでさかんに研究されている．

2.5.2 果樹園芸学

果樹園芸学は果実を生産する木本植物を研究対象とする研究分野である．主な種類としては，ミカン，リンゴ，ナシ，ブドウ，モモ，ウメ，クリなどがあげられる．果樹は永年作物であり，一度植えると10年以上も同じ株が栽培され，樹高も高くなるため，多くは広い果樹園で露地栽培されている．このため，栽培や収穫される時期は季節的に決まっており，いわゆる旬が存在している．ただし，利用に関しては，保蔵技術が発達したせいで，長期間にわたっているのが特徴である．なお果実を生産する植物としては，イチゴ，メロン，スイカなどもあるが，これらは1年で栽培が終了することもあり，わが国では野菜に分類されている．

A 繁殖に関する研究

果樹の繁殖は，挿し木や接ぎ木による栄養繁殖によるものが大部分である．それぞれの品種の母株はたった1株であり，これが大量に栄養繁殖で増殖されて産地で栽培されている．つまりある品種はすべて同じ遺伝子をもったクローン植物である．動物やヒトのクローン作出は倫理的な問題もあり，今後ともに議論が必要であるが，果樹の世界では昔からクローンによる品種育成は常識である．育種の研究としては，収量・品質の向上のほかに最近では，樹高を抑えて管理や収穫がしやすいような品種育成の研究もさかんである．栽培的な研究としては，挿し木の発根を促進して，大量の苗を生産する技術などは重要なものとなっている．

B 生産に関する研究

葉が行う光合成を最大限にし，生産された光合成産物を効率的に果実に転流させる研究が行われている．果樹は毎年多数の花が咲くが，これらすべてを果実として成らせると果実は小さくなってしまう．果実1つあたりの葉数が適度な割合になるよう花や幼果を摘んでやるが，その割合をどのようにするかも研究対象である．その場合，次年に充実した花をつけさせるための養分の蓄積も必要であり，これがうまくいかないと次年の結実が少なくなってしまう（隔年結実という）．

圃場の地面をフィルムなどでカバーするマルチングという技術があり，雑草が生えるのを防止すると同時に，土壌を膨軟に保ち，水や肥料の利用率を高めるが，果樹で利用されることは少なかった．圃場を白色フィルムでカバーし，不足しがちな水分を点滴灌水で適度に保つ技術が開発されている（マルチ＋ドリップで「マルドリ方式」とよ

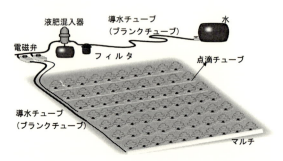

図2.4 果樹栽培で行われているマルチ＋ドリップ灌水（マルドリ栽培）[*1]

表 2.1 果樹類の CA 貯蔵条件と貯蔵期間[*2)]

種類	温度 (℃)	湿度 (%)	O_2 濃度 (%)	CO_2 濃度 (%)	貯蔵可能期間 (か月)
リンゴ	0	90～95	3	3	6～9
温州みかん	3	85～90	10	0～2	6
カキ	0	90～95	2	8	6
ナシ	0	85～92	5	4	9～12

ばれている). 白色フィルムマルチは太陽光を反射して果樹の光合成を促進させ, 点滴灌水で水の利用効率を高めるので, 高品質な果実を多く収穫できる技術でもある (図 2.4).

C 果実の保蔵に関する研究

前述のように, 果樹では収穫期が短いので果実の保蔵に関する研究は重要である. リンゴでは CA 貯蔵とよばれる技術により, ほぼ周年にわたり新鮮な果実を食べることができる. 果実は呼吸をしており徐々に消耗し, またエチレンという植物ホルモンを発生して老化の過程が進む. CA は controlled atmosphere の略で貯蔵の温度とガス組成を保つことによって, 老化や消耗を長期間防ぐ技術である (表 2.1).

2.5.3 花き園芸学

花き (花卉) とは, 花の咲く植物のこと. 特に, 美しい花を咲かせる観賞植物のことをいう. 花き園芸学は花きに関する園芸学だが, 花ばかりではなく, 葉の美しい植物なども取り扱うため, 観賞植物園芸学とよばれることもある. 花き類は利用される形態が異なるため, 栽培方法についても研究手法が異なる. 生産量が最も多いのはキクやバラなどの切り花で, 次いでシクラメンなどの鉢物, パンジーなどの花壇用苗, 球根などが続く.

野菜や果樹では, 出回る品種の数はある程度限られるが, 観賞植物は種類ばかりだけではなく出回る品種の数も多いのが特色である. それだけ品種を扱う研究も多い.

A 開花調節に関する研究

キクは日長が短くなると開花する短日植物である. キクを周年的に出荷するには日長処理が欠かせない. 春から秋にかけての栽培では, キクは大きく成長した後に自然開花するが, 日長の短い季節に十分な大きさに育てるには電照による長日処理が必要であり, 逆に日長の長い季節に花を咲かせるためには, キクが適度に成長した後に遮光による短日処理をして開花させる必要がある. これらの日長処理が行える施設はかなりの重装備な温室である.

B 球根の休眠に関する研究

チューリップの球根は鱗茎とよばれ, 春に開花し気温が上昇すると葉が枯れて休眠に入る. 球根の生産栽培では, 休眠に入る前に光合成を行わせ貯蔵養分を球根に蓄えさせるため, 開花した花は摘む必要があり, その後休眠に入った球根は夏の高温多湿で腐らないよう掘り上げて貯蔵し, 晩秋に植え付けて休眠から覚醒させて春に開花させる. 人為的に休眠打破させるために, 冷蔵庫に球根を貯蔵して促成的に開花させるなどの処理技術の研究がされている.

C 切り花の高能率生産に関する研究

切りバラの栽培は, 生産力が優れる養液栽培によるものが多くなってきている. ロックウールなどの培地を栽培ベッドに置き, 培養液で植物体を栽培するが, 最新の環境調節技術を生かしてさらに切り花の収穫本数を増加させる研究がされている. 空調にヒートポンプを導入し, 冬期の暖房の他に夏期には夜間冷房をしたり, 二酸化炭素を施用して光合成を促進するなどの管理で飛躍的に増収している例もみられ, 環境調節の条件を明らかにする研究が続けられている.

図 2.5 生け花の寿命を延ばす STS 剤の効果[3]
日持ち検定 20 日目．左：水，右：STS 処理．STS はチオ硫酸銀．鮮度保持剤で植物の老化ホルモンであるエチレンの合成を阻害し，切り花の寿命を延ばす効果がある．

D 切り花の日持ちに関する研究

切り花を花瓶に生けると 2〜3 日で萎れてしまうことがあるが，花瓶の水に防腐剤，糖，エチレン発生抑制剤などを適濃度で加えると日持ちが顕著に伸びることが知られている．これらの処理方法を花きの種類別に明らかにする研究がされている（図 2.5）．

2.6 園芸学の研究史・主要な業績

2.6.1 研究における農業の生産現場の重要性

園芸学の研究史を述べる前に，植物学上の多くの重要な発見が農業の栽培現場で行われてきたことを述べておきたい．「遺伝の法則」の発見は，メンデルが修道士として農園に植えてあったエンドウの栽培を通してなされた．また「光周性」は植物の開花と日長の関係を示すものであるが，アメリカのガーナーとアラードはダイズ種子を少しずらして播種しても，同じ時期に一斉に開花することから，ダイズが短日性植物であることを発見した．開花に関しては，秋から冬にかけての低温によって花の芽が形成される春化とよばれる現象も，主にコムギに関して詳しく研究された結果，明らかにされたものである．

このように，今では基礎科学とされる学問分野の発見の多くが農業の現場や農作物によってもたらされてきた．もちろん発見の後に植物生理・生態学的な手法でさらに詳しく研究された結果があり，それらをわれわれは学んで，再び農業現場での応用研究に生かしているといえよう．しかし，農業の現場は発見の宝庫であり，まだまだ発見できることはたくさんあることを忘れてはならない．

2.6.2 野菜園芸の研究史

ここでは日本における園芸研究の歴史を筆者の専門分野である野菜園芸に限定して概観してみたい．前述の図 2.1 にあるように主要な栽培植物の原産地に日本は含まれない．日本原産の野菜は，フキ，ウド，セリなど野草類がほとんどであった．現在わが国で栽培されている野菜の大部分は外来のものである．古くは中国や朝鮮半島から導入されたものであり，新しくは明治初期に欧米から導入されたものである．

A 黎 明 期

日本で野菜園芸の研究が本格的に始まったのは，多くの外来野菜が導入された明治初年以降といってよい．明治政府は諸外国から多くの野菜を導入し，それらを試験栽培する官園を東京と札幌に，さらに内藤新宿試験地（現在の新宿御苑）や三田育種場を開設し，やがて徐々に各地方にも公立試験場が創設されていった．

当初の研究は，海外から導入された野菜を種類別に地域適性を調べる試作試験が主体であったものと推察される．やがて，日本の気候に適応する野菜を作出する育種研究や生産性を高める栽培試験へと発展していった．

内藤新宿試験地の福羽逸人（図 2.6）は，イチゴ品種「ふくばいちご」の作出者として有名である．最初に導入した西洋イチゴは輸入した苗が輸送中に枯れるなどで栽培は成功しなかった．彼はフランスから取り寄せた品種の種子を新宿御苑で

図 2.6 現在のイチゴ品種のもとになった「ふくばいちご」を育成した福羽逸人

発芽させ，大きな果実がつく株を選び，「福羽」という新品種として 1899 年に発表した．この品種は，細長い果形でショートケーキ用に人気があり，静岡市久能の石垣イチゴとして最近まで使われてきたばかりか，現在の人気品種である「とちおとめ」「女峰(にょほう)」の育種素材としても使われている．

B 発展期 I

明治後半から大正時代になると，野菜の栽培が小規模な自給菜園的なものから，生産物を販売する営利栽培になっていった．野菜の種子は，当初は公立の試験場などで生産者に配布し，各生産者は自らの畑で生育する野菜のなかから優れた生産性・品質を示す株を選び出し，それらの株を開花させ，種子を採取して次作の栽培用に確保していた．しかし栽培規模が大きくなるにつれ種子の自家生産は困難になってくる．そこで現れるのが品種改良などに取り組んできた農家が種子生産専業となるケースである．これらの種子生産専業農家はやがて，種苗会社を設立していくこととなる．瀧井治三郎商店は現在のタキイ種苗株式会社となり，坂田武雄が興した坂田農園は現在の株式会社サカタのタネとなった．同様な種苗会社が各地で誕生し，公立の農業試験場などと協力して，生産力・品質・耐病性などに優れる品種を作出していった．前述のように F_1 種子の生産も始まり，会社規模は大きくなった．しかし，これらの会社が品種改良を行い，その情報は会社のブラックボックスに入ってしまったこともあり，それまでは試験場や大学でも行っていた品種改良の研究は下火となり，現在では耐病性品種の素材の研究や遺伝子の解析研究などが中心となっている．

C 発展期 II

昭和に入り，野菜の栽培技術に関してはおおいに発展があり，国公立の試験研究機関が果たした貢献は大きかった．園芸試験場の熊沢三郎は昭和初期から中期にかけて，育種を中心とした栽培技術体系の完成を目指して研究し，野菜の周年的な安定生産のための「作型(さくがた)」という概念を提唱し，品種ごとの生態特性を明らかにする用語として「品種生態」という言葉を使った．特に「作型」は日本独特の栽培体系に関する概念で，野菜の周年栽培のための大きな情報であり，いつどんな品種を播種し，どのような栽培技術を使うと，いつ頃収穫ができるかを図示したものである（図2.7）．

戦後，わが国は急速に復興すると同時に経済発

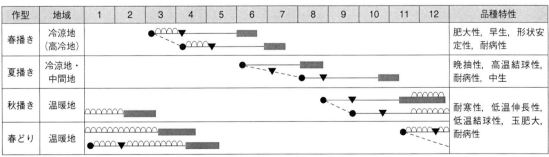

図 2.7 日本独特の野菜の栽培体系である「作型」
結球レタスのおもな作型と品種特性．

表 2.2　各国の施設園芸面積[*4)]

	日本	韓国	中国	オランダ	米国	スペイン	イスラエル	メキシコ
面積 (ha)	42,164 (2018年)	51,829 (2008年)	2,194,000 (2008年)	9,960 (2012年)	7,980 (2007年)	66,000 (2012年)	13,000 (2012年)	9,948 (2010年)
主な施設の形態	主に，プラスチックフィルムで被覆されたハウス	主に，プラスチックフィルムで被覆されたハウス	主に，プラスチックフィルムで被覆されたハウス	主に，ガラス温室	主に，プラスチックフィルムで被覆されたハウス	主に，プラスチックフィルムで被覆されたハウス	主に，ネットで被覆されたハウス	主に，プラスチックフィルムで被覆されたハウス
主な作物	トマト，イチゴ	果菜類	育苗，野菜栽培，果樹栽培，キノコ栽培	果菜類	花壇用苗，ポット類，観葉植物，トマト	レタス，キュウリ，トマト	トマトなど	野菜類（トマトなど）

展の時代を迎え，農業の世界も小型トラクター導入などの革新が進んだが，野菜の栽培現場で革新的に進歩した分野が施設園芸であろう．塩化ビニールなどのフィルムが開発され，簡易な鉄パイプによるトンネル栽培や作業者が入って作業のできるかまぼこ型のパイプハウスが全国に建設され，栽培期間は飛躍的に広がった．それに伴い，新しい栽培施設での栽培に関する研究がさかんになった．限られた空間でどのような栽培をするか，保温・加温を含む環境調節はどのようにしたらよいのか，などである．前述の作型についても，施設を利用することによって新しい作型体系が完成している．ほぼ栽培の全期間にわたって加温をする「促成栽培」や，育苗期間は加温するが定植後はなるべく加温などのエネルギーは使わず，保温中心で栽培する「半促成栽培」などの作型名が生まれた．現在の温室総面積は，約4万 ha あり，園芸耕作地の約 1/10 を占めている．世界的に見ても，膨大な面積をもつ中国を除けば，スペイン，韓国などと肩を並べる先進国である（表2.2）．ただし，温室面積は1万 ha と少ないものの，この分野では最先進国であるオランダに栽培技術的に大きく水をあけられている．後述するように，オランダに追いつき追い越す技術開発が，現在のところのわが国の重要研究課題である．

2.7
園芸学の将来問題

前述したように，農学は第一次産業に貢献すべき学問領域であり，農業産業が今後どのように発展していくのか，またそのどこに貢献できる研究であるかをしっかりと見極めて研究に取り組む必要がある．産業と関わる以上，社会情勢の影響を強く受ける学問でもある．したがって社会情勢をしっかり把握して，この学問領域のニーズがどこにあるのかをつねに考えておく必要がある．いずれにせよ，その基礎となる学問分野である生物学，化学，物理学，数学などの高校レベル以上の知識が必要であり，この章のはじめに述べたような大学レベルの多くの科目の学習が必要である．農業・食料のグローバル化に伴い，語学の習得も重要である．農学が学際領域を含む総合科学であるからには，最も興味のある分野は深く学習するとともに，以上のような幅広い学問領域を学んでおいてほしい．

以下に将来発展が期待できる研究について述べる．

2.7.1 ▶ 大規模施設園芸に関する研究 ── 群落光合成に及ぼす環境条件の影響

光合成の研究は，これまでは細胞レベルや個葉レベルの基礎的研究が多くなされてきており，応用研究でも個体レベルのものが多かった．もちろん基礎研究としては，さらに研究が進められな

ければならないが，栽培という視点で見ると，栽培されている植物はつねに群落として生育するので，植物の高さや栽植密度の影響を受けて，葉が相互遮蔽するため下位の葉には光が届きにくくなっており，光合成速度は上位葉よりずっと低くなっている．また密植になればなるほど葉の相互遮蔽の割合が大きくなり，光の利用率は下がってくる．光ばかりではなく，温度，湿度，風速なども群落の中でどのようになっているかを調べ，群落として光合成が最大になる条件は何かを明らかにしておく必要がある．オランダで温室栽培の環境制御技術の研究が急速に進んだのは，産官学が相たずさえてこの面の研究に取り組んだためである．オランダとは，気候も使われる品種も異なるため，オランダの進んだ技術を応用しながら，わが国独自の詳細な研究が必要である．太陽光の放射エネルギーからするとオランダより約3割も恵まれているので，オランダを凌駕するような生産がわが国で行われるようになるのも夢ではない．

2.7.2 ▶ 養液栽培に関する研究

有機栽培は，自然の浄化作用を有効に利用しながら，環境にやさしく，持続的な生産を行う方法であるが，養液栽培は，科学の知恵を結集した土を使わない植物の栽培方法である．養液とは，植物の生育に必要な肥料成分をすべて溶け込ませた水溶液であるが，一般的には水と肥料をたくさん使って行われる栽培という印象をもつ人が多い．土を使った栽培では，施肥倍率とよばれる言葉があるが，「畑への肥料施用量÷植物による肥料吸収量」で表され，普通は1.5〜2倍くらいである．つまり，植物が吸収する肥料成分の2倍近くが圃場に施肥され，吸収されなかった肥料は雨水の動きに伴い地下水や河川・湖沼水，ひいては海水をも汚染しかねない（前述の畝施肥や肥効調整型肥料を使用すると，利用効率は3割程度改善される）．水にいたっては植物が利用する水の何倍もの量を圃場に灌水する必要がある（イスラエルで

発達した点滴灌漑では，水の利用効率は飛躍的に高まるが）．ところが養液栽培では，水と肥料の利用効率は約80%と高い．今後の研究次第では100%にすることも可能であろう．養液栽培における培養液管理方法は現状では確立しているとは言いがたい．栽培する植物の種類によって肥料の吸収特性は異なるので，培養液の組成や濃度を変える必要があり，多種の培養液の処方が提案されている．処方も大事ではあるが，養液栽培装置における給液の方法など考えなければならない課題が多く残されており，今後の研究の進展が待たれる．

2.7.3 ▶ 人工光型植物工場に関する研究

人工光型植物工場が注目されており，光源としてLEDや高性能蛍光灯が使われている．光源からの熱放射が小さく，近接照明できるため，栽培装置を多段化して狭い面積を有効に利用でき，単位面積あたりの収量は露地栽培の100倍以上になるという特徴をもっている．また断熱性の高い栽培室を使うので，外界の気象条件に影響されずに，工業製品のように品質のそろった生産物が一定の生産量で毎日収穫できる．この栽培の最も特徴的な点は，水の利用効率ではなかろうか．植物は根から吸収した水分の90〜95%を蒸散によって放出する．露地や温室栽培では，この水分は大気中に逃げてしまうが，人工光型植物工場では，冷房用エアコンによってトラップされ，養液栽培のタンクに戻すことによって，ほぼ100%水の循環利用が可能である．外界の気象条件が厳しく，水の入手が困難な，極寒のシベリアや灼熱の砂漠，水の消費量を最小限に抑えたい東京のような大都会でも農業が行える時代が来たといっても過言ではない．近未来の農業として位置づけられるものであろうが，解決すべき問題は山積している．LEDなどの光源に関しても，栽培植物の種類に応じた光強度や波長構成などの組合せは，まだ研究段階にある．LEDの光エネルギーへの変換率

2.7 園芸学の将来問題　　*31*

も蛍光灯とほぼ同じ約 25% であったが，さらに改良されて 30% 近くになってきており，量産により価格も驚異的に低下してきている．工場的生産といっても，生産されるのは植物であることを忘れてはならない．培養液の不適切な管理のため，チップバーン（代表的なカルシウム欠乏症である）など，さまざまな栄養障害も起きている．今後研究が進み，コストも一段と軽減されれば，経営的にも有望な生産方法として位置づけられるものと期待される．

[篠原温・道山弘康]

▷注

[1] 山口県農林総合技術センター「マルドリ方式導入による「せとみ」の高品質果実栽培方法」http://www.pref.yamaguchi.lg.jp/cmsdata/e/1/2/e128388df9408408a157ded3273e91ba.pdf

[2] フジプラント株式会社「CA 貯蔵とは」http://www.fujiplant.jp/about_ca.html

[3] 農研機構花き研究所「日持ち保証に対応した切り花の品質管理マニュアル増補改訂版」https://www.naro.affrc.go.jp/flower/research/files/Manual%28Quality_control_of_cut_flowers%29_Revised_ed.pdf

[4] 農林水産省「次世代施設園芸の全国展開」http://www.maff.go.jp/j/seisan/ryutu/engei/NextGenerationHorticulture/pdf/siryou_4-1.pdf

▶参考図書

【作物学】

今井勝・平沢正 編（2013）『作物学』文永堂出版.

後藤雄佐・新田洋司・中村聡（2013）『農学基礎シリーズ 作物学の基礎 I 食用作物』農山漁村文化協会.

大門弘幸 編著（2008）『見てわかる農学シリーズ 作物学概論』朝倉書店.

中村聡・後藤雄佐・新田洋司（2015）『農学基礎シリーズ 作物学の基礎 II 資源作物・飼料作物』農山漁村文化協会.

日本作物学会 編（1977）『日本作物学会 50 年の歩み —— 創立 50 周年記念』日本作物学会.

日本作物学会 編（2004）『温故知新 —— 日本作物学会創立 75 周年記念総説集』日本作物学会.

21 世紀農業・農学研究会 編（2004）『農業・農学の展望 —— 循環型社会に向けて』東京農業大学出版会.

日本農学会 編（1981）『日本の農学研究 —— 近代 100 年の歩みと主要文献集』農山漁村文化協会.

日本農学会 編（2009）『日本農学 80 年史』養賢堂.

日本農学会 編（2010）『シリーズ 21 世紀の農学 世界の食料・日本の食料』養賢堂.

農林水産省農林水産技術会議事務局 昭和農業技術発達史編纂委員会 編（1993）『昭和農業技術発達史 1 農業動向編』農山漁村文化協会.

農林水産省農林水産技術会議事務局 昭和農業技術発達史編纂委員会 編（1993）『昭和農業技術発達史 2 水田作編』農山漁村文化協会.

農林水産省農林水産技術会議事務局 昭和農業技術発達史編纂委員会 編（1993）『昭和農業技術発達史 3 畑作編/工芸作編』農山漁村文化協会.

【園芸学】

伊東正 編著（2014）『野菜』実況出版.

金浜耕基 編（2007）『野菜園芸学』文永堂出版.

腰岡政二 編著（2015）『農学基礎シリーズ 花卉園芸学の基礎』農山漁村文化協会.

篠原温 編著（2014）『農学基礎シリーズ 野菜園芸学の基礎』農山漁村文化協会.

鈴木正彦 編著（2012）『農学基礎シリーズ 園芸学の基礎』農山漁村文化協会.

伴野潔・山田寿・平智（2013）『農学基礎シリーズ 果樹園芸学の基礎』農山漁村文化協会.

その他，農山漁村文化協会，実教出版から農業高校向けの教科書（作物，野菜，果樹，草花）が販売されており，短期間に専門的な知識を得るには良い教材である．

第3章

農業生物学2：品種改良
── 育種学・生物測定学 ──

3.1
育種とは

「すべての品種が，今われわれが目にしているような完全なもの，有用なものとして突然に生じたとは思えないのだ．それを証明する例はいくつもある．そうした品種の歴史を理解する鍵は，選抜を蓄積できる人間の能力にある．自然は変異を継起させるだけで，人間がそれを自分の都合のよい方向へと積み上げるのだ．この意味で，人間は自分のために有用な品種を造り出していると言ってよい.」

上記は，進化論で歴史的に有名な英国のチャールズ・ダーウィンが著した『種の起源』（1859年）中の言葉である（渡辺政隆 訳）．彼は，動植物における品種改良の成果を，進化論を展開するときの証拠としてあげている.

生物進化の過程で，生物集団中に自然突然変異が絶え間なく起こった．自然突然変異の発生率は決して高くはないが，その結果生じた変異は子孫に遺伝するので，長い年月の間には集団中に蓄積され，個体間に多様な遺伝的変異をもたらした.

人間社会で狩猟採集生活が終わり，定住生活と農耕が開始されると，野生植物のなかから食用やそのほかの用途に利用できる植物を栽培するようになり，栽培植物すなわち作物が生まれた．作物を栽培するうちに，人々は個体を選抜することを覚えた．自分の田で育ったイネのなかに，10粒の籾を稔らせた株と，20粒の籾を稔らせた株があったなら，20粒の株からとった籾だけを，次の年は田にまく．うまくいけば，来年はすべての株が20粒の籾をつける．そこまではいかなくとも，少なくとも今年より多くの籾が稔るだろう．そのようにして，集団のなかから少しでも栽培しやすく，少しでも収穫量の多い個体を選んで育てていった．それが育種の原点である.

生物がもつ性質ないし状態の中で遺伝によって決定されるものを形質という．たとえば，イネでいえば，もち・うるち性，芒の有無，稈長，早晩性，病害抵抗性，冷害耐性，収量などが形質である.

生物の形質を望ましい方向に改良することを育種，そのための原理と技術を攻究する学問を育種学とよぶ．植物育種学，動物育種学，林木育種学，魚類育種学，蚕育種学などと，改良すべき生物の名を冠してよぶこともある．本章では，作物を中心とした植物育種学について紹介する.

作物の生産性を向上し，品質を高める技術には，遺伝的改変と栽培法の改善とがある．このうち，遺伝的改変による技術が育種であり，それにより新品種を育成して広く社会の要望に応えることを目的とする．世界人口が増加するなかで，豊富で安定した食料生産を維持するには，地球温暖化に向けて変動する気候に負けず，地域固有の気温・日照・土壌・雨量などに適応した多収・高品質で，病虫害抵抗性，乾燥，湿害，塩害，高温，寒冷などに耐性をもつ品種を育成していくことが重要で

3.1 育種とは　*33*

ある．育種の担い手は，農民，園芸家，種苗業者，大学や公的私的機関に属する専門的育種家などさまざまである．

品種とは，ある種のなかで，なんらかの特化した形質をもつグループのことである．より正確に言うなら，1つ以上の形質についてほかの個体または系統（1つの種の中で，さらに同一の祖先をもつ個体のグループ．人間でいえば「家系」「血筋」といったものにほぼ相当する）と区別され，かつその形質が増殖に際して変化せずに安定して伝えられる個体または系統を品種という．イネなら「コシヒカリ」「あきたこまち」，リンゴなら「フジ」「王林」などが，それぞれ品種とよばれる．

育種によって品種のもつDNAの塩基配列あるいは染色体構成が改変されると，その改変された状態は植物の増殖によって世代が進められても子孫に原則としてほぼ誤りなく伝達されてゆく．育種に関わる技術はきわめて範囲が広い．品種の改良に役立つ技術ならすべて取り込み利用してきたというのが育種の歴史である．基本的には，育種は遺伝学の応用といえるが，ほかに植物形態学，植物生理学，植物病理学，昆虫学，進化系統学，細胞組織培養学，分子生物学，統計遺伝学，生物測定学など多方面の学問分野と深い関連をもつ．

実際の育種事業は，以下のステップで実施される．①変異の創成，②選抜，③評価，④品種登録，⑤増殖，⑥新品種の配布．育種方式は，変異創成の手法別に，分離育種，交雑育種，ヘテロシス育種，倍数体育種，突然変異育種，遺伝子組換え，などに分けられる．

3.2
品種改良と育種学の研究史

3.2.1 農耕の開始と作物の誕生

品種改良の科学としての近代育種学は，G.メンデルが1865年にエンドウを材料とした交雑実験で遺伝法則を発見し，1900年にそれがH.ド・

フリースらにより再発見されたときに始まったといえる．しかし，作物の品種改良自体は近代育種学の開幕よりはるか以前の農耕開始の時代にまでさかのぼる．

現生人類（新人，ホモ・サピエンス）の誕生から約20万年の長い間狩猟採集の時代を過ごしたのち，人類は今から1万〜1万2000年前に農耕を開始した．それは最終氷期（ヴュルム氷期）が終わって地球の気候が急激に温暖化し現在の環境に近くなった頃であった．

農耕は計画的に始まったものではない．土地から土地へ移動しながら狩猟採集していた民が，移動から定住の生活に変わったとき，その住居圏のまわりに自然生態系の環境が乱された場所ができ，そこにいろいろな野生植物が入り込み集団をつくった．そのような植物のなかに食用，あるいは生活用品として使えそうな植物が見つかると，彼らは，その種子を集め，利用し，一部を貯蔵して，また翌年にまくという作業を始めた．この播種→栽培→採種→貯蔵→再び播種というサイクルが農耕の，そして栽培化の始まりである．周辺に自生した野生種の集団から毎年種子を採って利用するだけなら，たとえ草取りや灌漑など生育中いくら手をかけた栽培をしても，真の栽培化とはいえず，野生種の集団も遺伝的に大きく変わることはない．

野生種の集団には通常さまざまな遺伝子型（生物個体がもつ遺伝子構成）をもつ個体が含まれている．栽培化とともに栽培や利用に向いた個体が栽培者により無意識に，または意識的に選抜されて，集団中に増えていく．

おそらく無意識のうちに起きたであろう選抜の例としてはイネの脱粒性がある．イネやオオムギなど穀類の野生種では，種子が稔ると自然に穂から脱落して地面にちらばる．これを種子の「脱粒性」という．自然環境では，脱粒性は，植物が子孫を増やすために種子を周辺に拡散させるしかけとして役立つ．しかし，人に栽培されるようにな

34　第3章　農業生物学2：品種改良

ると事情が一変する．触れればこぼれ落ちる種子をざるで受けて収穫している間は，脱粒しやすいほうが多く収穫できるが，株をまるごと抜き取ったり，鎌で刈って収穫したりするようになると，収穫の時期まで種子が穂上についているほうが都合がよい．その結果，脱粒性個体は集団中で減ってゆき，非脱粒性個体からなる集団ができあがる．

　意識的な例としては，食用部分の巨大化が代表的である．たとえばトウモロコシでは，考古学的に発掘される原初的品種は雌穂が3cmにも満たず8列に各7粒ほどの種子がついた程度のものであったが，現在の品種は穂長が25cmに達し12〜14列に各30粒を超える種子が並ぶ．エンドウやアズキの種子は，野生種に比べて栽培品種は10倍以上の重さとなった．トマトも，直径1cm程度にすぎなかった果実が，現在では10倍以上にもなっている．リンゴ，ブドウ，カボチャ，ダイコンなども，選抜により巨大化した．ダイコンは，巨大化だけでなく多様な分化を遂げた．地中海沿岸に起源をもつハツカダイコンがシルクロードを経て日本に伝えられてから，1000年以上の栽培の間に，重さ30kgに及ぶ巨大な桜島大根，長さ1m半もの細長い守口大根，カブのような形の聖護院大根，葉を食用とするため根はごく小さい葉大根，など用途に応じた多様な形態の品種が創られた．

　大きさや形状という形態的形質だけでなく，生理学的性質も変わった．イネやダイズでは開花期が栽培地域の日長（昼と夜の時間の相対的長さ）により変化するが，種々の日長に適応した品種が分化し，日長の異なるさまざまな環境の地域で栽培できるようになった．オオムギの初期の品種は，秋まき性（秋にまかれた種子から育った幼苗が冬の寒さを受けないと春に穂が出ない性質）であったが，のちに春まき性（春に種子をまいても穂が出る性質）も分化した．病害，虫害，干ばつ，湿害，低温などに強い性質をもつさまざまな品種も加わった．

　植物の増殖のもととなる繁殖様式さえも変化した．イネはもとは風媒の他殖性であったが，栽培化によって自殖性に変わった．イチジクやブドウでは種子繁殖の他殖性から種子を通さずに繁殖できる栄養繁殖性に変化した．

　これらの形質の変化は，数回の選抜でたやすく達成されたのではなく，多くの人々による長年の選抜によって微小な変化が少しずつ積み重ねられて獲得されたものである．

■3.2.2 作物の起源地と祖先種の解明

　人がさまざまな故郷をもつように，作物の故郷（起源地）もそれぞれ異なる．

　作物の起源地は，アメリカ大陸（新大陸）とそれ以外の大陸（旧大陸）に大別できる．トウモロコシ，ジャガイモ，サツマイモ，キャッサバ，トマト，トウガラシ，インゲンマメ，ラッカセイ，ワタ，タバコなどが，新大陸で生まれた（p.14図2.1参照）．新大陸でのさまざまな作物誕生に貢献したのは，アメリカ先住民である．彼らによる改良がなければ，現在米国で栽培されている作物の3割は存在しなかったといわれる．

　1492年にコロンブスが新大陸に到達するまでは，旧大陸と新大陸の間で人間が往来することは稀で，作物が移動することもほとんどなかった．イタリアのマルゲリータ・ピザを飾る赤いトマトも，ゴッホが描いたオランダ農民の主食ジャガイモも，シャーロック・ホームズがロンドンでくゆらすパイプ・タバコも，わずか500有余年前まではヨーロッパには存在しなかった．新大陸の作物は本国と新大陸植民地を往来する西欧人により，まずヨーロッパの本国へ，さらにアジアへと伝えられた．アフリカへ伝播した作物もあった．サツマイモは18世紀までにアフリカ全土に広まり，特にウガンダやルワンダでは主作物となった．

　一方で，逆方向の流れもあった．新大陸での起業をめざす人々によりインド起源のサトウキビが新大陸に持ち込まれ，砂糖産業が勃興した．また

3.2　品種改良と育種学の研究史　　35

奴隷船の船底に詰め込まれて運ばれた1000万人あまりの黒人とともに，アフリカ起源のソルガムやスイカが新大陸へ伝わった．コムギ，ダイズ，イネなど旧大陸起源の代表的作物も，今では北アメリカの広大な面積で機械化栽培されている．

それぞれの作物がどんな近縁野生種から誕生したのかを探ることは，人の祖先のルーツを探るに似て興味深い．しかし祖先種解明の動機は，研究上の興味だけではない．祖先種が同定されれば，その祖先種がもつ有用遺伝子を作物品種に導入できる．つまり，祖先種は品種改良上の根元的な遺伝資源となる．

20世紀に入り作物の祖先種の研究が大きく進められた．作物との間で形態などの特性が似ていること，染色体の数や形状に大きな差がないこと，交雑が比較的容易なこと，考古学的遺物が発掘される地域が重なっていること，などの知見をもとに，近縁野生種の中から祖先種が同定される．現在では，さらにDNA塩基配列に基づく遺伝的近縁度の高さも判断基準として利用される．

これまでの研究の結果，多くの作物で祖先種が同定された．たとえば，イネの栽培種（*Oryza sativa*）には野生種ルフィポゴン（*Oryza rufipogon*）が，オオムギの二条栽培種（*Hordeum vulgare*）には栽培種のスポンタネウム亜種（*Hordeum vulgare spontaneum*）が，最も近縁であることが判明した．コムギの由来は少し複雑で3つの祖先種に由来する．コムギ属に近縁のエギロプス属の2倍体野生種クサビコムギ（*Aegilops speltoides*）を母親，2倍体野生種ウラルツコムギ（*Triticum urartu*）を父親にして自然交雑と染色体の倍加が起こって4倍体野生二粒系コムギが生じ，それが栽培化されて4倍体栽培二粒系コムギとなり，そこへさらに2倍体近縁野生種のタルホコムギ（*Aegilops tauschii*）が交雑し染色体倍加が起こり，最後に6倍体普通系コムギ（*Triticum aestivum*）となった．これが，私たちが日頃食べているパンやうどんの原料とされるコムギ（パンコムギ）である．なおここでコムギの2倍体，4倍体，6倍体というのは，細胞のもつ核内染色体の本数が異なる植物で，それぞれ14，28，42本の染色体をもつ．

3.2.3 遺伝資源の探索と保存

育種はゼロからはできない．使われる手法が何であれ，なんらかの品種がすでに手許にあって，その品種の欠点を改良する形で育種は進められる．育種家にとって手持ちの品種は多いほどよい．一方，どの作物でも，自国にある品種は，それが初めて導入された時の祖先品種に由来する限定されたものであることが多い．そのため，たとえばある病害に強い品種を育成しようとするとき，その病害に抵抗性を示す遺伝子が国内品種に見つからないことがある．そのような場合には，抵抗性遺伝子をもつ品種を海外に求めなければならない．実際には，国内外の研究機関から品種の譲渡を受けたり，自ら探索・収集に出かけたりする．

品種の探索・収集は，米国，英国，ロシア（ソ連）では20世紀前半に国家的事業として行われるようになった．特に米国は自国原産の作物がほとんどないうえに，建国当初は利用できる作物も乏しかったので，他国，特に旧大陸起源の作物を探索・収集することが喫緊の課題であった．

旧ロシアのN. I. ヴァヴィロフは，全ソ応用植物・新作物研究所の所長として，自ら探索に出かけるとともに，探検隊を組織して部下を派遣した．探索事業は1916年から25年間にわたり，国内140回，国外40回65か国におよび，25万点の栽培種と近縁野生種が収集された．導入された作物は，栽培して形質の評価を行い，将来の利用に備えて保存した．これにより遺伝資源の探索，収集，評価，保存のすべてにわたる一貫したシステムが確立された．世界初の遺伝資源センターの誕生であった．

「現実のまたは潜在的な価値を有する遺伝素材」を遺伝資源という．探索や交換により収集された

作物の品種・系統は，遺伝資源として「ジーンバンク」あるいは「遺伝資源センター」とよばれる施設で，保存され，管理される．そこでは遺伝資源の農業特性について調査・研究も行われる．

かつては近縁野生種や在来品種は，それらが生育している中心地へ赴けば，いつでも必要に応じて持ち帰れると考えられていた．しかし遺伝資源の無尽蔵の泉も現在では枯渇している．それは育種家が収集しつくしたからではない．皮肉にも，近代育種の成果が世界中に普及したためであった．広い地域に適応する多収品種や病害抵抗性品種が育成され大規模農法のもとに栽培されるようになると，従来農法は生産性が低いとして駆逐された．そのとき従来農法を支えてきた在来品種も各地域から失われていった．このような事態を土壌の侵食になぞらえて「遺伝的侵食」とよぶ．遺伝的侵食は欧米では1930年代から始まった．いったん失われた遺伝資源は二度と戻らない．

植物遺伝資源については，もう一つの大きな課題がある．FAO（国際連合食糧農業機関）は1989年に，「植物遺伝資源は，保全されるべき人類の共同の財産であり，現代および将来世代の利益のために自由に利用可能である」と位置づけた．これは遺伝資源へのフリー・アクセスを認めるものであった．しかしこの考えは，発展途上国から激しく批判された．遺伝資源を利用して品種育成や医薬品の開発などで利益をあげているのは先進国の企業である場合が多く，一方で遺伝資源を保有する側には途上国が多い．そのため，遺伝資源の利用で先進国が得た利益を遺伝資源の保有国へ確実に還元するよう求める動きが強まった．還元すべき利益には，金銭的利益だけでなく，技術移転や途上国の研究員への教育の機会提供なども含まれる．遺伝資源を保有国から持ち出す際のルールと，先進国が得た利益を公正かつ衡平に配分するための仕組みの確立にむけて，今も議論が行われている．

3.2.4 自殖性作物の交雑育種

育種上最も重要な基本操作は選抜である．選抜だけで品種を改良する育種方式を分離育種という．分離育種は最も単純で最も古い育種方式である．選抜を加えられたことのない品種では，自然突然変異や自然交雑によって品種内の個体間に変異が豊富に含まれることが多く，分離育種でも選抜効果が十分期待できる．実際，農耕開始から数千年にわたる間の作物は，ほとんどすべて選抜だけで改良されてきた．しかし，改良が進み品種内の変異が減って個体間が遺伝的に均質になると，選抜だけでは改良できなくなる．現在では，分離育種は，近代育種の手が加えられてない作物や，発展途上国から導入された在来品種を改良する際の予備的段階として使われる．

選抜の他に重要な育種操作は交雑である．異なる品種間で交雑して，その子孫から両親とは異なる新しい遺伝子型をもつ個体ないし系統を選抜して品種とする方式を交雑育種という．さまざまな育種方式が利用可能な現在でも，交雑育種が最も広く用いられている．

多収だが，ある病気に弱い品種と，低収だが病気に強い品種を交雑すれば，その子孫から，多収で病気に強い個体が得られるだろうと今では誰でも想像がつく．しかし，メンデルの遺伝法則が認められるまでは，遺伝的素質は血液のように混ざり合うものと信じられていた．これを遺伝の融合説という．この説では，交雑後の子孫では両親の中間的な特性をもつ個体しか得られないことになる．メンデルの遺伝法則により融合説が否定されてはじめて，交雑後の子孫で出現する遺伝子型の種類とその頻度が理論的に予測可能となり，交雑後代で両親の優れた特性をあわせもつ品種の出現が期待できることが認められた．

交雑による品種改良は，ふつう思うほど簡単ではない．難点は交配作業にあるのではない．交雑子孫の雑種集団から目標にかなう優良個体を確実に選抜することにある．

イネを例に説明しよう．イネの交雑育種では，異なる純系の2品種間で交雑し，その子孫の雑種世代で分離する多数の個体中から望ましい個体を選抜する．純系とはすべての遺伝子座で対立遺伝子が同じホモ接合の遺伝子型をもつ系統をいう．対立遺伝子とは，相同染色体上の同じ遺伝子座にある遺伝子をいう．

ある遺伝子座について，品種1はAA，品種2はaaという遺伝子型をもつとする．このように交雑親の間で遺伝子型が異なる遺伝子座を分離遺伝子座という．品種1と品種2を交雑して得られる子の世代を雑種第一代といい，その遺伝子型はAaとなる．AAとaaのように対立遺伝子が同じ遺伝子型をホモ接合，Aaのように異なる遺伝子型をヘテロ接合とよぶ．

雑種第一代を自殖して得られる雑種第二代では，3種の遺伝子型AA，Aa，aaが1/4，1/2，1/4の比で分離する．雑種第三代では，この比は3/8，1/4，3/8となる．世代が1代進むごとに，ヘテロ個体の頻度が半分になる．1つの遺伝子座で3種類の遺伝子型が分離するということは，品種1と品種2の間で分離遺伝子座がn個あるとすれば，3^n種類の遺伝子座が生じることになる．この数は，たとえば$n=100$とすると3^nは5×10^{47}を超える．これだけでも天文学的な数である．イネは約4万の遺伝子座をもつ．どのような交雑組み合わせであっても，分離遺伝子座の数は100よりずっと多いであろう．

さらに選抜を難しくする要因がある．選抜は，慣行栽培をした圃場で個体の表現型を観察ないし測定して行われる．形質には，質的形質と量的形質とがある．収量をはじめ農業上重要な形質には，量的形質が多い．量的形質は関与する遺伝子座が多く，そのため交雑後代で分離する遺伝子型の種類が多くなり，さらにその表現型は環境で少なからず変動する．そのため表現型をただ観察ないし測定しただけでは，とうてい優良な遺伝子型をもつ個体ないし系統を選抜することはできな

い．量的形質の選抜の効率化には，生物測定学の重要な一分野である統計遺伝学の助けが必要である（3.4.1参照）．

3.2.5 ヘテロシス育種

植物の異なる種や品種の間で交雑したとき，その子孫を雑種（ハイブリッド）という．とくに交雑後最初の世代を一代雑種またはF_1（エフワン）という．遠縁の品種間で交雑したとき，その雑種が両親のどちらよりもずっと旺盛な生活力を示すことが多い．その現象は雑種強勢とよばれる．雑種強勢は，1760年にドイツのJ. G. ケルロイターによりタバコの異種間交雑で最初に報告された．スイスやドイツで活躍したC. W. ネーゲリは，700種1万組に及ぶ種間交雑を行った．雑種は，草姿が高く，分枝は旺盛で，大きな葉をより多くつけ，花も大きく数が多く，ときに色がより鮮やかで芳香があり，開花は早くから始まり秋遅くまで続き，繁殖力が旺盛であると，彼は記している．

C. ダーウィンは，57種の植物を用いて，同種内の品種間または同種内の個体間の交雑と自殖の実験を11年間行い，草丈，重量，稔性に対する影響を丹念に調べあげた．材料には花き・花木やハーブが多かったが，トウモロコシ，ソバ，エンドウ，アブラナ，レタス，パセリ，テンサイ，タバコ，ルーピンなどの作物も含まれていた．ほとんどすべての植物で，一代雑種は両親より活性が優れていた．つまり雑種強勢は異種間交雑だけでなく，同種の植物の品種間や個体間の交雑でも認められた．

一方，他殖性植物では，自殖やきょうだい交配などの近親交配（近交）を何代か続けると，植物体がしだいに虚弱になり，収量，稈長，穂数なども減少することが認められた．これを近交弱勢という．他殖性作物では自殖性作物と違って，この近交弱勢のために，優良な純系を選抜して品種とすることは期待できない．

同種の品種間交雑で雑種強勢が認められるとい

うダーウィンの結果は，在米のトウモロコシ研究家の関心をよび，追試が行われた．そのなかでG.H.シャルが注目すべき結果を得た．彼は，ある在来品種から粒列数が異なる穂を採り，次代に穂別系統にして栽培した．その個体をさらに自殖したところ，次世代では草丈や収量が低下した．そこまでは従来の結果と同じだった．しかし，試みに自殖系統間で交雑したところ，その雑種第1代は自殖系統の両親よりずっと生活力や収量が高く，当時栽培されていた品種より多収の雑種さえ得られた．さらに，単に異なる品種間で交雑した雑種よりも，数世代続けて自殖やきょうだい交雑をして作った系統（近交系とよぶ）間で交雑した雑種のほうがずっと優れたものになることがわかった．

彼は，近交弱勢と雑種強勢とは別々の現象ではなく1つの現象の表裏であること，また子孫が弱勢になるか強勢になるかは自殖と交雑という繁殖様式の違いではなく，近交系（ホモ接合）とその一代雑種（ヘテロ接合）という遺伝子型の違いによることを指摘した．また彼は，当時いろいろな言い方をされていた雑種強勢の現象を「ヘテロシス」と簡潔によぶことを提唱した．

ヘテロシスを利用して優良な雑種を育成し品種とすることをヘテロシス育種という．ヘテロシス育種は，20世紀初頭に，動物では日本のカイコ，作物では米国のトウモロコシでまず成功した．現在では他に，ソルガム，テンサイ，ワタ，ヒマワリ，キャベツ，キュウリ，メロンなど広く他殖性作物における基本的育種方式となっている．またイネ，コムギ，ナス，トマトなどの自殖性作物でもF_1品種が育成されている．

トウモロコシを例とすれば，ヘテロシス育種の操作手順は，①近交系を作出するための素材集団の改良，②近交系の作出，③近交系の評価と優れた雑種を生み出す交雑組合せの選定，④近交系間の交雑と採種，からなる．

ヘテロシス育種では，優れた親系統を育成する

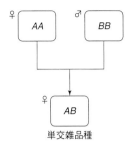

図 3.1 単交雑品種の作り方
AA, *BB* は近交系の遺伝子型をモデル的に表す．*AB* は交雑 *AA*×*BB* で作られる単交雑に相当する．同じ交雑組合せで作られた単交雑品種はどれも同じ遺伝子型をもつ．

ことと，優れたF_1を生むような親の組合せを選び出すことが，特に重要である．優秀な近交系組合せが決まったら，雑種種子の生産を行う．栽培農家には，F_1種子の形で品種が提供される．これをF_1品種または一代雑種品種とよぶ．ヘテロシス育種では，農家がF_1品種の植物体上に稔った種子を採って次年に供しても次代の多収を期待できず，毎年F_1品種の種子を買わなければならない．

2つの近交系間の交雑A×Bを単交雑という（図3.1）．両親の遺伝子型をホモ接合の*AA*, *BB*とすると，そのF_1の遺伝子型はヘテロ接合*AB*となる．単交雑では複交雑（後述）よりヘテロシスの発現が大きい．両親A, Bが純系に近ければ，そのF_1は分離遺伝子座についてヘテロ接合の単一の遺伝子型からなるので，個体間で形質が均質となる．単交雑では，1つの組合せにつき，親として準備すべき近交系は2つですむ．育種や採種の手順も単純である．しかし，親の近交系が近交弱勢により貧弱な場合には，F_1種子のサイズが小さく，種子の生産量も少ないことが多い．その結果，F_1種子の生産費も高くなる．

そこで，単交雑の欠点を回避するため，近交系の代わりに単交雑間F_1を両親に用いた交雑（A×B）×（C×D）が1917年にD.F.ジョーンズによって工夫された．これを複交雑という（図3.2）．この方式では，雑種第一代が成育旺盛なため，そ

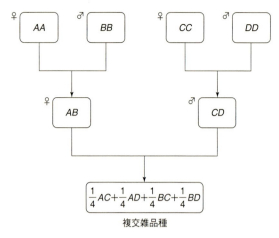

図 3.2 複交雑の作り方
AA, BB, CC, DD は近交系の遺伝子型をモデル的に表す. AB, CD はそれぞれ交雑 AA×BB, CC×DD で作られる単交雑に相当する. 複交雑品種では, 各遺伝子座につき AC, AD, BC, BD の 4 種類の遺伝子型が混在する.

れを親として得られる複交雑種子は大きく, 採種量も多い. 欠点は, 親 A, B, C, D の遺伝子型をそれぞれ AA, BB, CC, DD とすると, 複交雑後に得られる種子は AC+AD+BC+BD となり, 遺伝子型が均質でなく個体間で形質がふぞろいとなることである. そのためヘテロシス程度も単交雑より低くなる. 単交雑では親の数が 2 つですむのに対し複交雑では 4 つ必要となり, 優良な交雑組合せの選定が難しい. 単交雑が交雑と採種の 2 年で完了するのに対し, 複交雑では 3 年を要する.

米国で最初に実用化されたのは, 単交雑ではなく複交雑であった. 複交雑の栽培は 1934 年にはわずか 0.4% だったが, 1956 年には 90% に達した. 1865 年の南北戦争終結から 1930 年代までずっとヘクタールあたり約 1.6 t に低迷していたトウモロコシ収量は, 複交雑品種の普及のおかげで 1960 年には倍増した. しかし 1950 年頃から近交系の改良が進み優秀な系統が得られるようになった. 1977 年には複交雑に代わって単交雑が 9 割近くを占め, 収量はさらに増加し 20 世紀末にはヘクタールあたり 8 t を超えた. 第二次世界大戦中の米国農業は悪天候と労働力不足に悩まされたが, ヘテロシス育種によるトウモロコシの収穫増により, 深刻な食料不足に陥らずに済んだ.

3.2.6 ▶ 倍数体育種

交雑育種やヘテロシス育種では, 遺伝子型を改良するのに対し, 倍数体育種では, 品種がもつ染色体構成を改良する. 生物体がもつ DNA の情報は染色体という構造単位に組み込まれて世代から世代を経て伝達される. 遺伝を理解するには, DNA 塩基配列の遺伝だけでなく, 細胞分裂とともに行われる染色体の伝達を理解することが重要である. 特に, 減数分裂期における染色体の対合, 乗換え, 分離について学ぶことが必要である (図 3.3).

分子生物学では「ある生物がもつ細胞核中の核酸上の遺伝情報」をゲノムとよぶ. 一方, 細胞遺伝学では, 1929 年に木原均が「生物の生存上に必要な最小の染色体のセット」をゲノムと定義した. 混同を避けるため, 本項では前者を全ゲノムとよび, 単にゲノムとよぶときは木原の定義によるとする.

ゲノムは英語の大文字で表す. たとえば, イネでは AA, パンコムギでは AABBDD である. 異なる文字は異なるゲノムを表す. ゲノムの異同は, 原則として, 減数分裂第一中期における染色体対合の有無によって判定される.

ゲノムの数が 2, 3, 4, 6 の場合をそれぞれ 2 倍体, 3 倍体, 4 倍体, 6 倍体などという. 細胞が 3 ゲノム以上の染色体をセットでもつ状態を倍数性, 倍数性の細胞からなる個体を倍数体とよぶ. 重複したすべての染色体が相同で完全に対合する倍数体を同質倍数体, 非相同の染色体を含む倍数体を異質倍数体という.

図 3.3 減数分裂中期の染色体 (オオムギ)

たとえば，イネは体細胞に24本の染色体をもつ2倍体である．相同染色体どうしが12の対をなす．ゲノム構成はAAで示され，1つのAが12本の染色体のセットを表す．1ゲノムあたり染色体数を基本数といい，xで表す．イネでは$x=12$となる．イネを倍数化すると同質4倍体ができ，染色体数は48，ゲノムはAAAAとなる．一方でパンコムギは染色体数が42本の6倍体で，ゲノム構成はAABBDDと表され，異質倍数体である．A，B，Dゲノムはそれぞれ異なる2倍性祖先種に由来する．

植物では，動物界とちがって，進化のなかで自然に生じた倍数体が非常に多い．種子植物では30〜35%，特にイネ科では75%が倍数体である．作物でも自然の倍数性種が多い．ただし同質倍数体より異質倍数体が多い．アルファルファ（$4x$），オーチャードグラス（$4x$），チモシー（$6x$），生食用バナナ（$3x$）が同質倍数性またはそれに近い．バレイショ（$4x$），キャッサバ（$4x$）は部分異質倍数体である．異質倍数性には，パンコムギ（$6x$），エンバク（$6x$），タバコ（$4x$），ラッカセイ（$4x$），イチゴ（$8x$），トールフェスク（$6x$），料理用バナナ（$3x$）などがある．チャ，クワ，リンゴのように，同じ作物中に2倍性と倍数性の品種が共存しているものもある．

倍数体の人為的作出には，イヌサフラン科のコルチカムの球根から得られるアルカロイドのコルヒチンが主に使われる．コルヒチンは，分裂中の体細胞に作用して紡錘糸の形成を阻害する

同質倍数体の利点には，以下のことがある．

①2倍体の染色体数が倍加すると，細胞の容積増大と表面積/容積比の減少が生じる．その結果，植物体の器官や組織の巨大化が生じ，茎や根は太く，葉や花弁は厚く，気孔，花粉，種子は大きくなる．

②成分含量が増加する．病害抵抗性やストレス耐性が増すことがある．

③2倍体と異なる繁殖性をもつことがある．

一方，同質倍数体の難点は，細胞分裂周期が長くなるため，生育遅延と晩生化が起こることである．もう一つの難点は，稔性の低下である．

同質倍数体が役立つかどうかは，植物器官の巨大化などの利と，生育遅延や不稔による不利とのバランスによって決まる．A．レヴァンによれば，同質倍数体の育種が成功する作物は，①もとの植物の染色体数が小さい，②他殖性種である，③栽培の目的が栄養器官の生産である，の3条件が同時に満たされることが必要である．

多くの牧草はこの3条件を満たしており，イタリアンライグラス，ペレニアルライグラス，アカクローバー，ベッチなどで，同質4倍体の品種が作成されている．イネ，オオムギなど種子を利用する自殖性2倍体の穀類では同質倍数体の品種は生まれなかったが，他殖性のライムギでは4倍体品種が飼料用として海外で利用されている．花きでは，倍数体は，茎が太く，葉が厚く，花が大輪になり，花弁が重厚になるなどの利点から鑑賞価値が高く，ペチュニア，キンギョソウ，アゲラータム，キバナコスモス，フロックス，ジニアなどで優れた品種が育成されている．

永年生木本であるブドウ，リンゴ，アンズ，ポプラ，クワなどでは，自然のまたは人為的に作出された同質倍数体の利用が試みられている．ブドウの4倍体は2倍体より果実が大きく，種子数が少ない利点をもつ．日本では巨峰やピオーネをはじめとする4倍性品種の栽培が普及している．

3倍性の同質倍数体も利用されている．成功例にテンサイがある．テンサイの糖含量は18世紀には5〜7%だったが，現在では17%に達している．3倍体テンサイは2倍体より葉面積が大きく，根収量が20〜32%，糖含量が1〜2%高い．ブドウの3倍性品種では無核化のためのジベレリン処理の回数を節約できる．花きでは巨大化を目的にチューリップ，フリージア，カンナで3倍体品種が作られている．

異種や異属間の交雑を種属間交雑という．種間

や属間交雑では，親どうしが遠縁なほど，受粉，受精，胚発育，種子の登熟，発芽などの諸段階で交雑を妨げる障害が起こり，雑種が得にくい．遠縁の親間の雑種では，雑種第一代の減数分裂第一分裂前期で，母親由来の染色体と父親由来の染色体が対合しない．そのため第一分裂中期で2価染色体ができず，対合相手のいない1価染色体が多数生じる．それが著しい不稔をもたらす．この不稔を解消するために，F_1を人為的に倍数化して異質倍数体とする．その原理はこうである．AAゲノムの母親とBBゲノムの父親を交配したF_1のゲノムはABとなり，それを倍数化するとAABBゲノムをもつ異質倍数体となる．この倍数体ではAゲノムとAゲノム，BゲノムとBゲノムの同じ染色体が対合して2価染色体をつくる．AゲノムとBゲノムの間には相同性がないので，同質4倍体とちがって多価染色体はできない．この原理により，遠縁の植物間の交雑と倍数化により，稔性の高い異質倍数体を作成できる．

コムギ，エンバクなど植物の進化の過程で多くの優れた異質倍数体が生まれた．この天の賜物にならって，コルヒチンの発見以来，種属間交雑のF_1を倍加して異質倍数体の新品種を作出する試みが，多くの植物でなされた．しかし，成果は少なかった．最大の成功例はライムギとコムギの属間雑種ライコムギである．これは，コムギのもつ多収性と穀粒の品質にライムギのもつ病害や寒冷抵抗性を兼ね備えた作物である．

なお，通常の交雑では雑種が得られない異種間で，細胞の細胞膜を酵素で除いてプロトプラストにしたうえで融合させ細胞雑種を作出する細胞融合という方法も行われている．1978年にドイツのG.メルヒャースらは，トマトの葉肉細胞から得たプロトプラストとジャガイモの培養細胞から分離したプロトプラストをポリエンチレングリコール中で融合させ，融合細胞から数十の雑種個体を再生させることに成功した．この雑種植物は，トマトとジャガイモの中間の形態を示し，「ポマ

ト」と名づけられた．

3.2.7 ▶ 突然変異育種

ある生物種について品種を改良できるのは，その生物集団中に遺伝的変異が含まれているからである．その遺伝変異は，長い生物進化の過程で，自然突然変異によって生まれ蓄積されてきたものである．そこで，遺伝変異の生起を自然まかせではなく，人工的に高頻度に誘発できれば，作物の遺伝変異がさらに拡大し品種改良に役立つと期待された．人為突然変異誘発の技術開発は，進化を実験的に研究したい遺伝学者にとっても悲願であった．その悲願は，1927年にH.J.マラーによるショウジョウバエのX線照射によって達成された．マラーの結果は，スウェーデンの育種研究者Å.グスタフソンによって品種改良に応用された．彼は，オオムギ種子にX線を照射して1935年に最初の有用突然変異体を得ることに成功した．

突然変異原を植物に処理し誘発された突然変異を選抜し育種に利用する方式を突然変異育種という．人為突然変異は，処理された生物体のDNA上に生じた傷が原因で，塩基対の欠失をはじめ，塩基の対合の誤りによる塩基対置換，塩基対の挿入などによって生成する．IAEA（国際原子力機構）による集計によると，突然変異育種により育成された世界の品種数は，2011年時点で3123に達した．

突然変異育種は交雑育種に比べて次の長所がある．

①改良したい形質が既存品種中にない場合でも，既存品種を使って突然変異を誘発することにより，目的の新品種を得ることが期待できる．

②突然変異育種では既存品種の優れた遺伝子型をほとんど変えずに，目的とする形質だけを突然変異によって変えることができる．

③比較的短い世代で改良が可能である．

一方，次の短所がある．

① 突然変異の誘発頻度は低い．そのため目的の突然変異体を選抜するには，処理後の世代で少なくとも1万個体の栽培と観察・調査が必要である．
② 単一の主働遺伝子に支配される質的形質に特に有効であり，複数の遺伝子座が関与する量的形質では目的達成が難しい．
③ 突然変異は遺伝的に優性（顕性）から劣性（潜性）の方向への変異がほとんどで，逆方向の変異はまれである．またこれと関連して，倍数性植物では，遺伝的重複のため突然変異が生じても表現型に現れにくく選抜しにくい．

突然変異率は，利用した突然変異原とその処理法によって変わる．突然変異原として，今ではX線にかぎらず，ガンマ線，熱中性子，速中性子，イオンビームなどの放射線や，エチルメタンスルフォネート（EMS），メチルニトロソウレア（MNU），ソジウムアザイド（NaN_3）などの化学変異原も用いることができる．放射線照射を研究者が自分で直接行うには，放射線障害防止法による放射線取扱主任者の資格が必要である．ガンマ線照射については，国立研究開発法人 農業・食品産業技術総合研究機構（農研機構）次世代作物開発研究センター・放射線育種場（茨城県常陸大宮市）に依頼することが可能である．

ガンマ線照射の場合を例として，放射線照射の方法を説明する．イネ，オオムギ，ダイズなどの種子繁殖性植物では，ふつう種子に照射する．これを種子照射といい，ガンマルームで行われる．ジャガイモの塊茎，サツマイモの塊根，チューリップの球根などもガンマルームで照射される．一方，生育中の植物体に照射する場合を生育中照射という．長期にわたる生育中照射は，自然条件に近い環境で栽培管理ができるガンマグリーンハウスやガンマフィールド（図3.4）で行われる．特に，果樹，チャ，クワ，林木などの永年性の木本作物では，ガンマフィールドを利用した全生育期間にわたる生育中照射が有効である．挿し木や，接ぎ

図3.4 農研機構・放射線育種場のガンマフィールド

木などの栄養体に照射することも多い．

なお個体レベルの照射ではなく，実験室で培養された細胞集団に照射し，細胞レベルまたは再生個体レベルで選抜する方法もある．

照射方法が決まったら次に，線量，線量率，照射時間などの照射条件を適正に選ぶ．これらの処理条件が同じでも，材料の遺伝的または生理的要因によって照射結果が大きく異なることがある．

種子照射の照射当代では，線量がある程度以上高いと，種々の成育異常などの障害が観察される．たとえばイネでは，発芽率，草丈，根長，穂数，種子稔性などの低下が観察される．当代障害は一般に線量が高くなると急激に増加する．ただし発芽率，草丈，根長，穂数などの低下は当代限りで，次代以降にはほとんど伝わらない．

一方，細胞あたりまたは遺伝子あたりの突然変異率は照射された線量にほぼ比例して増加するので，生物体が耐えられるかぎり高い線量を与えるのが得策のように思われる．しかし種子稔性の低下は次代以降にも伝わるので，稔性が無照射区の約60%以上になる線量が実用上の適正線量としてすすめられる．

次に，種子処理における突然変異体の選抜方式についてイネを例に説明する．処理当代をM_1，次代をM_2，以下世代を追ってM_3, M_4, …とよぶ．

純系の自殖性植物ではどの遺伝子座もホモ接合（AA）になっているので，対立遺伝子の一方

に（$A \rightarrow a$）の突然変異が生じたとき，A座の遺伝子型はヘテロ接合となる．前述のとおり人為突然変異はほとんどが劣性の方向に生じるので，突然変異遺伝子が誘発されても，その効果はヘテロ体では表現型に表れない．したがって突然変異体は M_1 では選抜できない．突然変異体を選抜できるのは，突然変異がホモ接合 aa の突然変異体として集団中に出現する M_2 代以降である．

近時，ゲノム上の DNA 塩基上の 1 ないし数個の塩基置換を検出する方法で，ミスマッチ対認識酵素で塩基対を形成できない変異点を切断して，野生型と異なる塩基の位置を知る TILLING という手法が開発されている．これを用いると，従来のように表現型でなく DNA 塩基上の変異として，人為突然変異を直接選抜できる．

3.2.8 ▶ 遺伝子組換え育種 （5.5.2, 5.5.3 項も参照）

外来遺伝子を人為的に細胞に入れる操作を一般に遺伝子導入という．その方法はいくつかあるが，なかでもクローン化した遺伝子を用いた遺伝子導入法を遺伝子組換えという．受容した生物体のゲノムに導入遺伝子が組み込まれたとき，その DNA を組換え DNA，組換え DNA をもつ生物を遺伝子組換え体（genetically modified organism；GMO）とよぶ．遺伝子組換えによって得られた新植物を遺伝子組換え植物という．

遺伝子組換えの技術は米国で開発され，1973 年に大腸菌で人為的な形質転換に成功した．植物でも 1980 年代半ばに遺伝子組換え技術が確立され，1994 年に完熟でも日持ちがよいトマト品種 FLavrSavr が，遺伝子組換えによる最初の品種として販売された．その後，土壌細菌 *Bacillus thuringiensis* がもつ昆虫に毒性を示す毒素（Bt 毒素という）を生み出す遺伝子（Bt 遺伝子）を導入したトウモロコシ（Bt トウモロコシ）や，サルモネラ菌から取り出した非選択性除草剤に耐性をもつ遺伝子を導入したダイズ（ラウンドアッ

プレディダイズ）などを皮切りに，主要作物における遺伝子組換え作物の商業栽培が始まった．遺伝子組換え作物の商業利用は米国，ブラジル，アルゼンチン，インド，カナダなどでさかんである．世界における遺伝子組換え作物の栽培面積は，2011 年現在，世界 29 か国，1 億 6000 万 ha に達している．作物別では，ダイズ，トウモロコシ，ワタ，ナタネが多い．導入形質は，害虫抵抗性と除草剤耐性がほとんどである．

従来の育種技術は，もっぱら個体の示す表現型という遺伝子作用の最終的発現に基づく選抜によって行われてきた．それは分離育種，交雑育種などの古くからの育種法だけでなく，倍数性育種，突然変異育種などその後に生まれた育種法でも同じである．これらはひとまとめに「選抜育種」ということができる．そこでは DNA の塩基配列や生体内の代謝過程などは直接問題にされずブラックボックスとして扱われてきた．

それに対して 20 世紀後半からの分子生物学の画期的な進歩により，DNA を直接操作して品種を改良する技術が生まれた．それが遺伝子組換え育種である．遺伝子組換え育種は，DNA レベルで設計された遺伝子の導入により新形質を既存品種に付与する技術であり，いわば「設計育種」と名づけられよう．ただし現状では，DNA の転写と翻訳から生体内代謝反応を経て表現型発現までの一連の過程についての知見が不完全であり，設計どおり正確に DNA を構築することも難しい．

遺伝子組換えは育種技術として革新的であり，期待感も大きい．しかし一方では遺伝子組換え体が，食品として，栽培植物として世に出たときのリスクも無視できない．安定した信頼のおける育種技術となるには，今後も充分な研究と組換え体の安全性についての検討が必要である．

植物における遺伝子組換え育種技術は，次の基本的操作からなる．
①導入すべき外来遺伝子または DNA 断片を大量

に増殖する.

②外来遺伝子を細胞に導入する.

③遺伝子が導入された細胞を選抜する.

④細胞または組織を培養して植物体を再生させる.

⑤植物体における導入遺伝子の遺伝的安定性と形質発現を調査し,選抜する.

⑥組換え体の環境への影響を調査する.

⑦組換え体が食品の場合には,その食品安全性を検査する.

②の遺伝子導入の方法としては,植物の根に寄生するアグロバクテリウムという土壌細菌を利用する「アグロバクテリウム法」や,金やタングステンの超微粒子に遺伝子を付着させ,高速で金属微粒子ごと植物細胞に直接打ち込む「パーティクルガン法」などがある.前者ではアグロバクテリウム中のプラスミドという環状DNAをとりだし,酵素によってその一部を除き,代わりに異種生物からとった有用遺伝子を挿入する.こうして改変されたプラスミドをアグロバクテリウム中に戻し,アグロバクテリウムを植物に感染させると,有用遺伝子が改良すべき植物体中に導入される.当然ながら,この方法は,アグロバクテリウムが感染しない植物には適用できない.後者では,細胞からプロトプラストを作成したり,処理後に細胞を培養したりする必要がない.⑤については,植物細胞に目的の遺伝子が確実に導入されているかを確認するために,予備実験として目的遺伝子の代わりにGUS, LUC, GFPなどのレポータ遺伝子で同じ実験を行い,その遺伝子の発現を確かめる.また最終的には,植物体を生育させて表現型によって目的形質の導入を確認する.⑥と⑦はとくに,遺伝子組換え育種にだけ要求されている事項である.

遺伝子組換え育種は変異創成法として最新であり,以下の利点がある.

①従来は交雑不可能であった遠縁の植物や,さらに植物とは界を隔てた遠縁の動物,昆虫,微生

物がもつ遺伝子さえも,作物細胞に導入可能である.すなわち,変異作出のための遺伝資源として広く全生物界の遺伝子が利用可能となった.遺伝的改良の可能性はかぎりなく広がった.

②目的遺伝子のDNA領域だけをドナーから植物のゲノムへ導入できる.それにより遺伝的背景を変えることなく改良ができる.このことは近代品種のようにすでに優良な遺伝子型をもち,少数の遺伝子の改良だけを目標とする場合にはとくに有利である.

③遺伝的改良がDNA塩基配列に基づいて規定できるので,遺伝子導入という原因と形質の改良という結果の因果関係が明確である.

④従来の遺伝子組換えでは,導入遺伝子を宿主細胞のゲノムの決められた箇所に導入することは困難であったが,最近,DNA二本鎖を切断してゲノム配列の任意の場所を削除,置換,挿入することができるゲノム編集(特にCRISPR-Cas9)という方法が開発された.

一方,遺伝子組換え育種には,次の問題点がある.

①導入遺伝子の効果は,予期されたとおりに発現するとはかぎらない.場合によっては,まったく発現しないこともある.これは,遺伝子間に相互作用がはたらき,導入される宿主細胞における他の遺伝子の構成(遺伝的背景)によって導入遺伝子の発現が変化することがあるためである.

②異種遺伝子が,導入された生物内でどのような代謝過程によってその作用を発現するかは,必ずしもすべて解明されているわけではない.そのため遺伝子組換えの結果,組換え体にアレルギー性など,予期しない作用が生じる可能性を否定できない.

③品種利用に先立ち,自然生態系や耕地生態系に対する影響および食品としての安全上のための検査をし,その栽培と利用に関する承認を所管の省から受ける必要がある.

④現状では食品として利用される場合の安全性について、必ずしも消費者に広く受け入れられていない。そのため品種登録され、安全性の承認を受けていても、なお実際には普及しないことが多い。

3.3 最近の育種学における主要な研究

現在は農学の飛躍の時代といえる。20世紀末からの分子生物学の進展に基づき、育種の分野でも、DNAレベルの解析が進んだ。

1998年に10か国の共同により国際イネゲノム塩基配列解析プロジェクト（IRGSP）が立ち上げられ、最新の分析技術を駆使したイネ全ゲノムのDNA塩基配列の解読が精力的に進められた。日本はこのプロジェクトを主導し、イネがもつ染色体12本中6本の解読を担当した。作業は進み、2004年12月に精度99.99%で全ゲノムの完全解読に成功した。その結果、イネゲノムの全長は約3.9億塩基対からなり、そこに4〜5万個の遺伝子が乗っていることが判明した。解読された塩基配列情報はデータベース化され世界に公開された。

全ゲノムの全塩基配列の情報が得られたことによって、遺伝子領域を推定し、遺伝子を単離し、さらにその遺伝子機能を推定することが実質的に可能となった。そのためのさまざまな方法が開発された。連鎖地図（3.4.1項）を利用して地図上の遺伝子の位置を確定し、遺伝子近傍のマーカーを使って単離するマップベースクローニング、放射線、化学変異原、レトロトランスポゾンなどを使って遺伝子を破壊し目的遺伝子の位置を探る遺伝子破壊、多数の相補的DNA（cDNA）をスライドガラスに貼り付けてメッセンジャーRNA（mRNA）と反応させて発現している遺伝子を特定するマイクロアレイ、塩基配列の大量情報をコンピュータ解析して遺伝子の位置と機能を推定す

るバイオインフォマティクスなどである。イネゲノムの膨大な情報と解析技術の進歩の成果として、イネでは、出穂期、矮性、いもち病抵抗性、白葉枯病抵抗性などの遺伝子などがつぎつぎと単離され、遺伝子破壊系統も数万系統が作出された。

全ゲノムの塩基配列を、イネ、オオムギ、コムギ、ソルガム、トウモロコシなど多くのイネ科作物間で比較した結果、進化上これらの作物が互いに分化したあとも、比較的大きな染色体領域上で遺伝子の並び方が種を超えて保存されてきたことが見出された。この現象をシンテニーとよぶ。塩基配列情報には、作物が経てきた進化の歴史が組み込まれており、作物がどんな野生種から生まれたかという祖先種の同定、初期の栽培種から現在の作物にいたるまでの進化経路の解明、古い時代に起きた染色体倍加の有無など、作物進化についての貴重な情報が得られるようにもなった。たとえば、トウモロコシでは、長い間祖先種について定説がなく議論が続いていたが、21世紀になって多数の近縁野生種と栽培品種を集め、そのDNA塩基配列に基づく遺伝的距離を生物測定学的に解析した結果、祖先は近縁野生種のテオシンテであること、起源地はメキシコのバルサス川流域であることが確定した。

3.4 生物測定学

3.4.1 生物測定学の研究史 —— 交雑育種における活用

知覚、観察、計測によって生物から得られる情報はしばしば膨大かつ不明瞭であることが多く、そのままではその生物学的意味を明らかにしにくい。生物測定学は、そのような生物情報の解析を目的として、農学、医学、理学などの分野で発展してきた。農学に限定しても生物測定学の手法はきわめて多岐にわたるが、ここでは歴史が長く、交雑育種に関連が深い統計遺伝学を中心に紹介す

る.

形質には質的形質と量的形質とがある．メンデルが遺伝実験に用いたエンドウの種子の形，花の色，莢の形などは質的形質である．これらの形質は，通常 1 個の遺伝子座に支配され，表現型から遺伝子型を推定しやすい．また，表現型が生育中の環境条件で変化することはない．それに対して，イネの早晩性，稈長，収量などの形質では，複数の遺伝子座が関与し，そのうえ表現型が環境によって変化しやすい．そのため表現型を観察しただけでは遺伝子型を推定できない．たとえば，収量の低い個体と高い個体を交配した雑種第二代で，質的形質のように低収，中間，多収の個体が 1：2：1 のような単純な比で分離することはなく，多数の遺伝子の分離に基づくさまざまな程度の収量を示す個体が分離するうえに，同じ遺伝子型でも表現型が環境によって変動するため，表現型の分布は連続的となる．このような形質を量的形質（または計量形質）という．質的形質の調査は，識別される表現型別に数えることで始まる．それに対し量的形質の調査では，表現型は連続的なので，1 個体ごとに計測しなければならない．

遺伝法則の再発見の後も，その法則は質的形質にはあてはまるが，量的形質には使えないとする反対意見が多かった．しかし，同じような効果を表す遺伝子（同義遺伝子）が複数個関与すると考えれば，量的形質の遺伝も遺伝法則で説明できることがやがて認められた．それでも量的形質の遺伝をどう解析したらよいかわからなかった．道を開いたのは，近代統計学の開祖 R. A. フィッシャーである．

フィッシャーは，品種間交配で，ある値（両親の平均）を基準として，優性ホモ，ヘテロ，劣性ホモ個体の遺伝子型値の基準点からの偏差を d，h，$-d$ と表すモデルを提案した．d と h を，それぞれ遺伝子の相加効果および優性効果とよぶ．このモデルに基づき，さまざまな世代で個体ごとに観察された量的形質の表現型値の分散は，相加

効果，優性効果，環境効果に分割できる．ここで分散とは，統計学でバラツキを表す量である．全分散に占める相加効果または相加効果＋優性効果の割合はそれぞれ狭義または広義の遺伝率とよばれ，形質の選抜しやすさを示す．この発見が，生物測定学における「統計遺伝学」という育種に関連の深い分野の源流となった．

ただしこの古典的統計遺伝学には大きな弱点があった．それは，量的形質にはいくつの遺伝子座が関与しているのか，それらが染色体あるいは連鎖群上のどこに存在するのか，各遺伝子座のもつ相加効果や優性効果はいくらかなど，関与する個々の遺伝子についての情報が得られないことである．

染色体上で近接した遺伝子座の遺伝子型は，互いに関連をもって子孫に伝わる現象が古典的遺伝学の時代から知られており，それを連鎖という．互いに連鎖する遺伝子群（連鎖群）を同定し，連鎖群中の遺伝子座の相対的位置を示した図を連鎖地図という．連鎖地図上に推定された遺伝子座の位置は，染色体上に観察される位置と，並び順は一致するが，遺伝子座間の相対的距離は一致しない．質的形質については，この連鎖の原理を利用して，遺伝子座の染色体上の相対的位置を示す「連鎖地図」が作成されていた．

そこで連鎖地図上に記載された質的形質と相関を示す量的形質を見出すことで，量的形質に関与する遺伝子座の数と位置についての情報を得ようとする試みがあった．しかし，利用可能な質的形質遺伝子座の数が少ないことと，質的形質の表現型の影響で量的形質の表現型が変化してしまうことが多いことから，成功しなかった．

その後，表現型への影響がほとんどないアイソザイムをマーカーとして，それとの連鎖により量的形質の遺伝子座の位置を探る研究がなされた．しかし，雑種世代で分離するマーカーの数もまだ十分でなかった．

DNA を構成する塩基配列の同定が容易になっ

3.4　生物測定学　　**47**

た結果，作物の品種間や個体間で塩基配列に微細な違いがあることが判明した．このような違いをDNA多型といい，違いを示すDNA部位をDNAマーカー（遺伝マーカー）という．DNAマーカーとしては，制限酵素で切断されるDNA断片の長さの違いに基づく制限断片長多型から始まり，その後，一塩基多型（SNP）やマイクロサテライトなど，長さや性状の異なるいくつかの種類が見出された．

こうしたDNAマーカーを利用して，詳細な連鎖地図を作成できるようになった．制限断片長多型を例に説明すると，長い断片をホモ（LL）にもった個体と短い断片をホモ（SS）にもった個体を交配すると，雑種第1代では全個体がヘテロ（LS）になり，雑種第2代では，LL，LS，SSが1：2：1：の比で分離する．つまり，遺伝子と同様にメンデルの遺伝法則に従った遺伝をする．それだけでなく，互いに近くにある制限断片長多型は連鎖の現象を示すことも遺伝子と同じである．しかも，1組合せの交配で両親間に認められる多型は，通常の遺伝子ではたかだか数十であるが，制限断片長多型では数百から数千にのぼり，従来の遺伝子だけでつくっていた時代よりはるかに詳細な連鎖地図が作成できるようになった．

連鎖地図はそれ自体が遺伝子座の位置という遺伝学上貴重な情報を与え，品種間交雑の子孫における遺伝子座での分離様式の予測を可能にしてくれる．しかし，それだけでなく，農業上有用な遺伝子を支配している遺伝子座にごく近いDNAマーカーがあれば，遺伝子の発現（表現型）に基づいて選抜しなくても，DNAマーカーを選抜すれば間接的に有用形質を得ることが可能となる．このような手法をマーカー利用選抜またはDNA支援育種という．

さらに特筆すべきは，DNAマーカーによる連鎖地図を利用して量的形質遺伝子座（quantitative trait locus：QTL）の連鎖群上の位置と遺伝子効果を推定することが可能となったことである．こ

れをQTL解析という．個体別に計測された表現型の情報とDNAマーカーのタイプの情報を統合して，統計遺伝学的解析にかけることにより，QTLの数，個々のQTLの連鎖地図上の位置と遺伝効果を推定できるようになった．多くの農業上重要な形質は量的形質なので，QTL解析とマーカー利用選抜を併用して，品種改良事業に大きな進展がもたらされた．

QTL解析により，質的形質と量的形質の間にあった解析手法についての溝が埋まり，両形質がほぼ同じ土俵で扱えるようになった．QTL解析では，従来の統計遺伝学におけるよりはるかに膨大な計算が必要とされるが，コンピュータの普及と専用プログラムの開発によってその解析システムが支えられている．

3.4.2 生物測定学がひらく新しい品種改良の世界

世界人口の増加に伴い，食料問題が日々深刻化している．増加していく人口を支えるためには，イネ，コムギ，トウモロコシなどの主要穀物の生産量を2050年までに現在の1.7倍にする必要があるといわれている．また，デンプン食によるカロリー摂取だけでは不十分で，「隠れた飢餓（hidden hunger）」とよばれるビタミンや微量元素の摂取不足の問題も解決しなければならない．こうした問題の解決のためには，高度な品種改良が進められてきたイネ，コムギ，トウモロコシなどの主要穀物のさらなる改良だけでなく，世界各地で伝統的に栽培されてきた在来作物を栽培しやすく高収量なものに改良することも重要である．作物の品種改良にはこれまで長い時間と労力が必要であったが，「新しい技術」と「新しい手法」が組み合わさることにより，現在，その障壁に突破口が開かれようとしている．

A 高速・並列シークエンス技術

ここで「新しい技術」とは，次世代シークエンサーに代表される高速・並列シークエンス技術で

ある．次世代シークエンサーを用いれば，生物の
もつゲノムのDNA配列情報を高速で読み取るこ
とができる．たとえば，次世代シークエンサー
Illumina HiSeq4000を用いた場合，アジア栽培イ
ネ（Oryza sativa）であれば，そのゲノムサイズ
の3500倍以上にあたる1兆3000億～1兆5000
億塩基対（base pairs；bp）のDNA配列を1度
の実験で読むことが可能である（実際には，読み
間違いや読み飛ばしを防ぐために，1サンプルあ
たりゲノムサイズの10～数十倍を読むことが多
いため，3500サンプルを同時に解析できるわけ
ではない）．次世代シークエンサーは全ゲノム配
列の解析だけでなく，生物個体内で発現している
遺伝子の種類と量の解析や，多数の個体のDNA
多型の調査にも利用できる．次世代シークエン
サーを利用した新しい実験手法 genotyping-by-
sequencing（GBS）の登場により，数百個体の生
物について数千～数十万か所のDNA多型を個体
あたり数千円のコストで調査できるようになっ
た．調査可能個体数の増加と調査コストの低下は，
こうした実験手法を基礎科学のためだけでなく，
品種改良や生態調査などの応用場面で利用するこ
とを可能とした．

B ゲノミックセレクション

一方「新しい手法」とは，ゲノミックセレクショ
ン（genomic selection）とよばれる手法である．
ゲノミックセレクションとは，生物のゲノム全体
に分布する数千～数十万のDNA多型をもとに個
体の遺伝的能力を予測し，遺伝的能力が高いと予
測される個体を選抜する方式である．遺伝的能力
の高い個体を選抜し，それらを交配することでさ
らに能力の高い個体を創り出すことは，品種改良
の根幹をささえる重要な操作の一つである．

これまでの品種改良では，主に栽培試験を行っ
て遺伝的能力の評価を行ってきた．そのため，夏
作物であれば，夏の時期に栽培試験を行って遺伝
的能力の評価を行い，選抜する必要があった．ま
た，果樹のように改良対象となる特徴（たとえば

果実の品質）を評価できるまで数年間も植物の成
長を待たねばならない作物では，遺伝的能力の高
い個体の選抜に長い年月を必要とした．それに対
し，ゲノミックセレクションを用いれば栽培試験
を行わずに遺伝的能力の高い個体を選抜できるた
め，品種改良の過程を大幅に高速化できると期待
されている．たとえば，ゲノミックセレクション
と世代促進（温室などを用いて一年生植物を年に
複数世代進める，多年生植物を通常より短い年数
で開花させ世代を進める方式）を組み合わせるこ
とで，遺伝的改良の速度を高めることができる．
たとえばイネでは，最新の世代促進技術とゲノ
ミックセレクションを組み合わせることで，年4
回の選抜と交配をくり返すことができる．

ゲノミックセレクションでは前述のように多数
のDNA多型をもとに個体の遺伝的能力を予測す
る．ここで注意しなければならないのは，これ
らDNA多型のほとんどすべてが改良対象形質を
支配する遺伝子の機能に直接関連しないことであ
る．しかしそれにもかかわらずDNA多型をもと
に個体の遺伝的能力を予測できる．その仕組みは
以下のとおりである．

DNA多型は染色体上に数珠つなぎに並んでい
る．多数の品種・系統など，直接親子関係にない
個体を集めた集団においても，上述の連鎖の原理
（3.4.1参照）から，互いに近接するDNA多型
間に非独立的な関係（一方から他方を予測できる
関係）が生じる場合がある．ゲノム上のDNA多
型を多数調べることで，その一部は改良対象特徴
を支配する遺伝子のごく近傍に位置し，その遺伝
子の機能や発現量に関わるDNA多型と非独立的
な関係にあることが期待される．これにより，ゲ
ノム上の多数のDNA多型から改良対象特徴を予
測することが可能となる．

ゲノミックセレクションを行うためには，あら
かじめ，DNA多型から個体の遺伝的能力を予測
するための統計モデル（以下，「予測モデル」）を
作成しておく必要がある．予測モデルは，数値化

されたDNA多型を入力として，個体の遺伝的能力（具体的には，改良対象特徴についてその個体がもつと期待される遺伝的能力）を出力するモデルである．こうしたモデルを作成するためには，まずは，さまざまな品種・系統，あるいは，品種改良を実際に行っている集団内の個体・系統について，DNA多型と改良対象特徴の調査を行う．次に，こうして得られたデータをもとに，DNA多型から個体の遺伝的能力を予測するモデルを作成する．モデルの作成には，さまざまな統計手法や機械学習法が用いられる．なお，改良対象特徴の調査のためには，当然，栽培試験が必要となる．注意すべきは，ゲノミックセレクションにおいても予測モデルの作成のために栽培試験が必要となる点である．従来の方法と異なるのは，「選抜を行う際には」栽培試験を行う必要がないという点である．ゲノミックセレクションは，予測モデルを「橋渡し」とすることで，選抜と栽培試験を分離することに成功した．これにより，世代促進との併用による品種改良の高速化や，後述するような新しい品種改良の仕組みの実現も可能となる．

　予測モデルをもとに遺伝的能力の高い個体を選抜できるゲノミックセレクションは，次のような仕組みにより，世界のさまざまな環境に適応する品種の開発にも貢献できる．上述のように，ゲノミックセレクションでは選抜と栽培試験を分離することができる．そこで，さまざまな遺伝変異を含む集団（たとえば，多数の品種・系統）について世界のさまざまな環境で栽培試験を行い，改良対象特徴の調査を行う．一方，同じ集団についてDNA多型を調査しておく．各環境で得られる栽培試験データをDNA多型データに結びつけて予測モデルを作成することで，その環境で栽培したときに期待される遺伝的能力を予測できるようになる．選抜はDNA多型を用いてなされるので，どのような環境で行ってもよい．たとえば，温暖な地域で世代促進を行いながら，高速に育種を進めることができる．こうした仕組を構築できれ

ば，世界のさまざまな環境に向けた品種を日本国内で開発することも可能となる．たとえば，アフリカのための品種を日本国内で高速に育種することができる．世界には乾燥地や塩害地など作物の栽培に適さない環境が多数存在している．こうした環境に適応できる新品種を効率的に開発する仕組みをつくることができれば，食料生産を底上げし，食料問題の解決に大きく貢献できると期待される．

　ゲノミックセレクションを利用する品種改良では，各段階で必要となる意思決定をデータやモデルに基づいて合理的に行える．たとえば，品種改良では交配組合せを的確に選ぶことが重要である．これは，遺伝的能力の高い個体が，必ずしも遺伝的能力の高い親どうしの交配から生まれてくるわけではないためである．たとえば，親の「いいとこ取り」ができる可能性が高い組合せは有望な交配組合せかもしれない．ゲノミックセレクションの予測モデルは，実在する個体だけではなく，コンピュータ内で仮想的に生成した個体についても，その遺伝的能力を予測できる．そこで，交配親候補のDNA多型をもとに，交配から得られる次世代の個体をコンピュータ内で仮想的に生成し，それをもとに，次世代集団における遺伝的能力の分離を予測する．こうすることで，実際に交配を行う前に，客観的データ（次世代集団における遺伝的能力の分離の予測）に基づいて有望な交配組合せを選ぶことができる．従来の品種改良では，交配組合せの選択には，育種家の経験や勘をたよりにするところが大きかった．こうした客観的データの提示は，育種家にとっても，意思決定を行ううえで非常に有用な情報となると考えられる．なお，ゲノミックセレクションは，前述のように，データやモデルを活用する選抜法であり，コンピュータシミュレーションとの相性が非常に良い．たとえば，ゲノミックセレクションを行った場合に，どのくらいの改良が期待できるのか，どのくらいの規模（交配組合せの数，選抜する個

体数）で行うと効率が良いのか，などの疑問について，シミュレーションにより確認しておくことができる．実際に品種改良を行う前に，シミュレーションによって十分にその効果と効率を検討できることは，品種改良の合理化に貢献する特徴だと考えられる．

このように，品種改良の効率化への貢献が期待されるゲノミックセレクションではあるが，改良すべき点も少なくない．たとえば，ある環境で作成された予測モデルは，別の環境のための品種の開発には直接利用できない．生物は，同じ遺伝子の構成をもっていたとしても，環境が異なると発揮される遺伝的能力が変化する場合が多い．たとえば，ある環境において優秀な品種は，別の環境においても優秀であるとは限らない．これを遺伝子型×環境交互作用（genotype-by-environment interaction：G×E）とよぶが，この交互作用があるため，環境ごとに予測モデルを作成する必要がある．同じ地域であっても，たとえば，温暖化などにより気象条件が変化すると，予測の精度が低下する．こうした問題を解決するための一つの方法として，気温や日長などの気象条件に対して，植物がどのように応答するのかをモデル化することが考えられる．作物の環境応答のモデル化は，作物モデリング（crop modeling）とよばれ，たとえば，イネの出穂日や収量の予測のために，農業現場ですでに利用されている．ただし，こうしたモデルは，環境応答とゲノムの関連や環境応答に関わる遺伝子のはたらきについてはモデル化されていない．作物モデルとゲノミックセレクションの予測モデルを融合することで，たとえば，将来の気候変動にも対応できる予測モデルを構築できると考えられる．最近では，こうした視点に基づくモデル化の研究が進められ，たとえば，未試験の環境における未試験のイネ系統の出穂をゲノムデータと気象データから予測できるようになっている．

前述のように，ゲノミックセレクションを利用する場合でも栽培試験は必須である．次世代シークエンサーなどの登場により大幅に効率化が進んだ分子遺伝学的解析技術に比較すると，栽培試験で用いられている計測技術は効率が低いものが多い．現在でも，植物の長さや重さの計測では，物差しや秤による計測が主に用いられている．デジタルカメラを利用した画像解析は効率的計測法として以前より利用されているが，圃場で生育中の植物の計測には十分に利用されてこなかった．最近，ドローン（自律飛行可能な無人航空機）を用いたリモートセンシングが，圃場で生育中の植物の効率的な計測に新しい道を開きつつある．ドローンを自動操縦で圃場上空を飛行させ，機体に取りつけたデジタルカメラで植物体を撮影する．同じ地点が複数の撮影画像に含まれるよう連続的に撮影を行うと，三点測量の原理をもとに，圃場や植物群落を3次元データとしてコンピュータ上で再構築できる．これにより植物体の大きさ（草高，樹高），葉の広がり（被覆率）などを定量的に計測できる．ドローン・リモートセンシングの重要な利点は，植物体を収穫することなく計測できる点である．ドローン・リモートセンシングを定期的に行うことにより，植物の成長段階や環境条件の変化（肥料不足，水分不足など）に対する応答など，これまでは計測が難しかった特徴について，定量的かつ効率的な計測が可能となる．また，近赤外カメラなど，可視光線の範囲を超えた波長について撮影を行うことで，植物の栄養状態（窒素含量）を非破壊で計測することもできる．ドローン・リモートセンシングを利用した植物体の計測は，まだ研究の緒についたばかりである．今後，深層学習などの新しい解析技術も応用していくことで，これまでには計測が難しかった特徴を正確かつ効率的に計測できるようになると期待される．現在，品種改良だけでなく，植物科学においても，植物体そのものの計測が研究推進の強い律速条件となっている．ドローン・リモートセンシングなどの新しい計測手法について，今後，

よりいっそうの研究開発が必要となると考えられる.

生物測定学は,これまでも,生物の遺伝機構の解析や遺伝的能力の改良と強く結びついて発展してきた.次世代シークエンサーやドローン・リモートセンシングなどの新しい技術の登場は,生物測定学で扱われるデータの種類と量を大きく変えようとしている.次世代シークエンサーを用いた解析のコストは現在も下がり続けており,数百の品種・系統について全ゲノム配列を調査することも難しくなくなりつつある.ドローン・リモートセンシングでは,10 ha の圃場で栽培されている多数の植物体を 10 分ほどで撮影できる.また,多種多様なセンサーを用いることで,植物体をとりまく環境についても,さまざまなデータを経時的に収集できるようになっている.こうしたデータは,生物測定学がひらこうとしている新しい品種改良の世界に,さらに新しい可能性を生み出すことになるであろう.

なお,ここでは,品種改良との関係に絞って生物測定学の現状について紹介したが,生物学や農学の世界では,いずれの領域においても収集されるデータの種類と量が増加している.こうしたデータを的確にモデル化し,データとモデルをもとに生物現象を理解あるいは制御しようとする生物測定学は,今後もさまざまな分野において発展していくと考えられる.

3.5
育種学と生物測定学の将来

どのような学問分野であれ,その将来を予測することは難しい.特に育種学のように日進月歩で技術が進化する分野においては,20 世紀半ばまで,育種学研究者の誰も,現在のように全ゲノムの DNA 塩基配列がイネで解析されるようになると予測できなかった.生物測定学においても,DNA マーカーを利用することにより量的形質遺伝子座について,その数,連鎖地図上位置,遺伝子効果などが推定できるようになったときは,時代が変わったと大変なショックを受けた.ただ一つ予測できることは,今後は分子生物学的技術とそれから得られる DNA 情報を駆使して,長年懸案であったさまざまな課題が解決されるようになるだろうということである.

育種学の成果は,新品種の育成と普及という形で社会に還元される.それは育種を研究する者の義務であるとともに喜びでもある.ただし,育種研究の成果は 2 年や 3 年といった短年月で獲得されるものではない.交雑から品種育成まで,1 年生作物のイネでも約 10 年,永年生木本の果樹では数十年を要する.研究レベルでは新形質をもつ優秀な系統と思われても,複数の栽培地で何年か集団で栽培して,異なる土壌や気象条件のもとでもその優秀性が発揮されることを確認しなければならないからである.したがって,自ら企画した育種計画の下に育種が順調に進んだとしても,新品種の誕生をついに見ることなく転勤や退職を迎えることも少なくない.研究も,先達の苦労を受け継ぎ,また後から来る人に引き継ぐ一種のリレーである.そのことを楽しむ心のゆとりが必要であろう.また育種事業の組織に属する研究者としては,育種事業の展開にあたって他組織の研究者の助力なくしては成功しがたい.研究における独創性とともに他者との協調性が必要とされる.

育種学の専攻を希望する人にとって,生物に対する深い興味をもつことが望ましい.ただし,高校生の間に生物学の授業を受けていなくてもかまわない.生物測定学の分野に進みたい人には,統計学の知識が必須であり,またプログラミング技術の習得も望まれる.どちらの分野であっても,研究がますます国際化している現在,英語での論文発表や海外での講演発表に必要な程度の英語力が研究者となった日に要求される.

[鵜飼保雄・岩田洋佳]

▶参考図書

鵜飼保雄（2003）『植物育種学』東大出版会.

鵜飼保雄（2005）『植物改良への挑戦』培風館.

鵜飼保雄（2015）『トウモロコシの世界史』悠書館.

鵜飼保雄・大澤良編（2010）『品種改良の世界史』悠書館

日本農学会編（2006）『遺伝子組換え作物の研究』養賢堂.

日本農学会編（2015）『ここまで進んだ！　飛躍する農学』養賢堂.

第4章

農業生物学3：植物保護
―― 植物病理学・応用動物昆虫学・雑草学 ――

4.1
農業生物学と「植物保護」

4.1.1 植物保護とは

A どんな植物を何から保護するのか

　農学でいう植物保護とは，農地（田畑）で栽培する農作物の保護である．何から保護するかというと，生物が原因となって生じる害，すなわち生物被害からの保護である．農作物の生物被害は主なものに，病害，動物害，雑草害の3つがあるが，これらに共通して農作物を保護するポイントが2つある．1つは原因となる生物の発生を予防すること，もう1つは発生した場合に駆除を行うことで，両方を合わせて「防除」とよんでいる．

　植物保護の役割は，農作物の病害，動物害，雑草害の原因となる有害生物を防除することである．

B なぜ保護が必要なのか

　農地は，ヒトが力ずくで創り出した，自然から見ればいわば異常な生態環境である．そこでは，後述するように，生態系で鍵となる「食う・食われる」の関係を総合した「食物網」の機能が十分には期待できない．そのため，農作物の生物被害を抑えるためには，どうしてもヒトによる積極的な保護対策が必要なのである．

　自然界の植物も病気にかかったり動物に食われたりするが，ひどい被害を受けて全滅することはめったにない．その理由は次のように説明できる．ふつう，自然生態系では多種の植物が生息する．

すると，植物を食べる動物の種数も多く，さらに，それら動物を食べる動物，枯死した植物や動物の遺骸・排泄物を食べたり分解する生物（動物，菌類，微生物），というように広がっていく結果，生物の種数は非常に多くなり，生物多様性が高い状態が維持される．そのような生態系では，「食物網」も複雑で，1つの種の増殖に複数の種がかかわるため，特定の生物だけの大発生は起こりにくいと考えられる．

　一方，農地では，1～少数種の作物がほとんどを占め，雑草や樹木などその他の植物は排除されるため，生物多様性は自然生態系とくらべると著しく低く，したがって食物網も単純である．そのような生態系では，作物を好む病原生物や動物にとっては，利用資源が潤沢なうえに天敵が少ない，という「理想的な」状況が生まれる．こうした状況になると，これらの生物だけが増殖して作物に大きな被害を与える事態になる．また，農地は，雑草にとっても競合する植物が限られるうえに土地が肥沃であるという生育に適した条件を潜在的に備えている．除草の圧力がゆるければ容易に雑草が繁殖して作物の減収をもたらす．

　なお，農作物は，これまで述べてきた生物被害のほかに，低・高温障害，雪害，風水害などの気象被害や，地震，地滑り，津波などの地球物理的な被害を受けることもあるが，それらに対する保護対策は本章ではとりあげない．

4.1.2 ▶ 植物保護を担う研究分野

農業生物学での植物保護は，主な3つの生物被害，病害，動物害，雑草害に対応する3つの研究分野で研究活動が行われている．詳細は4.3以降にゆずり，本項では大略を紹介する．

A 植物病理学

植物にも，ヒトと同じように微生物による病気がある．原因となる微生物は，ウイルス（非生物とされることもあるが，本章では生物として扱う），細菌，卵菌，ネコブカビ，菌類，および線虫である．これらが農作物に引き起こす病気について，病態，病原微生物の分類・生理・生態，感染と発病の機構，防除の手法などを研究する分野が「植物病理学」である．ヒトを対象にする病理学は医学の一分野であるが，植物病理学は作物病の全般を対象にするので「植物医学」とするほうが理解しやすいかもしれないが，伝統的に植物病理学の名称が使われている．また，医学では治療が大きなウェイトを占めるが，植物病理学では，治療よりもむしろ病気の蔓延を抑えることに重点を置く点も医学との大きな相違点である．

B 応用動物昆虫学

ヒトに害をもたらす動物には，微生物の線虫から，小型でいわゆる「虫」とされる昆虫やダニ，そして大型の鳥類や哺乳類などさまざまなものがある．これら有害動物が農作物にもたらす被害について，原因動物の分類・生理・生態，被害の態様，加害の機構，防除の手法などを研究する分野が「応用動物昆虫学」である．分野名に昆虫が入るのは，有害動物のなかで昆虫の種数が圧倒的に多く，特に被害が大きいからである．

昆虫を主な対象とする「応用昆虫学」と，それ以外の動物を対象とする「応用動物学」に細分することもあるが，本章では「応用動物昆虫学」として扱う．上に書いたように，線虫は病原微生物として植物病理学でも扱われる．

C 雑 草 学

雑草にはさまざまあるが，植物保護の対象は，主として農地に繁茂して農作物の収量を低下させる，あるいは農作業に支障をもたらす草本植物である．これらの分類・生理・生態，雑草化の要因，被害の態様，加害の機構，防除の手法など，全般にわたって研究する分野が雑草学である．

D 研究分野間の関係

以上紹介した3分野はともに農作物を有害生物から保護する点で共通するが，それぞれで研究対象の生物が大きく異なるので，研究方法にもおのずと大きな違いがある．研究活動は3分野で別個に行われるのがふつうで，日常的には相互の交流はさほどさかんではない．しかし，分野をまたぐ重要な課題もある．植物から吸汁するウンカなどによる植物病の媒介は好例で，植物の発病機構を理解するうえで重要だ．また，雑草の天敵である植食性昆虫を導入する雑草防除の試みもある．研究対象と研究手法の違いを乗り越えた分野間の協力が必要なことは少なくない．

さらに3分野間にとどまらず，分野の垣根をとりはらいつつあるのが近年進展の著しい「ゲノム解析」だ．ゲノムは全遺伝子を含む個体（種）のDNAの総体であり，いわば「神のみぞ知る」はずだった生命の全体設計図である．これを「丸見えにする」ゲノム解析からはさまざまな生命現象を俯瞰でき，さらにそれらの関連を知ることが可能になる．必然的に多くの関連分野が結びつくことになる．

4.2 植物保護の方法

4.2.1 ▶ 植物保護と農薬

農作物の有害生物を防除する方法はさまざまあるが，病原微生物，有害動物，雑草，いずれの防除でも中心は「農薬」を用いる方法である．

農薬は法律（農薬取締法）に定められた薬剤で大部分は合成化学物質（化学農薬）である（その他一部に天敵農薬がある）．本項では化学農薬に

限って話を進める.

農薬には，有害生物を防除するための薬剤と，生産性を高めるために農作物の生理機能を調節する薬剤があるが，植物保護では前者が用いられる．病原微生物には殺菌剤や抗ウイルス剤が，有害動物には殺鼠剤（ネズミ），殺虫剤，殺ダニ剤，殺線虫剤などが，雑草には除草剤が使用される.

農薬には，目的の有害生物には高い防除効果をもつが，人畜や作物など目的外の生物にはなるべく低毒性である性質（選択性）が望まれる．実際に，そのような方向で開発が続けられてきた結果，現在使われている農薬の大多数は，ネズミを使った急性毒性試験では毒物はおろか劇物にも入らない普通物である．とはいえ，名称に示されるように，防除用農薬の多くは生物を「殺」す，あるいは「除」くという強力な生理活性をもつ．だからこそ，商品化や使用法に厳しい法的基準が定められているのだ．使用基準の遵守はもちろんだが，守ってさえいれば絶対安全，とまでは必ずしもいえない．「殺」や「除」の効果を示すよりもはるかに低濃度の薬剤が生物に想定外の深刻な影響を与える事例もあるからだ.

4.2.2 総合有害生物管理（IPM）と総合生物多様性管理（IBM）

A 総合有害生物管理（IPM）

かつて有害生物の防除は「根絶することが理想」だった．前世紀後半に発展した化学農薬はそれを実現するための新兵器と期待され，たしかに効果抜群であったが，それゆえに「化学農薬万能主義」に陥った．過剰な使用によって，薬剤抵抗性，人畜や生態系への毒性など，さまざまな「負の効果」を生み，深刻な反省がなされた.

一方で，生物多様性の価値が広く認識されるようになった（4.1.1 も参照）．その観点から，有害生物でも根絶はむしろ好ましくなく，被害を生じない程度の個体群密度に管理するほうがよい，という考えが生まれた．有害生物は「防除」だけで

なく「管理」もすべき対象に移っていった.

以上の背景から「総合有害生物管理（IPM;Integrated Pest Management)」の考え方が生まれた．以下に IPM の要点を概説する.

①農薬の使用を減らして天敵を活用する　化学農薬の使用をできるだけ制限し，生物多様性を温存して天敵など自然の抑圧機能を活用する.

②複数の防除手段を組み合わせる　化学農薬の制限をほかの防除手段で補う．天敵のほか，フェロモン，物理的手段（光，音，熱など），生態的（耕種的）手段（耐性品種，対抗植物など）などを合理的に組み合わせる．化学農薬は必要な場面に限って適量を切り札的に使用する.

③有害生物の個体群密度を経済的被害が生じない低いレベルに管理する　経済的被害が生じない低いレベルとは，被害が発生しても経済的に無視できる（＝防除しても経済的に無駄な）個体群密度で，その上限を経済的被害水準とよぶ．個体群を根絶するのではなく，経済的被害水準を超えない低密度に「管理」する.

IPM は化学農薬万能主義を根本から是正し，農薬を温存しながら生物多様性を重視する優れた有害生物対策である．しかし，理論どおりに実践するには，膨大な調査や予測に基づくさまざまな意思決定が必要なことなど多くのやっかいな点があるためなかなか実用化しなかった．しかし，最近では，IPM の概念の柱である「農薬の使用削減」と「生物多様性の保全」を視点に入れたさまざまな試みがなされ，IPM が少しずつ有害生物対策の現場に浸透している.

B 総合生物多様性管理（IBM）

「総合生物多様性管理（IBM；IntegratedBiodiversity Management)」は IPM の概念を拡張したもので，有害生物管理の一つの未来像を提供するものといえる．IPM を実践できれば生物多様性が高まることが期待できる．実際に，減農薬を実施しただけでも昆虫やそのほかの動物（以

56　第4章　農業生物学3：植物保護

後，昆虫を除く動物を「動物」と表記する）の種数が増えることが実証されている．では IBM の狙いは何だろうか．一つは IPM が農業生態系を対象とするのに対し，IBM は昆虫や動物の移動を考慮してより広い範囲の生態系，たとえば農地を含む里地・里山の生態系を対象にすることである．もう一つは危急種や絶滅危惧種の保全である．読者は，生物多様性が低い農業生態系にはたして危急種や絶滅危惧種が存在するのか，といぶかしく思われるかもしれない．しかし，日本の里地・里山にはじつはわが国の絶滅危惧種の半数が生息するといわれている．農地も周辺環境によってはそのような生物がいておかしくないのである．

IBM でも，IPM と同様に有害生物については「経済的被害水準」を超えないように管理すると同時に，絶滅危惧生物については，絶滅する恐れが高くなる「絶滅限界水準」を下回らないように個体群密度を管理する．いずれも農業生態系を超えた広域の管理が目標となる．

かつてはわが国の池や水田などに多く生息し，養殖魚を襲う害虫として嫌われたタガメは，昨今では数が減って絶滅が危惧されている．IBM では，このように両側面をもつタガメの個体群密度を経済的被害水準と絶滅限界水準の間に維持できるような管理をする（図 4.1）．

4.3 植物病理学

4.3.1 概　　要

A 植物病理学の目標

農耕では遺伝的に同じ性質をもつ植物を大規模に栽培するので，その植物に感染する病気がひとたび発生すれば，多くの個体が一斉に病気にかかり，大きな被害が生じる．1845 年から 1849 年，アイルランドでは主要作物のジャガイモに「ジャガイモ疫病」が発生して収穫が激減．餓死，病死，その後の人口流出により人口が半減して，今なおそれ以前の人口に戻っていない．農業技術が改良された近代でも，世界の農作物の病害による減収は 14～16% と見積もられる．言い換えれば，毎年 10 億人分もの食糧が病気で失われている．

植物の病気の原因を解明し，その知見を利用して農作物を病気から守ることを目的として生まれた学問が植物病理学である．この目的は，昔も今もまったく変わらない．

B 植物病理学の発展

植物はなぜ病気になるのか，という原因の探索から植物病理学は始まった．18 世紀以前には，植物の病気は原因不明の災難であった．1674 年，レーウェンフックは顕微鏡を作製し，「微生物」がどこにでも存在することを発見した．これに刺激され，1774 年，ファブリシウスは「植物の病気は微生物の感染と増殖による」という微生物病原説を提唱した．1864 年，自然発生説がパスツー

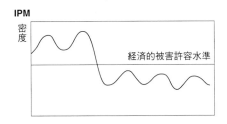
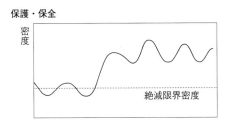
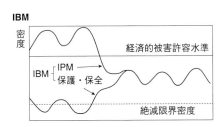

図 4.1 IPM，保護・保全と IBM（桐谷，2004）
害虫の密度を水準以下におさえる IPM と，希少種の密度を水準以上に保つ保護・保全．この両者を総合したのが IBM．

ルの「白鳥の首フラスコ実験」によって明確に否定され，微生物は厳密な実験科学の対象となった．1876年，コッホは，ある微生物が病原であることを証明するための「コッホの原則」を確立した．これは，①病気の個体からその微生物がつねに検出される，②その微生物が純粋培養できる，③培養された微生物を健全個体に接種すると同じ病気になる，④その個体から同じ微生物が再び検出される，というものである．このような微生物学の発展に支えられ，植物病の病原微生物がつぎつぎ

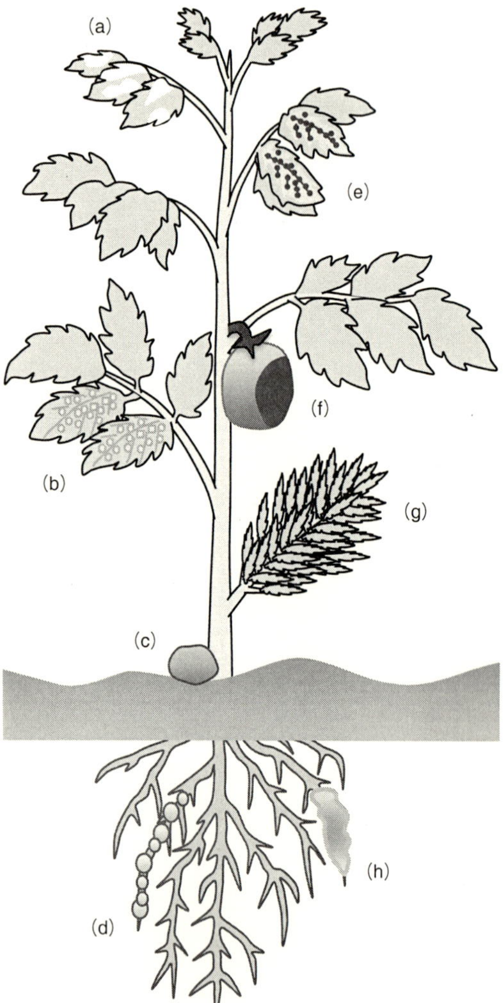

に発見された．

植物病理学は，病原微生物がどのような性質をもち，どのようにして植物に感染し，植物間を移動し，病気を引き起こすのかを明らかにしてきた（図4.2）．

■病原体の検出・同定　巨視的には，病気になる植物の種類，病徴，媒介者が，微視的には，光学顕微鏡や電子顕微鏡による形態の観察が，重要な情報となる．今日では，病原体を構成する物質と結合する「抗体タンパク質」の利用，病原体のもつ遺伝子DNAを増幅するポリメラーゼ連鎖反応（PCR）の利用などにより，微量の病原微生物を高感度で検出・同定できるようになった．

■その他の基礎的研究　植物病理学は病原体の感染・発病機構，病原体に対する植物の防御機構，病原体を伝搬する媒介者の媒介機構などを明らかにしてきた．1980年代以降は，病原微生物や植物を組織・細胞レベルで調べる細胞生物学，および，これらの生物における生命現象を核酸，タンパク質などの分子レベルで解析する分子生物学が急速に発展し，それらの手法をとりいれた基礎的研究が目ざましい勢いで進展しつつある．

以上のような基礎的な知見を利用して，病気にかかりにくい栽培技術や作付け体系の開発，殺菌剤などの開発，媒介昆虫を防除する殺虫剤の開発，抵抗性作物品種の探索と育種，検疫体制の強化などがなされている．

図4.2　植物のさまざまな病気とその病原体
(a) うどんこ病（菌類），(b) モザイク病（ウイルス），(c) 根頭がんしゅ病（細菌），(d) 根こぶ病（線虫），(e) 細菌斑点病（細菌），(f) 疫病（卵菌），(g) てんぐ巣病（細菌（ファイトプラズマ）），(h) 根こぶ病（ネコブカビ）

4.3.2　研究内容

近年，急速に進歩を遂げたいくつかの研究を紹介しよう．

A 植物病原微生物の同定と分類

ある植物の病気が，何という病原微生物によるものか，また，それがどのようなグループに分類されるのかは植物病理学において重要な問題であるが，近年大きな技術的進歩が見られた．

まず，ある病原体が既知の病原体のどれに一致するかを知る「同定」については，PCRなどの

遺伝子 DNA の増幅技術の進歩により，より微量の試料からより正確に行えるようになった．

次に，多様な生物種を何らかの基準でグループに分ける「分類」について考えよう．分類には無数の基準・方法がありうるが，どのような方法が理にかなっているだろうか．

生物の個体は種により姿かたちが異なり，多様である．一方，すべての生物は細胞という単位から成り立っており，個々の細胞に着目すると，脂質でできた細胞膜，遺伝情報が書き込まれたDNA，その DNA から RNA やタンパク質が合成される仕組みは，すべての生物でほぼ共通している．これは地球上のすべての生物が単一の共通祖先の子孫であることを明確に示している．

生物は増殖する際，ゲノム DNA をコピーして子に渡す．しかし，このコピーは正確でなく，低い確率だがコピーミスが起こる．つまり子供たちは，親とほんの少し異なる性質をもって生まれる．それら子供たちがさらに子孫を残すうちに，それぞれの環境に最も適した子孫のみが生き残り，1つであった種が，やがて異なるゲノムをもつ新たな種へと分かれていく．これが「進化」の最も基本的な仕組みである．

そうならば，生物を分類するのに最も自然な方法は，それぞれの生物の進化の道筋を明らかにし，同じ先祖に由来する子孫を 1 つのグループにまとめることだろう．これを「自然分類」とよぶ．一方，進化の道筋を無視して，特定の性質に着目して行う分類を「人為分類」とよぶ．「飛ぶ動物」として鳥，コウモリ，昆虫を同じグループに入れるのが人為分類の例である．

近年，生物のもつ遺伝子 DNA の情報を解析し，比較することにより，正確な自然分類が可能となった．このような方法によると，植物に病気をおこす微生物は，ウイルス，細菌，卵菌，ネコブカビ，菌類，線虫のどれかに分類される（図 4.3）．

「ウイルス」は，遺伝情報をもつ短い核酸（RNAまたは DNA）とそれを保護するタンパク質の複

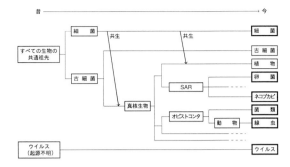

図 4.3　生物の進化の道筋とそれにしたがった自然分類
右端太枠の分類群に植物病原微生物が含まれる

合体，いわば「化学物質」であり，細胞という共通の構造をもつ他の微生物とはまったく異なるが，複製し，進化する点で生物的な性質を備えており，本節では微生物に含める．

「細菌（バクテリア）」は，1 つの細胞からなる微生物で，細胞内のゲノム DNA が「核」という構造に包まれておらず，進化的にみて原始的な生物である．植物に病気を引き起こす細菌が多く知られている．細菌と同様に核をもたない微生物として「古細菌（アーキア）」が存在するが，植物に病気をおこす古細菌は見つかっていない．

卵菌，ネコブカビ，菌類，線虫は，細胞内のゲノム DNA が核に包まれる「真核生物」とよばれる生物群に含まれる．真核生物は細胞内に化学エネルギーを作り出すミトコンドリアとよばれる細胞小器官（オルガネラ）をもつ．ミトコンドリアは独自のゲノム DNA をもち，その塩基配列はアルファ・プロテオバクテリアという細菌に近い．一方，真核生物自身のゲノム DNA は古細菌と共通する配列をもつ．よって，真核生物は，古細菌が細菌を細胞内に取り込み，それを細胞内で永続的に共生させ利用している「複合生物」と考えられている．

「卵菌」「ネコブカビ」「菌類」は，光合成により自らの構成成分を合成できる「植物」と異なり，宿主植物に寄生して栄養を奪うこと，胞子あるいは遊走子とよばれる子孫細胞を大量に作ってまき散らし増殖することなど共通点が多く，かつては

菌類（カビの仲間）にまとめられていた．しかし，それは人為分類であって，現在ではすべて由来の異なる真核生物であることがわかっている．卵菌とネコブカビは互いに近縁で「SAR」とよばれる生物群に属し，遊走子が2本の鞭毛を使って移動するなど共通の性質をもつのに対し，菌類は「オピストコンタ」とよばれる別の生物群に属し，遊走子をもつ場合その鞭毛は1本である．

「線虫」は細長い体をもち細菌を食べる小さな生物で「動物」に属する．驚くべきことに，自然分類によれば，動物もまた「オピストコンタ」に含まれる．酵母，きのこ，かびを含む菌類と，私たち動物とがごく近い親類とはまったく意外であるが，たしかに動物の精子は1本の鞭毛を使って移動する点で菌類の遊走子とよく似ている．

植物病原微生物の同定と分類技術の発展により，病気対策がより確実に行えるようになってきた．

B 病原微生物に対する植物の防御機構の解明

植物を病気から守るためには，そもそも植物自身がどのようにして病気に対抗しているのかを明らかにすることが重要である．

「植物」は，自然分類によれば上記の「SAR」に近く，遊走子をもつ場合その鞭毛は2本である．光合成を行う「葉緑体」とよばれるオルガネラをもつが，葉緑体もミトコンドリア同様，独自のゲノムDNAをもち，その塩基配列は光合成を行うシアノバクテリアという細菌に近い．このことから，植物は，すでに「複合生物」である真核生物が，2つめの細菌を細胞内に取り込んで共生させ，光合成能力を獲得したものと考えられる．

陸上の植物は，水中に住む単細胞の緑藻から進化したと考えられるが，海から陸に進出する以前から栄養を奪うため細胞に侵入しようとする多くの微生物の攻撃を受けてきたにちがいない．その結果，植物は複数の防御機構を進化させてきた．

その機構の第一段は，植物細胞の周囲を囲む「細胞壁」である．細胞壁はセルロースなどの多糖やタンパク質からなる丈夫な構造で，植物体に物理的な強さを与えるとともに，外敵の細胞内への侵入を防ぐバリアとなっている．

防御機構の第二段は，病原微生物の侵入を感知し，対抗するためのタンパク質を新たに合成することである．それらのタンパク質のはたらきは，細胞壁を強化する，細菌の細胞膜に穴を開ける（ディフェンシン），菌類の細胞壁を分解する（キチナーゼ，グルカナーゼ），微生物の増殖を阻害するファイトアレキシンを合成する，などさまざまである．これらの防御応答のうち最も強力なものは，「過敏感細胞死」とよばれる応答で，病原微生物の侵入を受けた細胞がただちに自殺することで，病原微生物を細胞内に閉じ込めてしまう．

タンパク質による防御機構を病原微生物が存在しないときにもはたらかせることは，大きな負担である．過敏感細胞死が起きればそもそも細胞自体が死んでしまう．そこで，植物は，病原微生物の侵入を感知する巧妙な機構を進化させ，病原微生物が侵入したときだけに防御機構をオンにしている．

感知する機構の一つは，「病原微生物が共通してもつが植物にはない標的分子」と結合するタンパク質を常に用意しておき，それに標的分子が結合するとその情報が細胞内でつぎつぎと伝達され，最終的に防御応答のスイッチが入る，というもので，「分子パターン認識機構」とよばれる．標的分子には，すべての細菌がもつ鞭毛タンパク質フラジェリン，すべての菌類がもつ細胞壁成分キチンオリゴマーなどがある．

ところが敵もさるもの，病原微生物は自身の存在がバレた場合でも，植物の分子パターン認識機構を邪魔する仕組みを進化させた．エフェクターとよばれるさまざまな分子を植物細胞に注入するのである．エフェクターは，「微生物が来た」という情報の細胞内伝達機構のどこかを壊して防御応答を起こらなくする．

ところがところが，植物も何世代にもわたり特

定のエフェクターの攻撃を受けるうちにそのエフェクターを認識するタンパク質を進化させた．細胞内情報伝達機構がエフェクターに壊されても，このタンパク質がエフェクターを認識し，別ルートで防御応答を起動する．これを「エフェクター認識機構」とよぶ．

しかし，植物も未知のエフェクターを認識できるタンパク質をあらかじめ用意することはできない．そのため，植物には自身の細胞内伝達機構を常に監視し，機構が壊れたならばエフェクターが来たと判断して防御応答をオンにする仕組みもある．これを「ダメージ認識機構」とよぶ．

このように，植物と，それを侵す病原微生物とは長い進化の過程で激しい「軍拡競争」をしていることがわかってきた．このような相互進化は，まさに今も進行中である．植物がどのように病原微生物に対抗しているのかを知ることにより，より有効な病気への対応策を見出せるだろう．

4.3.3 ▶ 事　　績

A 植物病理学のわが国における研究史

わが国における植物病理学の研究の歴史を振り返ってみたい．

縄文時代から弥生時代にかけて，わが国に大陸より稲作がもたらされ，本格的な農耕が開始されて以来，冷害や虫害と並んで，イネいもち病を代表とする菌類病，ウンカにより媒介されるイネ縞葉枯病を代表とするウイルス病などの病害が収穫の減少と飢饉の発生の原因となってきた．

一方，文献には農作物以外の植物の病気も記載されている．奈良時代の 752 年，奈良の町に行幸された孝謙天皇が黄色に変色したヒヨドリバナの葉を目にとめて「この里は 継ぎて霜や置く 夏の野に 我が見し草は 黄葉たりけり」（この地方は継続的に霜が降りる（ほど寒い）のでしょうか．夏だというのに，私の見た草は色づいていました．）と詠まれ，この歌は万葉集に収録された．わが国でヒヨドリバナが黄化する原因は，ジェミニウイルス科のヒヨドリバナ葉脈黄化ウイルスの感染によることがわかっており，これが，世界で初めての植物ウイルス病の記載とされている．

わが国で 1782～1788 年に起きた天明大飢饉，1833～1839 年に起きた天保大飢饉では，悪天候や自然災害によりイネの収量が減ったことに加えて，イネいもち病の発生が被害を大きくしたといわれている．

わが国における植物病理学研究は，札幌農学校（現在の北海道大学農学部）の初代教頭として「少年よ，大志を抱け！」という言葉を残したウイリアム．S.クラークの後を継いだウイリアム．P.ブルックスが，1877 年，植物病理学の講義を始めたことが始まりである．

次いで，1886 年，白井光太郎が東京農林学校（現在の東京大学農学部）で，1889 年，宮部金吾が札幌農学校で，それぞれ植物病理学の講義を始めた．その後，1893 年には，農商務省が現在の北区西ヶ原に農事試験場を開設し，国の試験研究が本格的に始まった．1916 年，関東近辺の植物病理学の研究者らが東京・駿河台のフランス料理店「宝亭」で日本植物病理学会を設立し，わが国の植物病理学研究をリードしていくこととなった．その後，大学農学部，国の試験場，都道府県の試験場などがつぎつぎと設立され，重層的な研究体制が整った．

1880 年代から 1950 年代には主要農作物であるイネのいもち病が大問題であったが，1961 年に世界初の農業用抗生物質ブラストサイジン S が登録された．また，いもち病菌に抵抗性を示すイネ品種の育成が行われた．同じく菌類病であるイネばか苗病がイネの苗を異常に伸ばす原因物質として，イネばか苗病菌が合成するジベレリンが同定され，後にこの物質は正常な植物も合成する植物ホルモンであることがわかった．ウイルス病であるイネ萎縮病がツマグロヨコバイにより媒介され，ウイルスはヨコバイの子孫に卵を介して伝達されるという世界的な発見もなされた．

4.3　植物病理学　　*61*

1960年代から1980年代には，イネいもち病の疫学的研究が進み，発生予察や被害の軽減が可能となった．麦類，野菜，果樹，花きなどで新しい病害がつぎつぎと発見された．土壌伝染する卵菌類が媒介するウイルス病の研究が進んだ．植物が合成する抗菌性物質ファイトアレキシンの分子構造が明らかにされた．サツマイモに感染するフザリウム菌には非病原性と病原性の菌株があるが，非病原性の菌株の感染が病原性の菌株の感染を妨げる，という先駆的な研究がなされた．また，それまでウイルス病といわれながら病原が未発見であったクワ萎縮病などの病原が，ファイトプラズマというまったく新しい細菌と判明し，世界的な大発見となった（後述）．

1980年代以降，急速に進展した細胞生物学，分子生物学の手法が植物病理学にも導入され，遺伝子の単離，塩基配列の解析，生物への外来遺伝子導入などが可能となり，植物病理学は新しいステージに入り，今日に至っている．

B 農業・農学における主要な業績

次いで，わが国の植物病理学研究における主要な業績を2つ紹介したい．

①**タバコモザイクウイルスの感染機構の解析**

タバコにモザイク病を引き起こすタバコモザイクウイルス（以下 TMV）は，すべてのウイルスのなかで最初に発見され，その感染機構が詳細に研究され，他のウイルスの研究やウイルスを利用したバイオテクノロジー研究に大きなインパクトを与えた．その過程には，わが国の研究者が大きな役割を果たしてきた．

1964年，農林省に世界でも類を見ない植物ウイルス専門の研究所「植物ウイルス研究所」が設立され，わが国でもタバコ，トマトなどで重要病害を引き起こす TMV は当然研究対象となった．TMV の研究は，1972年，植物ウイルス研から東京大学に移った岡田吉美の研究室とその卒業生，および，1983年，植物ウイルス研究所が改組して創立された農業生物資源研究所に受け継がれ，

世界の TMV 研究をリードしてきた．

時間軸に沿って，世界とわが国の研究を見ていこう．1886年，メイヤーはタバコに特徴的なモザイクを生じ収穫を減らす病気が伝染性であることを示し，タバコモザイク病と命名した．しかし当時の光学顕微鏡では病原体を発見することはできなかった．1892年，イワノフスキーは感染植物の汁液を細菌が通らないろ過器に通したあとも感染性が消失しないことを示した．1898年，ベイエリンクは病原体が寒天ゲル中を拡散できること，通常の培地では培養できないことを示し，病原体は細菌よりも小さく培養できないものであると結論した．これがウイルスの初の発見である．1935年，スタンレーは TMV を精製，結晶化することに成功した．結晶化できる物質が複製という生命特有の性質をもっていることは驚きをもって迎えられ，彼はノーベル化学賞を受けた．1936年，ボーデンは TMV がタンパク質と RNA との複合体であることを明らかにした．1939年，コーシェらによって，TMV の電子顕微鏡写真が撮られ，長さ約 300 nm の棒状の粒子であることが明らかになった．1956年，ギエラーとシュラムは TMV 成分のうち RNA のみでも感染性があること，すなわち，ウイルスの遺伝情報が RNA にあることを示した．一方，細胞生物の遺伝情報については，1944年，アベリーが DNA にあることを示し，1953年，ワトソンとクリックが DNA の二重らせん構造を解明した．以上から，遺伝情報は核酸にあることが明らかになった．

1969年，建部到は，タバコの葉肉細胞の細胞壁を酵素で分解し，細胞壁をもたない裸の細胞，「プロトプラスト」の作製に成功した．植物体にウイルスを接種しても，感染のタイミングが異なる多くの細胞が混在するため，感染という現象を経時的に分子レベルで解析することは困難である．一方，プロトプラストにはウイルスを同時に感染させることができ，感染後の時間に応じて何が起きるのかの解析が可能となった．

62　第4章　農業生物学3：植物保護

TMVの遺伝情報がRNAにあることはわかったが，その塩基配列を決めることは容易ではなかった．1970年，RNAをDNAに変換する逆転写酵素が発見され，ウイルスのRNAをDNAに変換することが可能になった．1977年には，サンガーら，およびマクサムとギルバートにより，DNAの塩基配列の決定法が開発され，1982年，ゲーレットらによってついにTMVの全ゲノムの塩基配列が明らかにされた．TMVのゲノムは約6000塩基のRNAであり，4つのタンパク質180 k, 130 k, 30 k, 17 k（kはタンパク質など高分子の分子量に用いられる単位キロダルトンkDaの略）をコードする遺伝子をもつことがわかった．岡田らのグループは，TMVゲノムに人為的な変異を導入する方法を確立し，各タンパク質のはたらきを明らかにしていった．17 kはすでにアミノ酸配列がわかっていた外被タンパク質と同定された．180 kと130 kはウイルスRNAの複製に関わっていた．30 kはウイルスを感染した細胞から隣接する細胞へと移行させるはたらきをもっていた．すでに1978年，西口正通らによって，高温では細胞間を移行できないTMV変異体が単離されており，「細胞間移行」という機能がタンパク質にあることが予想されていたが，それがまさに30 kであった．このように，TMVは，コードされているすべてのタンパク質のはたらきが解明されたはじめてのウイルスとなった．

TMVが複製する際には，まずウイルスRNAから180 kと130 kタンパク質が翻訳され，次いで，これらのタンパク質のはたらきによりウイルスRNAを鋳型にして，それと相補的なRNAが合成され，それを鋳型として，ウイルスRNAが複製される．このような複製の概略は明らかになったが，その機構の詳細は長い間不明であった．それは，TMVの複製を助ける宿主植物の因子が不明であったこと，および，試験管の中でTMVを複製させる実験系がなかったことによる．2000年代に入り，石川雅之らはこれらの問題をつぎつ

ぎと解決し，130 kタンパク質がウイルスのRNAに結合し，細胞内の膜に移動し，そこで膜に包まれた安全な空間を作り，そのなかで複製することを明らかにした．さらなる宿主因子の同定による伝統あるウイルスTMVの感染機構の詳細解明が期待される．

②ファイトプラズマ — 日本で発見された植物病原微生物　明治から昭和にかけて，わが国の主要産業であった養蚕に大きな脅威であったクワの病害に「クワ萎縮病」がある．感染すると植物が萎縮し，やがて枯死する恐ろしい病害である．その病原は細菌ろ過器を通過すること，ヨコバイなどの昆虫により媒介されることからウイルスと考えられ，多くの研究者が電子顕微鏡でウイルスを見出そうと血眼になったが発見できなかった．1967年，東京大学の土居養二が感染植物細胞の電子顕微鏡観察をしていると，偶然同じ部屋にいた獣医学の教員がその画像を見て土居に声をかけた．「これは，マイコプラズマですか？」彼が指さしたのは，植物細胞内に存在する小さな袋状の物体であった．マイコプラズマは動物細胞に寄生する微小な細菌で植物の研究者にはなじみがなく，ウイルス粒子を探していた世界中の研究者が見逃していたものだった．きわめて小さく，さらに細胞壁をもたず不定形であるため，細菌ろ過器を通過する．また，ペニシリンなどの細胞壁合成阻害作用をもつ抗生物質には耐性だが，テトラサイクリンなどのタンパク質合成阻害作用をもつ抗生物質には感受性である．クワ萎縮病の病原もテトラサイクリンに感受性であったことから，土居らは，植物病の病原体としてはまったく新規なものと結論し，「マイコプラズマ様微生物」と命名した．その後，病原が不明であったイネ黄萎病，サツマイモてんぐ巣病，マメ類てんぐ巣病，ミツバてんぐ巣病など多くの植物病害から同様の微生物がつぎつぎと発見され，植物の病原として普遍的であることがわかり，現在では「ファイトプラズマ」とよばれている．

このように，わが国で見出されたファイトプラズマであるが，その後の研究は困難をきわめた．ファイトプラズマはどの種も形態がほぼ同じで区別がつかない．さらに，ファイトプラズマは植物や媒介昆虫の細胞内でのみ増えることができ，人工培地では培養できないのである．

1990年代になって難波成任らは，ファイトプラズマの特定の遺伝子の塩基配列を迅速に決定する手法を開発し，ようやくファイトプラズマの種が区別できるようになった．現在，世界中で約50種，日本で約10種が報告されている．

次いで，難波らは，ファイトプラズマのもつ約100万塩基対のゲノムの解明に挑んだ．同じ時期にライバルであるフランスの研究グループが，ゲノムを500塩基対ほどに小さく切断してその個々の配列を迅速に決定し，コンピュータでその情報を連結するショットガンシーケンスという方法を用いて急速にデータを蓄積していた．しかし，彼らは完全なひとつながりのゲノム配列を解明することができなかった．なぜなら，ゲノムの上には同じ配列が繰り返す領域があり，彼らの方法ではそれらの位置関係を決定できなかったからである．難波らは，まず100万塩基対のゲノムを1万5000塩基対ほどの長めの断片に分け，その断片ごとに塩基配列を解析する戦略を採用した．この方法は，時間はかかるが，繰り返し配列を含まない断片をより多く得られる利点がある．2004年，難波らは世界に先駆けて完全なゲノム配列の解析に成功した．その結果は大変興味深いものだった．すべての細胞生物がもっていると考えられていたアミノ酸や脂肪酸の生合成系をもたず，エネルギーを得るために必要なTCA回路，酸化的リン酸化回路，ATP合成に関わる遺伝子すらなかったのだ．一方，ファイトプラズマのゲノムには，細胞外からさまざまな物質を取り込むのに必要な膜輸送系の遺伝子が多数見つかった．つまりファイトプラズマは，自分でそれら生存に必須の分子を合成せず，植物や昆虫の細胞からそれらを

ちゃっかり奪い取ることで生きていたのである．「究極の怠け者細菌」ともよばれるようになった．全塩基配列がわかったことで，さらに研究を進められる基礎ができた．

ファイトプラズマが感染した植物にはさまざまな特徴的な病徴が現れる．キリやサツマイモでは，枝が細かく枝分かれして葉が密生し，鳥の巣のように見えることから「天狗巣」とよばれる病徴が見られる．難波らは，ファイトプラズマが合成し，菌体外，つまり植物細胞の中に分泌するタンパク質の中にこの病徴の発現を引き起こすものを発見してTENGUタンパク質と命名し，これが植物ホルモンであるオーキシンの働きを阻害することで，多数の枝分かれを誘導していることを明らかにした．また，もう一つのファイトプラズマ特有の病徴として，花が葉に変化する葉化というものが知られている．難波らは，葉化を誘導するファイトプラズマのタンパク質を同定してファイロジェンと命名し，これが花の形を決める植物遺伝子の働きを邪魔して葉化を誘導することを明らかにした．

わが国で発見されたファイトプラズマの研究は，今もわが国がその先端を走り続けている．

4.3.4 将　来

世界人口は1960年から2000年までの40年間に30億人から60億人へと倍増し，現在は70億人を超えてなお増え続けている．この間，農作物の生産量はたしかに倍増しているが，耕地面積はほとんど増えていない．つまり，農業技術の進歩によって単位面積あたりの農作物の収量を増していくことが，人類が生き残るために必要である．植物の病気をなくすことができれば，人類の未来に大きく貢献することだろう．このように，人の役に立つ研究を行いたい人は，ぜひ，植物病理学の道に進んでほしい．

植物病理学の研究対象は，微生物，植物，昆虫と広範囲にわたる．植物病理学の研究をするため

には，これらの生物の知識が必要である．それに加えて，遺伝学，生化学，分子生物学の知識は必須である．さらに，それ以外に何か一つ得意な分野，たとえば情報科学や生物物理学の知識があれば，同じ植物病理学の研究者との競争において有利となるだろう．さまざまな科学の分野に興味をもち，取り入れることのできる力，広い知識を土台としてもつ人が，研究者として大きく伸びていくと感じている．

筆者は，大学で昆虫学を学び，研究者として就職してからはウイルスや植物の研究を学んだ．現在は，それらの知識を活かして，植物ウイルスの昆虫媒介の機構の解明に取り組んでいる．小稿が研究者を目指す若い人たちになんらかの刺激を与えられたならばうれしく思う．

4.4
応用動物昆虫学

4.4.1 概　　要
A 応用動物昆虫学の守備範囲

4.1.2 B で書いたのは本章の主題である植物保護を担う分野としての応用動物昆虫学である．ちょっと立ち止まって「応用」の意味を考えてみると，ヒトの生活や生産に役立てるのが「応用」である，とすれば応用動物昆虫学が扱うのは植物保護に関するものだけではない．実際，農業以外の産業やヒトの生活あるいは身体に害をなすさまざまな昆虫や動物もこの分野の重要課題であるし，さらにはヒトに利益をもたらすものも対象となる（ただし動物のうちで魚介類については水産学で，家畜については畜産獣医学で取り扱われる）．また，ヒトの生命や健康に有害な昆虫・動物は医学（医動物学）でも扱われるが，この分野は応用動物昆虫学とかなりの部分が共通する．以後も本章の主題に沿って昆虫や動物による農作物の被害に関することを中心とするが，一部でヒトに利益を与える昆虫の利用に触れる．

B 植物保護における応用動物昆虫学の目標とそれに向けたアプローチの変遷

ここで応用動物昆虫学が最終的に目指すものは「農作物を加害する昆虫や動物から農作物を保護することによって農業生産の向上に寄与すること」で，これは明治以来現在まで変わらず，これからも当分変わらないだろう．

■アプローチの変遷　　大きく変化し，これからも確実に変わっていくのはアプローチの仕方で，それはヒトと自然の双方が変化し続けているからだ．ヒトについては，経済や科学技術の発展をベースに産業や生活の様式が変わり，またそのことが経済や科学技術の発展を促している．自然については，何といっても生態系がつねに変動していることが大きい．その要因には内的なものと外的なものがあるが，外的要因には気候や地殻の変動に加えて，産業革命以降，特に近代ではヒトの活動の影響が増大していることがある（ヒトの活動は気候変動にも影響を与えうる）．

以上の変化によって有害な動物や昆虫の顔ぶれも時代とともに大きく変わっており，また，ヒトがそれらに対応する方法や考え方も大きく変化してきたのである．

■応用と基礎　　応用動物昆虫学は，上に書いたように「農業生産の向上に役立つ」という出口がはっきりした分野だが，結果が目的達成に直結する応用（実用）的な研究だけでなく，目的達成の基礎を提供する基礎的研究にも大きな意味がある．どちらが重要かという議論は無意味であり，両方が車の両輪のようにそれぞれを補い合い，欠かすことができない．ただ，状況によって，どちらかに大きな力を配分しなくてはいけないことはある．

これまでの流れを見ると，時代によって応用的な研究が主になるときもあれば，基礎的な研究に注力しなければならないときもあった．

明治の初期の研究では対象となる昆虫や動物を生物学的に理解するために分類学や形態学など基

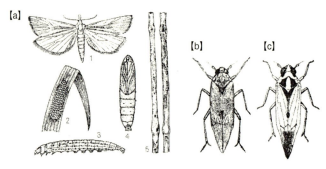

図 4.4　歴史的な稲作大害虫（齋藤，1986，2002）
(a) メイチュウ（ニカメイガ）(1 成虫，2 卵塊，3 幼虫，4 蛹，5 第 2 世代被害茎），(b) トビイロウンカ，(c) セジロウンカ

礎学問が必要だった．明治の後半から大正期は，二大稲作害虫のメイチュウとウンカ（図4.4）など主要害虫の防除法の確立が要請された時期で，応用研究がさかんになった．その後，昭和初期から始まった農林省主導のメイチュウ（ニカメイガ）に関する大規模な委託研究（今でいうプロジェクト研究）では，メイガ類の分類学，天敵や走光性の生態学，視覚の生理学といった基礎的な研究が重視され，これらの成果は第二次世界大戦後の応用研究にも活かされた．

戦後は化学農薬のめざましい台頭に呼応して新薬剤の開発や効果の確認などの応用的な研究がさかんになったが，これらの進展を支える農薬の作用機構や抵抗性機構の解明のような基礎研究も重要課題とされた．農薬研究の一方で，欧米の新たなうねりを受け，個体群生態学，動物行動学，化学生態学などの基礎研究も活発になり，これらの成果はその後の IPM（4.2.2）にも重要な知見となった．特に，4.4.3 で紹介するウリミバエの根絶事業の成功には個体群生態学の成果が必須であったし，フェロモンの利用の基礎には動物行動学と化学生態学が大きく貢献した．

1980 年代に入ると，遺伝子操作の技術が応用の段階を迎えた．遺伝子そのものを操作する技術はその後の生物関連科学全体に大きな影響を与えた．応用動物昆虫学も例外ではなく，基礎，応用を問わず研究方法に大きく変わった部分がある．さらに，この技術分野のその後の進展は著しく，

4.1.2 で触れたように近年ではゲノムの解析が可能になった．こうした進歩は基礎と応用の距離を短縮させる効果もあるが，応用も基礎もともに重要であるという点に変わりはない．

4.4.2　研究内容
A 応用のための「基礎」となる学問

前に書いた応用のための基礎研究は，内容では純粋な基礎学と重なる部分も多々あるが，明確な応用へのまなざしをもつ点に違いがあるといえる（したがって多くの場合，研究材料は対象の害虫や有害動物だ）．応用動物昆虫学に関連する主な基礎学には以下のものがあげられる．

- 分類学　　対象種の特定に寄与
- 生態学　　個体間や個体と環境の相互作用
- 形態学　　体のつくり
- 生理学　　体内の仕組み
- 生化学　　体内物質のはたらきや動き
- 有機化学　体内物質の構造や合成

など．基礎研究の成果が応用の質を左右すると言っても過言ではない．応用研究といえども実用的な成果ばかりに気をとられていては良い研究は望めず，基礎学があっての応用であることを十分認識してほしい．

B IPM を見すえた有害な昆虫と動物の防除

限定的にせよ IPM でも化学農薬を使用するのが普通である．IPM に適合する農薬と，それに組み合わせるのにふさわしいほかの防除法の選択

が重要である．以下，害虫を例として解説する．

■**望ましい殺虫剤**　4.2.1 に書いたように対象害虫には必要な毒性をもつが，それ以外の生物，特に主要天敵に毒性が低い選択性の薬剤が望まれる．ただし，この場合はあまり狭い選択性よりも目レベル程度が使いやすい．たとえばアブラムシ（カメムシ目）害虫の主要天敵が寄生バチ（ハチ目）の場合，カメムシ目には効くがハチ目には低毒性の薬剤が望まれる．昆虫特有の現象である変態を攪乱する昆虫成長制御剤（IGR）は昆虫以外の生物に影響がない利点がある．害虫と天敵の組合せに応じた選択性をもつ殺虫剤の開発はこれからも重要な研究課題である．

■**他の防除法**　毒性によらない防除法として 4.2.2 であげた，天敵，フェロモン，物理的手段，生態的（耕種的）手段などを殺虫剤と効果的に組み合わせる方法を検討する．天敵は IPM で最も重視される基幹的手段である．近代的な天敵の利用には，工業的に増殖した天敵を施設栽培などで「生物農薬」として放飼して一過的に使用するものと，土着天敵を農地周辺で保護育成して永続的な利用をねらうものがある．フェロモンは特定の種だけにはたらく究極の選択性をもった化学物質である．ガ類害虫で合成した雌性フェロモンによる防除法が普及しているが，対象昆虫を広げることや性フェロモン以外のフェロモンの利用も期待される．物理的手段ではネットなどによる遮蔽，光や色，音による誘引や忌避が古くから行われているが，最近では先端的な機器による超音波，振動，単色光などの新たな利用が注目されている．生態的／耕種的手段も古くからあるが，最近では害虫の抑制と同時に天敵の温存にも効果的な方法が開発されている．

C　ヒトに利益をもたらす昆虫

いわゆる益虫である．養蚕や養蜂はじつに有史前からの歴史をもつ．特に蚕糸（養蚕と製糸）業は明治以降，第二次世界大戦までの日本経済を支えた基幹産業で，カイコというたった 1 種の昆虫が国の発展に果たした功績はきわめて大きかった．

■**もらうもの**　絹や蜂蜜はいうまでもなく昆虫の生産物だ．絹は伝統的な繊維としての利用に加えて，絹タンパク質を化粧品やコンタクトレンズなどの新素材として利用する研究が進んでいる．そのほかの生産物には，ミツバチのワックス（蜜ろう），カイガラムシ類のワックスや塗料などがある．虫体そのものも食材，薬品，工芸品などさまざまに利用される．わが国でもイナゴやハチの子は伝統食だ．懸念される食糧危機に昆虫は低コスト・高栄養で有望な食材として研究もされている．機能の利用も重要である．天敵として害虫を抑制する寄生バチや寄生バエ，果樹や野菜の受粉を担うハナバチやハナアブなどが農業に果たす役割の大きさははかりしれない．近年では昆虫の有用遺伝子の利用もさかんである．製品としてホタルの発光酵素（ルシフェラーゼ）遺伝子を利用した「微生物探知薬」が有名だ．

■**学ぶこと**　研究技術の進歩はかつて不思議であった昆虫のさまざまな謎を解き明かし，そこから学んだことを応用する場面が大きく広がってきた．昆虫の直接利用ではなく，学んだことをもとに模倣する「バイオミメティックス」とよばれる分野だ．ファーブルを惹きつけた雄のガの誘引が雌の性フェロモンによることを今ではだれもが知っている．構造が解明されたフェロモンは人工合成されて IPM の重要な防除手段になっている．ブルーの金属光沢に輝く南米のモルフォチョウは，見る角度ではねの色彩が微妙に変化する．これは構造色とよばれ，色素によるのではなく鱗粉表面のナノ構造による光の干渉作用によるものだ．これを模した布素材が登場した．モルフォチョウのように微妙な色彩の変化があり，しかも色素を使わないので色落ちがない利点もある．オオスズメバチはわが国で最も危険なスズメバチだが，幼虫が働きバチに与える栄養液の研究から，まったく新しいタイプのスポーツ飲料が開発され，持

図 4.5　虫送り（齋藤，1986，2002）

図 4.6　ウンカの注油駆除法（齋藤，1986，2002）

続力が要求されるマラソンなどで威力を発揮している．

以上，「益虫」の紹介であったが，害虫が利用の対象になることも理解されたと思う．逆に益虫も使い方を誤れば容易に害虫になりうる．固定観念による害虫，益虫の線引きは意味がないのだ．

4.4.3　事　　績

日本の応用動物学や応用昆虫学は，明治に入って導入された西洋自然科学の一つである動物学から発展した．ただし，体系的な学問ではないが江戸時代にはすでに篤農（とくのう）によるイネ害虫の防除法の研究があり，その後の応用昆虫学にも影響を与えている．

A 明治以前

二大イネ害虫，ウンカとメイチュウの害が特に大きく，中でウンカの大発生は「享保の大飢饉」に代表される飢饉につながる大害を何度も与えた．しかし，防除手段はほとんどなく，全国で「虫送り」（きとう）（図4.5）のような祈祷やまじないが行われた．その一方で篤農の手によって防除法の研究も行われた．記録に残っているウンカに対する「注油駆除法」（水を張った田の表面に鯨油を撒き，イネのウンカを払い落として溺死させる．図4.6）とメイチュウに対する「螟虫遁作法」（めいちゅう）（栽培時期を被害のない時期に変更する）は明治以降につながる優れた研究であり，応用昆虫学の萌芽といえるだろう．

B 明治以降第二次世界大戦まで

明治期に入ると西洋から導入された動物学がもととなり，大学や農学校で動物学や昆虫学が講じられるようになった．1897年（明治30年）のウンカの大発生を機に，農林省農事試験場に昆虫部が設置され，これより江戸時代から続くイネ害虫の生態と防除に関する研究が大きく進展した．これらを担う研究者の組織がまとめられたのは1929年（昭和4年）で，応用動物学会が設立された．これと相前後して農林省は前に書いたニカメイガに関する研究プロジェクトを開始した．そこからは，天敵の生態や利用に関する研究，走光性の生態学，生理学的な研究など，戦後につながる多くの重要な成果が生まれた．これは昆虫学者に大いに刺激を与え，1938年（昭和13年）には日本応用昆虫学会が設立された．この学会と応用動物学会は戦後に合併するまで協力関係を保った．

以上のように明治以降，農作害虫対策という国家的な目的に沿ってこの分野が発展してきたことはたしかであるが，発展の下地にはそれ以前に本草学（中国からもたらされ，動植物や鉱物の薬効を説く）から発祥して江戸期に流行した博物学や，鎖国下でシーボルトらが普及に努めたヨーロッパ流博物学があったと思われる．

C 第二次世界大戦後

蚕糸業の隆盛に伴いカイコを用いた基礎生理学が戦前から脈々と継続されており，1950年代になるとそのなかから脱皮変態の生理機構の解明

68　第4章　農業生物学3：植物保護

や，卵休眠の生理生化学的解明のような世界に誇れる優れた成果も生まれた．戦前からの天敵研究の流れでは，新たに生物農薬の開発研究が開始され，その成果はIPMにも活かされている．他方で第二次世界大戦後はDDTをはじめとする化学農薬が続々と開発され普及したことに応じ，わが国でも薬剤の作用機構解明や新農薬の創製が大きな研究の流れになり世界をリードする成果も生まれた．

各分野の進展に伴って研究者の組織は1957年（昭和32年）に日本応用昆虫学会と応用動物学会が合併して日本応用動物昆虫学会が誕生し，現在に至っている．

最後に，これまでわが国で生まれた多くの優れた成果のなかで，応用的見地から特に重要なもの2つを紹介しておこう．

①**性フェロモンの構造解明と利用** 1970年前後から，国公立研究機関や大学などで当時世界で端緒が開かれたばかりの性フェロモンに関する研究が活発に行われた．しかし，当時は，超微量でしかも複数の成分からなるフェロモンの構造決定は昆虫生理学，動物行動学，天然物化学などの知識と先端技術を総動員しなければならない難事業だった．多くの研究者が情熱を燃やし続けた結果，ガ類害虫を中心に性フェロモン成分が徐々に解明されていった．こうして得られた成果の多くは1980年代になるとつぎつぎに実用化され，種特異的に作用してしかも無毒の新型害虫防除剤として「フェロモン剤」の地位が固まった．今ではフェロモン剤は4.4.2で触れたようにIPMでの重要な手段として欠かせない存在である．当初，知る人の少なかったフェロモンの魅力を語って多くの研究者の情熱に火をつけ，その後もわが国のフェロモン研究をリードした研究者として，石井象二郎（京大）と玉木佳男（農業技術研究所）の名前をあげておきたい．

②**不妊虫放飼法によるウリミバエの根絶** 沖縄県など南西諸島の侵入害虫ウリミバエは，幼虫が各種の果物や果菜に潜り込んで食害するため，生息地域から本土への生産物の移動が法律で固く禁じられ，大きな経済的不利益になっていた．沖縄県の本土返還（1972年）を機に，ウリミバエの根絶という一大事業が実施された．原理は，放射線で不妊化した雄と交尾した雌が産んだ卵は孵化しないので，大量の不妊化雄を何世代にもわたって野外に放飼し続ければやがて個体群は絶滅する，というものである．これは理論的には可能でも，実施するには膨大な予算・人員・時間と大掛

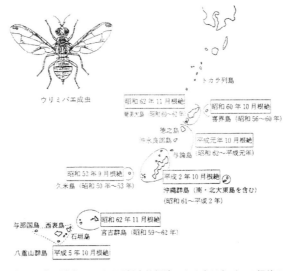

図4.7 南西諸島における不妊虫放飼法によるウリミバエの根絶の経過（中島，1986，2002）

かりな設備（ミバエ増殖工場，放射線照射装置など）を必要とし，複雑多岐にわたる条件設定や事前から事後に及ぶ全域での生息密度調査を含む膨大な作業を要する，まさに常識を超えた難事業だ．しかし，研究者，行政，住民の熱意が一体となった粘り強い努力の結果，ついに1993年の八重山諸島を最後に南西諸島全域からウリミバエは消滅した（図4.7）．この間沖縄県だけで170億円の巨費と延べ31万8000人の人員が投じられ，放飼された不妊虫の数は計530億8000万匹にのぼったという．この根絶成功は世界的な賞賛を浴びただけでなく，膨大な事業費をはるかに上回る経済効果をもたらした．超大型の難事業を計画段階から統括し，指導したのは日本の個体群生態学を牽引した伊藤嘉昭（農業技術研究所，沖縄県農業試験場）であった．

4.4.4 将　　来

A 応用動物昆虫学に進むには

必ずしも動物や昆虫が好きでなくてもいいが，興味を抱く対象ではあってほしい（もっとも，興味がない人はこの分野に進もうとは思わないだろうが）．生態系，生物多様性，生物と環境の関係性に興味のある人には向いている．ただし，人の暮らしに無関心な人は「応用」のつかない分野に進んだほうがいいだろう．

前もってどういう勉強をしないといけない，というようなことはないが，農学部かそれに関連する学部に進むことが先決なので，まずそのための対策は必要．どの分野にも言えると思うが，付け焼き刃がきかない英語，数学はしっかり学んでおくといろいろな意味で将来絶対に有利だ．あと，筆者の経験から思うことだが，物理や化学を身につけた人は，しばしばそうでない人（じつは筆者もそうだ）には思いつかないユニークな発想ができるようである．

B 今後の応用動物昆虫学

前に書いたように，最終目標が「農作物を加害

する動物や昆虫から農作物を守ることで農業生産に寄与する」ことはこれからも変わらないだろう．登山にたとえれば，変わるのはアプローチのルートと装備（手法），そしてメンバー構成であろう．

■あいまいになる分野間の境　　一つの現象の理解が進むと，それまでわからなかった他の現象との関係性が明らかになって，新たな異分野間の交流が始まるのはよくあることだ．学問が進めば分野間の境はますますあいまいになっていくだろう．加えて，繰り返し書いたように，近年のゲノム解析の進展はさらに多くの分野間での協力を加速するにちがいない．このような趨勢にあっては自分の分野だけにとじこもって深く追求するタイプの研究は発展が難しくなるだろう．

■入れ替わる研究対象　　4.4.1で書いたとおり，有害な動物や昆虫の種が時代の変化とともに変わるのが通例である．これには気候変動など自然条件の変化も原因となるが，圧倒的に大きな要因はヒトの側にある．昆虫で有名な例に稲作害虫ニカメイガの衰退がある．明治以来稲作大害虫だったが，第二次大戦後，機械化など栽培法の変化や化学農薬の台頭などにより1960年代後半を境に減少し，近年では姿を見ることもまれな場所が多い．逆に近年問題化したイネ害虫に斑点米の原因になるカメムシ類がある．これは最近のメディアをにぎわす有害獣のイノシシ，シカ，ニホンザルなどと同様に，農林業の衰退や生活の変化による山林や農地周辺の管理不足が主な原因とされる．外来種の出現もすべてヒトが原因で生じている．今後も研究対象は変化し続けるだろう．

■IPMの今後　　IPMは今後も農業が進む方向であり続けると思われる．目標は農業環境にできるだけ自然生態系と同じような「食物ネットワーク」機能をもたせることだろう．といっても，農業生態系は自然生態系とは要素（生物種）が大きく異なるのだから，いかにかぎられた要素（作物，天敵，そのほかの生物）に望む機能を発揮させられるかの研究が鍵となる．同時に，補足的な

手段（望ましい性質を備えた化学農薬の開発も含め）の研究も重要である．

もう一つの方向は，対象とする空間の拡大で，これは IBM へのまなざしでもある．ただし，理想の追求ではなく，先にあげたカメムシや有害獣に代表される近年の有害昆虫・有害動物の変遷から，農業生態系だけを見ていては不十分な状況が増えているからだ．そのためには従来よりも広い範囲の研究分野，たとえば森林科学や保全生態学などとの連携も必要になるだろう．

ⓒ ぼくの見る夢

ぼくは 40 年以上にわたって昆虫の研究を行ってきたが，最初の研究は本節で何度かとりあげたニカメイガを対象としたフェロモンの研究だった．当時，ニカメイガはだれでも知っているイネの大害虫だったが，幼虫はイネ以外にマコモも食べるということを聞いた．マコモは水田わきの水路や池沼の岸近くに見られるイネ科の大型水草である．

マコモで育ったガはイネのガより大型だということが古くから知られていた．別種ではないかと疑われ，戦前から比較研究が行われた．しかし，大きさ以外に形の違いは見つからず，幼虫は互いに餌を交換しても問題なく育ち，成虫は互いが自由に交配できることがわかって，両者は同じ種であり，両方の食草を行き来している，と考えられた．

1990 年代の後半，研究仲間が意外なことを発見した．イネのガとマコモのガでは交尾する時間帯が大きく異なる，というのだ．これをきっかけにぼくたちの研究が始まり，交尾時間の遺伝解析，性フェロモンの比較，形態測定などを行った結果，両者は完全に別種にはなっていないものの，間違いなく 2 種に分かれる途中の段階にある，ということが明らかになった．大きさ以外にも微妙な形の違いが見つかった．

以上の結果をよく考えると，おもしろいストーリーが浮かんでくる．

「ニカメイガはイネ害虫のイメージが強いが，祖先はマコモを食べていたのではないか．数千年前にイネの栽培が広まると，マコモと近縁で似た環境に植えられる水草のイネを餌にする突然変異個体が生まれ，徐々に水田環境に適応していったのが，イネ害虫のニカメイガなのではないか．」

害虫の研究で大切な課題として「害虫化」がある．ほとんどの害虫はヒトが何かのきっかけを与えることで害虫になる．ニカメイガの場合はイネ栽培の普及が害虫化のきっかけになったのではなかったか．突然変異の起こったのはイネとマコモの好き嫌いを決める遺伝子だったと推測される．交尾時間を決める遺伝子の違いはエサが変わった後で生まれたらしい．これらの遺伝子の解析は未だこれからである．また，東アジアから東南アジアにかけての稲作起源地と推定される場所で野生イネとマコモが共存する場所を探し，そこでのニカメイガのふるまいをぜひ見てみたいものだ．以上がぼくの小さな夢である．

4.5
雑　草　学

4.5.1 概　　要

高品質の作物を育てるために準備された農地は，当然ながら雑草の生育にとっても良好な条件を提供する．放置すれば田も畑もさまざまな雑草が繁茂して作物を覆い隠し，作物は収量も品質も低下してしまうのは明らかである．昔から，農業は雑草との闘いである，といわれてきたのは決して大げさではない．

雑草は農業に支障をきたす草本植物であるが，雑草という種類があるわけではない．どんなものでも農業にとって困る生え方をすれば雑草なのである．たとえ農作物であっても野良化して勝手に田畑に生えれば雑草になる．逆に，農地では防除に手を焼く雑草であっても，堤防や斜面の保護に

役立っているものもある（そのような場合に「雑草の利用」という言い方をされることがある）.

以上と関連して，農業技術の進歩や栽培される作物の変遷，さらには社会の変化にも影響されて雑草の顔ぶれも時代とともに変化してきたことを知っておきたい.

雑草学は雑草の防除を目的とした応用科学であるが，その目的達成のために，4.1.2で書いたように，分類・生理・生態などの基礎研究から，雑草化，被害，除草剤，防除法など広い範囲の研究をカバーする.

4.5.2 ▶ 事績と研究内容

A 事　　績

前世紀の半ばくらいまでの農業にとって除草はほとんど手作業に頼るしかなく，農作業の大きな部分を占めていた. 雑草は抜けばよい（抜くほかない？）ものであって，雑草を材料とする研究はあっても，それは植物学の大枠のなかで行われ，雑草防除が科学の対象になることはなかった.

第二次世界大戦後，化学農薬の発展の時代に除草剤が開発の対象になると，雑草の生理や生態の究明が不可欠の課題となり，雑草学という独立した研究分野の誕生につながった. このように，雑草学は，植物病理学や応用動物昆虫学とは異なり，除草剤という農薬の発展と深く関わりながら誕生し，進展した比較的新しい分野である. それを物語るように，日本雑草学会が設立されたのは1975年（昭和50年）のことである.

B おもな研究内容

■除草剤　雑草学が生まれた経緯からも明らかなように，除草剤の研究は雑草学での重要な部分を占めている. 除草剤の開発，作用のメカニズム，使用法などが主な研究対象である. 新たな除草剤の開発には，ヒト，家畜，野生生物に対する安全性はもちろん，農作物との間の選択性という難しい課題の克服に向けた挑戦が続けられている. そのためには，植物と動物の間に始まる生物

間の生態，生理，生化学，そして究極にはゲノムに至るさまざまなレベルでの差異の検出という地味な基礎研究がますます重要になるだろう.

■防除法　除草剤の使用により農業は大幅な省力化が実現したが，農薬の偏重は避けなければならない. IPMの観点からもさまざまな防除法の検討が必要である. 伝統的な「耕す」「刈り取る」は，雑草の生態的特性を考慮して実施のタイミングや耕す深さ，刈り取りの高さなどを調整することで今も有効な方法である. 生物を利用した防除法もある. 水田雑草をアイガモに食わせて除去する「アイガモ農法」はよく知られている. 同様にウシやヤギなどの草食動物を利用する方法もある. 昆虫を使った防除の可能性も検討されていて，たとえば外来種のブタクサやオオブタクサを同じく外来種のブタクサハムシで防除する試みがある.

■雑草の変遷と外来雑草　かつて水田で問題になったヒルムシロやミズアオイは，除草剤や水田環境の変化の影響を受けて激減し，今日では絶滅を危惧される希少種扱いを受けるようになった. 一方，外来種には近年急激に農地の雑草として問題化しているものがある. 従来も外来雑草としてシロツメクサ，ヒメジョオン，セイタカアワダチソウなどが知られていたが，近年は輸入規制緩和もあって外来雑草が増加している. 特に問題になっているのは，輸入飼料に混入した種子が牧場から河川を通じて広く拡散したと思われる，オオブタクサ，イチビ，アレチウリなどで，なかでもアレチウリは外来生物法で特定外来生物にも指定されているたいへんやっかいな雑草である. 侵入防止も含め，これらの効率的な防除法の確立は緊急の研究課題である.

■雑草の進化　雑草の多くも進化と同様の過程を経て農耕地の環境に適応していると考えられる. そのことを示す身近な雑草の例を2つ紹介する. 一つはどこにでも見られるイネ科雑草メヒシバである. サツマイモ畑とその畦畔に生えるもの

を比べると，畑のメヒシバのほうが小さい種子を
より多く生産し，しかも出穂時期が早い．これら
の差は遺伝的なもので，頻繁に除草される畑では
小さくてもたくさんの種子を速く作るほうが有利
なため，このような遺伝子をもつ個体が生き残っ
た結果と考えられる（露崎，2011）．もう一つも
イネ科のスズメノテッポウの例．この種は路傍，
畑，水田などに普通だが，水田型は畑地型と比べ
ると種子が大きく，休眠が浅い．イネの収穫後水
を落とすと一斉に発芽し，成長も速く，翌春早く
に開花して水田に水が入るまでに種子散布を終え
る．畑地型は休眠が深く，生育も遅くて，花期は
初夏まで続く．水田型は水田の耕作形態にうまく
適応した進化型とみなされ，水田型と畑地型を混
ぜて水田に播種すると水田型が圧倒する（松村，
1976）．

4.5.3 将　　来

雑草学は誕生してから歴史の浅い分野である
が，その役割は以下の理由で今後ますます大きく
なると予想される．

グローバル化がいっそう進行するとみられる現
状からすると，外来雑草問題がただちに改善され
るとは考えられず，今後も新たな外来雑草の登場
があると予想される．家畜飼料の輸入に際しての
チェックシステム強化が望まれる．それとともに
飼料など雑草種子混入の可能性のある輸入物資の
原産国で雑草の状況を調査し，情報を収集するこ
とも有効だろう．

雑草の顔ぶれが変われば，新たな雑草に効果の
大きい除草剤の選択が重要であり，新たな開発が
必要な場合も当然あり，より安全でより選択的な
除草剤の開発が今後も続くだろう．上に書いたよ
うに生理，生態など基礎的な知見の集積がいっそ
う重要になるだろう．

国外では遺伝子組換えによって除草剤耐性を付
与したダイズなどの作物と使用可能な除草剤を
セットとして大規模に使用されている．このよう
な状況下で除草剤抵抗性雑草が出現して問題に
なっている．これには次元の異なる多くの問題が
含まれているので，簡単に解決するのは難しいが，
雑草学が解決の鍵を握っていることは間違いない
だろう．

化石燃料や原子力の限界を考えると，再生可能
なバイオマスエネルギーの利用拡大は次世代の大
きな課題の一つだ．そのなかで，見方を変えると
雑草はきわめて生産力の高い生物資源であるかも
しれない．そういう可能性を探るのも雑草学の重
要な役割のように思われる．［田付貞洋・宇垣正志］

▶参考図書
【応用動物昆虫学】
桐谷圭治（2004）『「ただの虫」を無視しない農業
　　── 生物多様性管理』築地書館．
桑野栄一ほか（2004）『農薬の科学 ── 生物制御と植
　　物保護』朝倉書店．
小山重郎（2000）『害虫はなぜ生まれたのか ── 農薬
　　以前から有機農業まで』東海大学出版会．
田付貞洋・河野義明 編（2009）『最新応用昆虫学』
　　朝倉書店．
中筋房夫・大林延夫・藤家梓（1997）『害虫防除』朝
　　倉書店．
野村昌史（2013）『観察する目が変わる昆虫学入門』
　　ベレ出版．
藤崎憲治（2010）『昆虫未来学 ──「四億年の知恵」
　　に学ぶ』新潮社．

【雑草学】
日本雑草学会 編（2011）『ちょっと知りたい雑草学』
　　全国農村教育協会．
沼田眞・吉沢長人 編（1975）『新版 日本原色雑草図鑑』
　　全国農村教育協会．
根本正之・冨永達 編著（2014）『身近な雑草の生物学』
　　朝倉書店．

第5章

農 芸 化 学

5.1
農芸化学の歴史と現況

5.1.1 農芸化学とは

　農芸化学は農林業に関係する植物，動物，昆虫，さらには微生物の生命現象を，化学，特に有機化学的手法により解明し，それらを利用する学問分野である．そのなかには土壌や肥料に関する土壌学・植物栄養学，病害虫の化学的防除を目的とした農薬学，微生物を利用した発酵学や醸造学などが含まれ，現在では生命，食糧，環境の3つのキーワードのもとに，「化学」と「生物」に関連したことがらを基礎から応用まで追究する幅広い学問分野へと進展している．研究手法も，有機化学に加え，生化学，分子生物学，生命工学など多岐にわたり，最先端の研究技術の発信にも貢献している（鈴木・荒井，2003）．

　英語の agricultural chemistry を「農業化学」と直訳するのではなく，芸術の「芸」を組み入れ「農芸化学」としたのは先人たちの研究に対する意識の表れと思われる．近年，多くの大学で農芸化学科は生命化学科，応用生物科学科といった名称に変更され，農芸化学という言葉は残念ながら死語になる危険性を有しているが，その内容の重要性はいささかも薄れてはいない．一方，1万以上の会員を擁する日本農芸化学会は，名称を変更していない[*1)]．理学部や薬学部における化学教育と研究とは別に日本で独自に発展してきた農芸化学であり，世界的にまれな研究集団である．

5.1.2 農芸化学の幕開け

　西欧の学問を導入し農業の生産性を高めることは，明治維新後の早い時期に始められた．1871～1873年（明治4～6年）にわたる岩倉具視使節団の視察により，欧米の農業生産や畜産・食品加工技術などが紹介され，外国人教師による近代農業教育の導入がはかられた．札幌農学校においては米国から W. S. クラーク（1826～1886）らが，駒場農学校においては英国から E. キンチ（1848～1920）らが招かれた．キンチはドイツの著名な化学者 J. F. フォン・リービッヒ（1803～1873）の流れを継ぐ研究者で，1877年から5年間，駒場農学校で農芸化学の教育を担った．赴任当初の駒場農学校は農学と獣医学の2科で，それらの学生に化学分析法を教えていたが，その後，農芸化学科の設立に尽力するとともに，日本の食用植物を調査するなど日本特有の食文化を海外に紹介する契機をつくった（熊澤，2012）．

　特に農芸化学研究の重要性を社会的に認識させたのは，米の生産技術の改良であった．駒場の水田を利用して3要素の適量などを検討した「稲作肥料試験」は，化学肥料を施用することの重要性とその効果を明確に示し，化学肥料工業の発展に弾みを与え植物栄養学の礎を築いた．キンチの後任である O. ロイプ（1844～1941）は土壌肥料学や生物化学に加え，微生物学を導入し発酵化学や農産製造学の発展に貢献した．それらの研究を通して，足尾鉱毒事件の調査で銅による汚染を実証した古在由直（1864～1934），米糠からオリザニ

ンを発見し脚気（かっけ）の予防に使えることを示した鈴木梅太郎（1874〜1943）など，多くの著名な日本人研究者が育成されたのである．

5.1.3 現在の農芸化学における研究

京都大学や九州大学に農芸化学科が新設されたのは大正末期であり，さらに日本各地にある農学部に農芸化学科が設置されたのは太平洋戦争後のことである．それから現在まで，農芸化学の研究手法は著しく進歩し研究対象も大きく広がった．現在の農芸化学なるものを正確に把握することは容易ではないが，その一助として2015年度大会における2000件を超える口頭発表のジャンル分けを示すと，酵素，有機化学，糖鎖生化学・糖鎖工学，微生物，植物，動物，食品，環境，生物化学工業，新技術となっている．

5.1.4 ジュニア農芸化学会

農芸化学への興味を大学入学以前からもってもらう目的で，大学の先生が小中高等学校へ出前授業を行うとともに，日本農芸化学会は2006年度の大会からジュニア農芸化学会（ポスター発表会）を開催している．全国の高等学校の化学，生物，生活科学クラブを対象に募集し，例年50件を超える研究成果が発表されている．学会員との活発な質疑応答をふまえポスター賞が決定され，「卵の殻を用いたリサイクル発電：燃料電池への応用」（2013年），「卵殻膜が食品の劣化防止剤に生まれ変わるリサイクル方法の開発」（2014年），「白色のカニと青色の光：ハクセンシオマネキの行動と光の波長」（2015年）などの発表に金賞が贈られている．

5.2
微生物の利用

5.2.1 多様な微生物

一般に，顕微鏡でないと観察できない生物を微生物とよぶ．細菌（バクテリア）は核膜をもたない原核生物で，細胞壁に厚いペプチドグリカン層をもつグラム陽性菌（枯草菌や乳酸菌など）と，薄い層をもつグラム陰性菌（大腸菌やサルモネラ菌など）とに分けられる．一方，真菌（カビ）は多数の真核細胞が連なった糸状の菌糸の形態を有することから糸状菌ともよばれ，減数分裂で生じる胞子で増殖する．きのこなどを形成しそこにある担子器に4つの胞子を作る担子菌類と，アカパンカビのように子嚢（しのう）とよばれる袋状の器官内に8つの胞子を作る子嚢菌類に大別されている．たとえば酵母は単細胞性の真菌で，多くは子嚢菌類に属する．放線菌はグラム陽性細菌であるが細胞が連なって増殖し，*Streptomyces* 属などの典型的な放線菌では菌糸を伸ばして胞子を形成するので糸状菌のように見える（塚越，2004）．

微生物の研究には対象とするものだけを純粋に培養することが重要だが，現在培養できるのは全微生物の中の約1%であるともいわれており，自然界には機能も生態も知られていない難培養微生物が膨大に存在する．また一般的な動植物が生育できないような温度，pH，圧力，塩濃度などの過酷な条件でも育つ極限環境微生物もいる．これらは生育を支える特殊な能力を備えていることが期待され，さかんに研究が行われている．

たとえば好アルカリ性菌が生産するセルラーゼは洗剤に添加され利用されている．洗濯液はアルカリ性であるため通常の酵素は機能しないが，アルカリ性でも機能する好アルカリ性菌の酵素は衣類の繊維を少しほぐし，繊維に入り込んだ汚れを洗い出す効果を発揮する．

5.2.2 共生微生物

ウシのような反芻（はんすう）動物やシロアリなどでは，消化管内に共生する微生物が植物中のセルロースを分解し利用可能なエネルギー源を宿主に供給していることは古くから知られている．ヒトの腸管内にも数百種類ものバクテリアが常在し，種類と個

体数ともに一定のバランスを保持した腸内フローラとよばれる生態系を形成している．ヒトの健康が注目されている昨今，その実態が詳しく理解されるようになった．健康にとって有益な乳酸菌やビフィズス菌を「善玉菌」，大腸菌など悪影響を及ぼすものを「悪玉菌」とよび，生きたまま腸に到達可能な乳酸菌を含むヨーグルトが特定保健用食品として販売され，また善玉菌のみが栄養源とするオリゴ糖は機能性食品に利用されている．

シロアリだけでなく多くの昆虫が共生微生物の恩恵を受けている．植物の樹液のみを吸うカイガラムシのように，摂取する食物が限られている昆虫では，共生微生物が多種のアミノ酸を供給している．さらに最近の研究で，共生細菌がヒゲナガアブラムシの体色を変化させたり，チョウやガにおいては性の決定を制御していることが明らかになり，昆虫の生理を人為的にコントロールするための基礎的な知見として注目されている．

植物では，マメ科植物と根粒菌が典型的な共生関係を構築している．根粒菌は共生的窒素固定をするグラム陰性の土壌細菌で，空気中の窒素をアンモニアに変換して寄主に利用可能な形にし，植物からは光合成の産物である炭素源を受け取る．日本でのダイズ生産には土着の根粒菌が活躍しており，また生育の良いクローバーやレンゲソウは古くから土壌改良や土壌にすき込む緑肥として使われている．

根のまわりは，根から浸み出す有機酸などで比較的栄養価の高い環境になっている．根圏微生物は根のまわりに生息する微生物で，土の養分を作物が吸収しやすい形態に変えたりすることで植物との共生関係を築いていることが考えられる．特に，根圏微生物が根圏環境を支配し植物病原菌の根への感染を防いでいるという観点から，有機栽培土壌の重要性が指摘されている．

5.2.3 ▶ 発 酵

医学におけるコレラ菌やジフテリア菌などの病原微生物の研究に対峙する形で，農学においては発酵や醸造に関わる有用微生物の歴史的な研究がある（一島，2012）．発酵とは微生物が種々の有機物を分解あるいは変化させて有用な産物を作り出す現象を指し，たとえば酵母が糖をアルコールにする過程をアルコール発酵，乳酸菌が糖を乳酸にするものを乳酸発酵とよぶ．微生物による発酵を利用した食品は数多くあり，ヨーグルト，チーズ，パン，納豆，味噌，アンチョビ，ピクルスなどはみな発酵食品である．発酵食品は，微生物というものがまだまったく知られていない時代から，経験によって作り続けられてきたものであるが，自然科学の発展に伴い重要な役割を担っている微生物の実体とその機能が理解されるようになった．さらに嗜好性の高い食品の効率的な生産に向け，新たな菌株の発見や育種も行われている．

うま味成分であるグルタミン酸などをはじめとして，医薬や化粧品の原料としても多くのアミノ酸が活用されている．アミノ酸は古くはコムギやダイズのタンパク質を加水分解して作っていたが，現在は各種微生物を利用した発酵法により製造している．これはすなわち，アミノ酸を体外に排出する微生物がいるということである．アミノ酸は微生物においても重要な生体の構成成分であり，それを排出するようなことは考えにくいが，1956年日本において，廃糖蜜を炭素源としてグルタミン酸を選択的に生産するグラム陽性の土壌細菌の単離に成功した．この発見が契機となり，種々のアミノ酸，イノシン酸やグアニル酸などのヌクレオチド，その他の核酸物質や補酵素などの発酵生産も可能となっている．これらの成果は産業的な面で大きな成功を収めただけでなく，微生物の代謝生化学研究にも多くの発展をもたらし高く評価されている．

家畜ふん尿処理におけるメタン発酵法は，有機物からメタン菌などのはたらきでメタンガスを発生させエネルギー源とする技術で，地球温暖化防止，循環型社会の形成などの観点から注目され，

図 5.1 豚ふん尿メタン発酵施設
(写真提供：豊田剛己氏)

日本においてもそれを利用した発電施設が稼働している（図 5.1）．コストや発酵残渣（消化液）の利用方法など課題も少なくないが，化石燃料に依存しないエネルギー生産として普及が期待されている．

メタン菌は通常のバクテリア（真正細菌）とは異なるアーキア（古細菌）のグループに含まれるメタン生産能を備えた原核生物の総称で，動物の消化器官や沼地，海底堆積物，地殻内に広く存在し，地球上で放出されるメタンの大半を合成している．さまざまな微生物のはたらきで発酵槽中の有機物が酢酸や二酸化炭素に分解され，メタン菌はそれらを嫌気的な条件下でメタンに変える特殊な酵素群を有している．ただし発酵槽中の微生物群の実体は明らかでなく，微生物の分離や育種などはあまり行われていないのが現状である．

5.2.4 醸　造

醸造とは，発酵を利用してアルコール飲料や醤油や酢などの調味料を製造することである．ほとんどのアルコール飲料の生産には酵母が使用されており，これはグルコースなどの糖が解糖系でピルビン酸に分解された後に嫌気的条件下でエタノールが作られる作用を利用している．ワインやブランデーはブドウに含まれる糖が原料であるのに対して，ビール，ウイスキー，日本酒などは酵母が直接アルコールへと変換できない穀物中のデンプンが原料である．ビールとウイスキーの場合は発芽したオオムギ（麦芽）に含まれるアミラーゼがデンプンを糖化してくれるが，日本酒では蒸した米にコウジカビを繁殖させた麹を利用して糖化を行っている．コウジカビは未だ有性生殖世代が見つかっていない不完全菌で，何世代でも安定して同じ菌糸体を培養できる．各酒造所が伝統のある独自の種麹を酒米に混ぜ合わせる「麹造り」の工程が印象的で，コウジカビがアルコールを作っているような誤解を招くが，アルコール発酵そのものはやはり酵母が行う．古くは酒蔵に住み着いていた酵母の自然な混入にゆだねていたが，出荷する日本酒の品質を安定化させるために菌株の選別や育成がなされ，最近では独特の香りを作り出すような酵母も使用されている．

5.2.5 抗生物質

1928 年にアオカビ（*Penicillium notatum*）による抗菌物質の生産が見出され，ペニシリン（図 5.2 a）と命名されたその物質は 1940 年に単離された．また 1943 年には *Streptomyces* 属の放線菌から結核の特効薬であるストレプトマイシン（b）が単離され，その後の多くの抗細菌薬の発見へと発展していった．やがて細菌以外による感染症も多く知られるようになり，さらに抗腫瘍物質なども発見された結果，微生物が産生し，なんらかの薬効を示す化合物を総じて抗生物質とよぶようになった．現在までに数千とも数万ともいわれる抗生物質が発見されており，天然物を化学的に修飾して改良した抗菌薬や，合成のみで作られたものも利用されている．それらの発見や開発には，日本で培われた発酵や醸造における微生物研究の知識が大きく貢献している．エバーメクチン（アベルメクチン）は，アフリカなどで寄生虫が引き起こすオンコセルカ症の治療薬として用いられている．多くの人を失明の危機から救った成果が高く評価され，2015 年にはその発見と開発を行った大村智北里大学教授にノーベル生理学・医学賞が

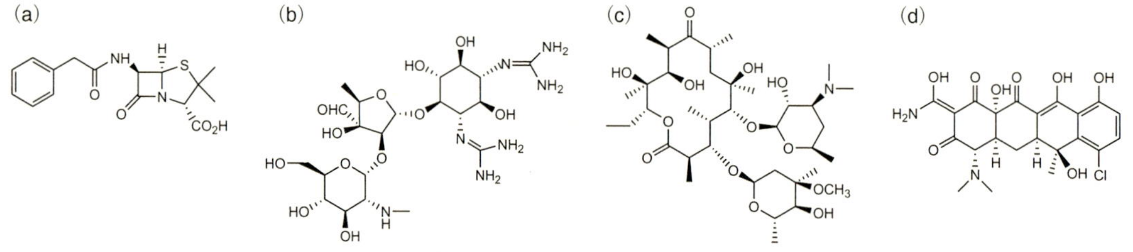

図5.2 代表的な抗生物質
(a) ペニシリン, (b) ストレプトマイシン, (c) エリスロマイシン, (d) クロルテトラサイクリン

授与された

　微生物がこのような物質を生産する理由は，競争相手である他の微生物を駆逐するためと考えられるが，実態は明確でない．化学構造は複雑なものが多く（図5.2），微生物の生合成能の多様性と凄さがうかがわれる．ペニシリン（a）など4員環のアミド構造をもつ β-ラクタム系，ストレプトマイシン（b）などアミノ基をもつ糖を含むアミノグリコシド系，エリスロマイシン（c）など14～16員環のラクトン構造をもつマクロライド系，クロルテトラサイクリン（d）など4環式構造を基本骨格とするテトラサイクリン系，さらにペプチド系抗生物質などが知られており，それらが示すさまざまな作用点も明らかにされている．たとえばペニシリンが阻害するのは細胞壁合成であり，細胞壁をもたない動物細胞には影響しないため理想的な抗生物質として位置づけられる．またストレプトマイシンはタンパク質合成という重要な作用を阻害するが，作用点であるリボソームの構造がヒトと細菌で異なるため，ヒトの治療に使用できる．ただし，ペニシリンショックとよばれる急性アレルギー反応や，ストレプトマイシンによる聴神経障害などの副作用を引き起こすこともある．

　ストレプトマイシンの発見により放線菌は多くの研究者の注目を集め，これまで発見された抗生物質の約2/3は放線菌の生産物であるといわれている．放線菌は自然界に広く分布しているが，特に土壌中に高密度で生息しており，世界中のさまざまな土地から多くの菌株が分離され研究に供さ

れてきた．すでに膨大な探索研究が行われているため新規な抗生物質の発見は容易ではないが，耐性菌が出現するため，新しいタイプの抗生物質の発見は望まれ続けている．

　植物もさまざまな微生物によって病気になり，特に真菌による病気での被害が多い．抗生物質を植物病原菌の防除に利用することは日本でいち早く試みられ，1962年に子嚢菌によるイネいもち病の防除剤としてヌクレオシド系の化合物であるブラストサイジンS（図5.3 a）が，1965年にはアミノグリコシド系のカスガマイシン（b）が農薬として登録された．その後，担子菌によるイネ紋枯病や子嚢菌による野菜のうどんこ病に有効なポリオキシン（c）など，*Streptomyces* 属の放線菌から多くの農業用殺菌剤が開発されている．またマクロライド系のアバメクチン（d）は殺虫・殺ダニ剤として1986年に農薬登録され，他にもいくつかの殺虫性抗生物質が知られている．さらに，*Streptomyces* 属の放線菌から殺草活性を示すビアラホス（e）が同定された．2分子のアラニンとリン原子を含むアミノ酸からなる興味深い構造の化合物で，多くの植物に作用する反面，根からの吸収移行は示さず種子の発芽に影響がないため，非選択性の茎葉処理型除草剤として利用されている．

5.2.6 ▶ 生態系における役割

　地球にこれほど多くの生物が住めるのは，物質循環が正常に機能し安定した環境が持続して存在するからで，その重要な部分を担っているのは微

78　　第5章 農芸化学

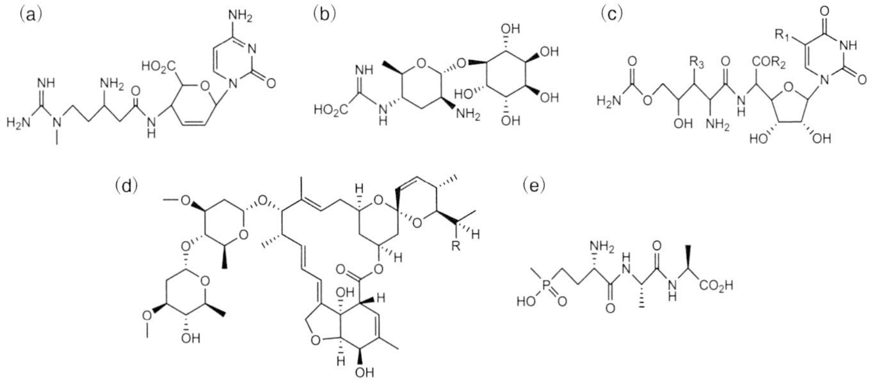

図 5.3　代表的な抗生物質系農薬
（a）ブラストサイジン S，（b）カスガマイシン，（c）ポリオキシン，（d）アバメクチン，（e）ビアラホス

生物である．種々の微生物が植物や動物の死骸，排泄物などを分解し，次世代の生物が利用できる形に再生する役割を自己増殖の結果として果たし続けている．

ところで，森のなかでよく見かける倒木は完全に朽ち果てるまでに比較的長い年月を要する．その原因の一つは，木材中のリグニンである．リグニンはフェノール性化合物が重合した疎水性の高分子で，細胞壁のセルロースやヘミセルロースの繊維の間を埋め頑丈な地上部を形成するはたらきを担う．木質成分の 20〜30% を占め，比較的大量に存在するが，動物は食べても消化できない．パルプの生産過程でも大量に排出され，廃棄のための化学分解にコストのかかる厄介な副産物である．自然界では担子菌類である白色腐朽菌がリグニンを分解できることが知られており，難分解性の高次構造を酸化的に開裂し低分子化する過程が明らかになって，パルプ廃液処理への応用が検討されている．興味深いことにこの酸化酵素は基質特異性が低く，リグニンだけでなく種々の非フェノール性芳香族物質を直接酸化できることから，ダイオキシンなどの難分解性汚染物質の生物環境浄化（バイオレメディエーション）への白色腐朽菌の利用も進みつつある．

5.3 植物を巡る化学物質

5.3.1 ▶ 植物ホルモンの多様性とそのはたらき

植物は，種子からの発芽と器官の分化，根からの窒素源などの吸収と葉での光合成を基盤とした栄養成長，花芽の形成，生殖成長としての種子の生産，老化という生活史を備えている．さらに光や水など環境の変化にも対応する能力を備えており，それらは植物ホルモンによってコントロールされている（小柴・神谷，2010）．

ホルモンとは，生体が体内で生産し同一個体においてある特定の生理作用をもたらす化学物質として定義される．動物に比べて植物のホルモンは分泌器官と標的器官が明確でなく，また作用する場所，濃度，時期により同一の物質でもはたらき方が異なるなど，複雑な様相を示す．

屈光性の研究過程で植物ホルモンとして最初に構造決定されたインドール-3-酢酸（IAA，図5.4 a）は，適度な濃度で細胞伸長を促すオーキシンの一つで，そのはたらきは多岐にわたり，細胞分裂や発根の促進，頂芽優勢，落葉の抑制，子房の肥大成長などさまざまな生理現象に関わっている．一方，サイトカイニンは細胞分裂を促す物質として研究された物質群で，アデニン骨格を有

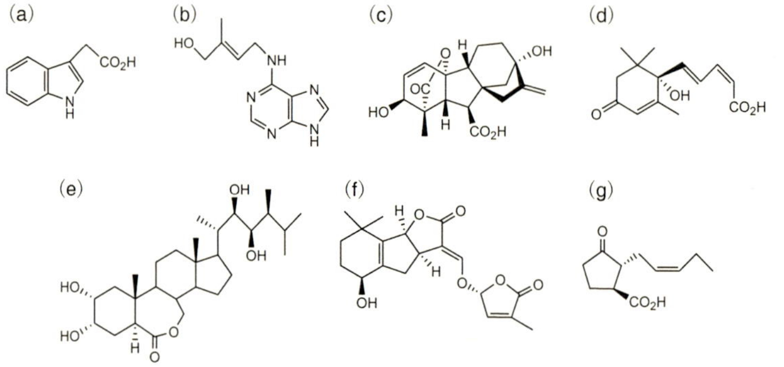

図5.4 代表的な植物ホルモン
(a) インドール-3-酢酸（IAA），(b) ゼアチン，(c) ジベレリン（GA₃），(d) アブシシン酸，
(e) ブラシノライド，(f) ストリゴール，(g) ジャスモン酸

するゼアチン（b）などが発見されている．

　イネの茎を異常な長さにしてしまうぼか苗病菌の培養液から，その原因物質としてジベレリン類（GA$_1$, GA$_2$, GA$_3$（c）の混合物）が構造決定された．その後，類似した成分がタケノコの煮汁から発見され，植物中で普遍的に生産され植物の体を生長させるホルモンであることが明らかになった．3環性のジテルペン酸としての共通な構造を含む130を超えるジベレリン類が構造決定されている．一方，落葉を促進する物質として見出されたアブシシン酸（d）は，発芽を抑制し種子休眠を誘導する．また気孔を閉鎖し蒸散を抑えることから，植物に乾燥耐性をもたらすはたらきもある．アブシシン酸の生合成は乾燥ストレスで進行することがわかり，その基礎研究が乾燥地向け作物の育種へと発展することが期待されている．果実の熟成をもたらすエチレンは，アミノ酸であるメチオニンから生合成される気体で，多くの植物で成長や花芽形成を抑制する．また病原菌の攻撃による組織の損傷時に生産されたエチレンが，抗菌タンパク質の生産を誘導するという防御機構も知られている．

　ナタネの花粉からステロイド骨格を有するブラシノライド（e）が発見された後，現在までに40以上のブラシノステロイド類が構造決定されている．胚軸を伸長させるような特異な生理活性をきわめて低濃度で示すものの，植物の基本的な成長調節との関係が不明であったが，ブラシノライドはその生合成に関わる遺伝子を欠損し草丈が低いシロイヌナズナの突然変異株に対して草丈を伸ばす効果を示すことから，植物ホルモンとして位置づけられるようになった．動物や昆虫に加えて，植物もステロイド系の化合物をホルモンとして活用していることは，たいへん興味深い．根寄生雑草ストライガはアフリカのイネ科作物に甚大な被害をもたらしており，その発芽刺激物質としてワタの根滲出液からストリゴール（f）が構造決定され，その後に単離された10種類ほどの3環性のラクトン構造を有する関連化合物をストリゴラクトン類とよんでいる．最近の研究で，植物に普遍的に存在し枝分かれを抑制するはたらきを担う植物ホルモンであることが明らかにされている．また，ジャスモン酸（g）やベンゼンの誘導体であるサリチル酸は，古くから植物中に見出されている物質であるが，近年，病原微生物に対する抵抗性を誘導することが知られるようになった．

5.3.2 植物の化学調節

　植物生理学における最大の関心事の一つは花芽形成，すなわち花をつけるタイミングを制御することである．花芽形成の作用をもつ花成ホルモン（フロリゲン）はHd3a/FTというタンパク質であることがわかっているが，これは分子が大きく（分子量約20000），植物に与えても植物体の細胞

膜を通過できず，細胞内に存在する受容体に結合できない．つまり，Hd3a/FT を用いても人為的に花芽形成は操作できない．Hd3a/FT の受容体に同様な作用を引き起こす低分子化合物の開発が待たれるところである．

一方，オーキシンなどの分子量が比較的小さい有機化合物は容易に細胞内に取り込まれることから，植物の化学調節剤として利用可能である．合成オーキシン類は挿し木の発根促進剤，トマトなどの着果促進剤として利用され，ミカンでは逆に摘果剤として用いられている．ジベレリンは植物の伸長を促進し，その生合成阻害剤は植物の矮化を引き起こす．コンパクトな観賞用植物の生産やイネなどの倒伏防止剤としての効果も確認されている．またブドウのデラウェア種では開花の前後にジベレリンを処理することで種なしになる．果粒の肥大化をねらった過程で発見された意外なはたらきである．また水溶液中で分解しエチレンを発生するエテホンという有機リン剤は，バナナの追熟やジャガイモの萌芽抑制に用いられている．

5.3.3 ▶ 雑草防除

2,4-D などの合成オーキシン類はホルモン作用を攪乱するもので，広葉植物に対して殺草作用が強く，第二次世界大戦直後から使われた．その後さまざまな構造の除草剤が開発され，それらは光合成，クロロフィル生合成，アミノ酸生合成，タンパク質生合成，カロチノイド生合成，細胞壁形成，細胞分裂など，さまざまな生理作用を阻害することが明らかにされている．

農地では，作物には影響せず，雑草の生育のみを抑制するような薬剤が求められる．ヒエのようなイネ科雑草だけを対象とするもののように，高い選択性を示す除草剤が，多数の合成化合物のスクリーニングから見出されている．

さらに遺伝子導入技術の発展により，除草剤に耐性のあるトウモロコシなども栽培されるようになった．微生物から除草剤を分解する酵素などを発見し，その遺伝子を作物に導入することにより除草剤耐性を獲得させ，非選択性除草剤を散布した圃場で，雑草との競合がない状態で栽培する技術が確立している．日本ではこのような栽培方法は現時点では認可されていないが，米国を中心にダイズ，ジャガイモ，ナタネ，ワタなどで広く行われている．

5.3.4 ▶ ファイトアレキシンとアレロパシー

正常な植物体内にも抗菌活性を示す化合物は存在するが，積極的な防御機構として病原菌の侵入後に植物は新たに抗菌的な二次代謝産物を生産する．このファイトアレキシンは植物種ごとに化学構造が異なり，テルペン系化合物，フラボノイド類，フラン誘導体などが同定され，イネからはモミラクトンなど 10 を超えるジテルペン類が報告されている．ファイトアレキシンの生産や感染の拡大を防ぐ周辺細胞でのアポトーシスなど，植物の生体防御反応の引き金となる物質をエリシターとよぶ．エリシターとして菌側の細胞表面に存在する糖タンパク質などが考えられ，先に記述したように，それによる刺激は感染部位にとどまらずジャスモン酸（図 5.4 g）やエチレンなどのシグナル植物ホルモンのはたらきで全身さらには他個体にも及ぶ．このような防御機構を踏まえて，殺菌効果はないが全身獲得抵抗性を引き起こす殺菌剤が実用化されている．

一方，ある生物が他種の生物に対して何らかの影響をもたらす現象をアレロパシー（他感作用）とよび，植物間では植物群落の形成，侵入した帰化植物の異常繁殖，農業における連作障害（忌地現象）などに深く関わっていると考えられている．たとえば，セイタカアワダチソウからはいくつかのアセチレン化合物が同定され，他種の幼植物の生育を阻害していることが，アカクローバーは高濃度にフラボノイド類を含み，それらの土壌中の分解物が新たな発芽を妨げていることが知られて

5.3 植物を巡る化学物質 *81*

いる.

5.4
哺乳動物や昆虫の生理とその制御

5.4.1 ▶ ガンとの闘い

人間の病気は医学や薬学の領域であるが,ガンの発症メカニズムの解析や治療法の開発は容易ではなく,さまざまな分野の研究者が英知を集結して取り組むことが必要であり,農芸化学の多くの研究者も参画し貢献している.たとえば,ニチニチソウが作るビンカアルカロイド類は微小管の形成を阻害して細胞分裂を停止させるため,殺細胞性の抗ガン剤として用いられる.

5.4.2 ▶ 動物のホルモン

動物の成長もホルモンにより制御されており,性成熟や繁殖の制御,さらに外界の刺激に対応しながら体内の状態を一定に保つ恒常性維持(ホメオスタシス)のはたらきを担っている.ヒトでは脳下垂体,松果体,甲状腺,副甲状腺,膵臓,副腎,精巣,卵巣,胎盤などのいろいろな組織から数十種類にものぼるホルモンが分泌されており,それらの作用は決して単純ではない.たとえば視床下部は食欲,睡眠,水分や塩分調節,体内時計に関わる中枢であるが,脳下垂体を刺激するホルモン(甲状腺刺激ホルモン放出ホルモン,TRH)なども分泌する.そのホルモンに刺激された脳下垂体は甲状腺刺激ホルモン(TSH)を放出し,その結果として甲状腺はチロキシン(図5.5 a)などの甲状腺ホルモンを分泌し細胞の代謝を亢進させ

ている.このような複雑な調整機構の研究は生命現象の解明における醍醐味の一つであり,また家畜など動物全般の健康や繁殖などにおける応用面からも重要である.

動物のホルモンは化学構造から大きく3つのグループに分けられる.TRHのような放出ホルモン類やTSHのような刺激ホルモン類はポリペプチドであり,チロキシンやアドレナリン(b)はアミノ酸誘導体,性ホルモンやコルチゾール(c)はステロイドである.TRHは3つのアミノ酸からなる小さなペプチドで,TSHは約100個のアミノ酸からなる2つのサブユニットで構成されている.いずれも細胞膜を通過できないため細胞膜表面にある受容体に結合し,その刺激はセカンドメッセンジャーを介して核に伝えられる.一方,細胞膜を通過できるチロキシンやステロイドホルモンは,まず細胞質内にある核内受容体に結合し,その後に核内に移行してDNAの転写を制御する.チロキシンはヨウ素を含む珍しい構造をしており,原発事故の際にヨウ素剤を服用するのは,チロキシン生合成の原料として甲状腺が蓄積するヨウ素に,放射性同位体である^{131}Iが入り込まないようにするためである.アドレナリンは世界で最初に単離されたホルモンで,副腎髄質から分泌されストレスに瞬時に対応して血糖値を上げるはたらきがある.低分子であるが極性が高いため細胞膜は通過できず,そのグリコーゲン酸化酵素を活性化する機能は細胞膜にある受容体を介して発揮される.

インスリンは糖尿病の治療薬として広く知られているホルモンで,血糖値を低下させるはたらき

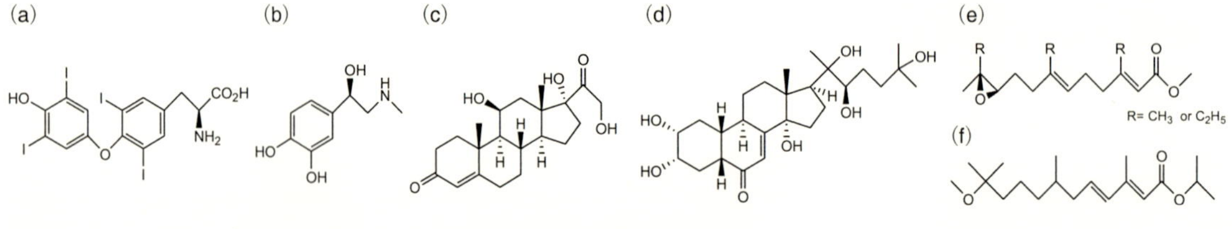

図5.5 動物と昆虫のホルモン
(a) チロキシン,(b) アドレナリン,(c) コルチゾール,(d) 脱皮ホルモン (20-ヒドロキシ体),(e) 幼若ホルモン,(f) メトプレン

82 第5章 農芸化学

がある．インスリンのアミノ酸配列はポリペプチド類（タンパク質）の最初の決定例として1951年に明らかにされ，生体からの抽出法，ラジオイムノアッセイを用いた定量法の確立と，インスリンの研究に与えられたノーベル賞は3つある．血糖値を上昇させるホルモンにはグルカゴン，アドレナリン，コルチゾールなどがあるが，下げるはたらきをするのはインスリンだけである．血糖値を下げるより上げる仕組みが多いのは，ヒトもほかの多くの動物と同様，長い進化の歴史の中では基本的に飢えていることが多かったためであろう．インスリンの分泌や機能の低下は致命的で，その食生活との関連なども調査され糖尿病の予防に役立てられている．

成長ホルモンは，脳下垂体前葉から分泌される約200個のアミノ酸からなるポリペプチドである．骨や筋肉の細胞増殖を刺激し成長を促すはたらきがあり，低身長症の治療などに使われるが，ドーピング防止規定における禁止物質でもある．ただし，成長という根源的な現象は1つのホルモンだけで制御されているのではなく，インスリン様成長因子（IGF）と名づけられたホルモンとの共同作業として，さまざまな組織の細胞の正しい分裂と肥大化がもたらされている．IGFは一本鎖のポリペプチドであるが，インスリンと似た高次構造を有しており，インスリンファミリーとして共通の起源が想定されている．カイコの脳からはインスリンと高い相同性をもつ多数のボンビキシン類が同定され，またショウジョウバエにも7つのインスリン様ペプチド遺伝子が存在しており，動物の進化の過程でどのようにしてホルモンとしての機能を獲得し役割分担をするようになったのか，多くの生物種での研究が望まれる．

5.4.3 ▶ 昆虫のホルモン

日本には長い養蚕業の歴史があり，カイコを中心に昆虫生理が追究されてきた．昆虫の体は小さく，ホルモン量も微量で研究のハードルは高いに

も関わらず，巧みな戦略と努力により多くの成果が得られている（日本比較内分泌学会，1998）．

昆虫の成長過程は脊椎動物とはかなり異なるが，やはりホルモンにより制御されており，1963年には脱皮を促す脱皮ホルモン（エクジソン）が構造決定された．ステロイド骨格を有する化合物であり，活性本体である20-ヒドロキシ体（d）は体表の細胞に作用し新しい表皮の形成を促すはたらきがある．一方，脳に神経で連結しているアラタ体という器官からは幼若ホルモン（JH，e）が分泌され，エクジソンがJHの存在下で作用すると幼虫脱皮が，また非存在下で蛹や成虫への変態が引き起こされる．JHはセスキテルペン系の化合物で，哺乳動物は同様な化合物をホルモンとしていないためJHをリード化合物とした選択性の高い殺虫剤の可能性が考えられ，実際にメトプレン（f）などいくつかの類縁化合物が実用化されている．興味深いことに，エクジソンやJHの分泌は，脳から分泌されるポリペプチドホルモンによって制御されている．

トノサマバッタのように活発な飛翔をする昆虫には，脂質動員ホルモンがある．脳とアラタ体の中間に位置する側心体から分泌され，リパーゼの活性を高めて脂肪の分解を促進し，飛行エネルギーを供給する．エビの赤色色素凝集ホルモンと似た配列をしており，多数の昆虫や甲殻類から同様なペプチドが報告されている．また後腸の縦走筋や骨格筋の収縮に関わるホルモンとして，プロクトリン，ミオキニン，ピロキニンなどと命名された20アミノ酸残基以下のペプチド類が，ゴキブリなどから数多く同定されている．さらに最近，カイコの脂肪組織で産生されるHemaPという物質が，摂食促進作用をもつことがわかった．

温帯地方に生息する昆虫の多くは，越冬にそれなりの戦略をもって対応している．たとえばモンシロチョウは本州で長日条件下5～6世代を繰り返し，秋の短日条件下では低温に強い休眠蛹となり冬を越す．気温や日長などのシグナルが蛹休

5.4　哺乳動物や昆虫の生理とその制御　　*83*

眠を引き起こすホルモンを分泌させると考えられるが，その実体はいまだ明確ではない．養蚕で使用されている一化性のカイコの卵はすべて休眠卵という状態で，低温にさらしてはじめて孵化できるようになる．遺伝的に非休眠卵のみを産む多化性の系統も存在するが，その雌の蛹に通常の雌から調製した食道下神経節の抽出物を注射すると休眠卵も産むようになる．これを生物検定法として休眠ホルモン（DH）が精製され，24アミノ酸残基からなるペプチドが構造決定された．また，フェロモンの生産を促す33アミノ酸残基からなるフェロモン生合成活性化神経ペプチド（PBAN）も同定されている．以上述べたように，昆虫独自のホルモン制御に関しては多くの研究成果があり，これらの知見をいかに害虫防除などに役立てていくかは今後の重要な課題である．

▊5.4.4 ▶ 昆虫のフェロモン

1878年から30年間にわたって書き綴られたファーブルの昆虫記は，昆虫の世界のおもしろさを今も色あせることなく伝えている．雌のオオクジャクガを使った実験では，姿が見えないように隠しても隙間があれば屋外から多数の雄が飛来することを確かめ，なんらかの匂いが原因であることを突き止めている．その後，カイコを材料に雌成虫が分泌する匂いの化学構造の追究がドイツで1940年頃から始まり，その過程でギリシャ語のpherein（運ぶ）とhormon（刺激する）からpheromone（フェロモン）という言葉が提唱され，「体内で生産された後に体外に排出され，同種の他個体に特異な行動を引き起こす物質」と定義された．クロマトグラフィーの技術があまり発展していない時代に微量な油状物質を精製することはたいへん難しく，最初のフェロモン同定例となるボンビコール（図5.6 a）の構造決定には20年以上の歳月を要している（安藤，2012）．

その後，昆虫にかぎらず微生物から哺乳動物まで，多くの生物が化学物質を利用して個体間のコミュニケーションを行っていることがわかり，酵母における有性生殖過程の接合管誘導に関わるフェロモンや，イモリの雄が放出するフェロモンが構造決定されている．

昆虫ではボンビコールのように雌雄間のコミュニケーションに使われる性フェロモンに加えて，さまざまな機能を有するものが知られている．キクイムシ類では，加害に成功した少数の成虫（一次加害虫）が集合フェロモンを分泌し，雌雄を限定せず多くの仲間（二次加害虫）を呼び集め樹木に多大な被害を与える．また，外敵に襲われたアリマキは，仲間に危険を知らせるため警報フェロモンを放出する．シロアリやアリなどの巣を形成する社会性昆虫では，餌場と巣との間を道しるべフェロモンでマークし，誤ることなく帰巣できる仕組みを獲得している．一方ミツバチでは，女王物質のような階級分化フェロモンがある．女王バチの大顎腺から分泌され，働きバチの卵巣の発達を抑制するとともに，新たな巣を作る分封においては働きバチを誘引・拘束する機能がある．

空気中を揮散するフェロモンでも分子の大きさはさまざまで，コガネムシが分泌する炭素数4（C_4）のアルコール（b）から大きなものとしてはドクガが分泌するC_{26}のエステル化合物（c）などがある．またハエの体表に存在する炭化水素のように，C_{30}以上で揮発性が乏しく感覚器官でじかに触れて感知するフェロモンも存在する．多

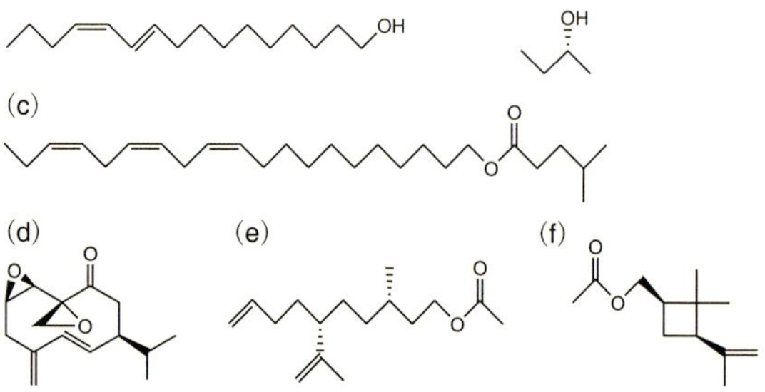

図5.6 昆虫の性フェロモン
(a) カイコ（ボンビコール），(b) ケブカアカチャコガネ，(c) ゴマフリドクガ，(d) ワモンゴキブリ，(e) アカマルカイガラムシ，(f) クロテンコナカイガラムシ．

様な新規化合物が数多く構造決定され，有機分析化学のみならず合成化学の興味深いターゲットとなっている．特に不斉中心を含む場合，立体異性体を人工的に合成しないかぎりフェロモンの認識に立体化学がどのように関わっているのか知ることはできず，不斉合成技術の発展を促してきた（森，2002）．

ゴキブリやカイガラムシも興味深い構造の性フェロモン（図5.6 d～f）を分泌するが，なんといっても性フェロモンの研究が最も進んでいる昆虫は農業害虫を多数含むガ類で，現在670ほどの種においてその構造が報告されている．ガ類昆虫は地球上に16万種ほどが生息しているといわれており，その数から考えるとまだかぎられた知見しか得られていないことになるが，生理活性物質がこれほどまでにいろいろな種で研究された例はほかにないと思われる．ガ類性フェロモンの多くはボンビコールと同様にアセチルCoAから生合成され，C_{10}～C_{18}で二重結合を1～3個含む直鎖脂肪族不飽和アルコールとその酢酸エステル，あるいはアルデヒドである．一方，比較的進化したグループのガ類昆虫からは，食餌由来のリノール酸とリノレン酸から生合成されるC_{17}～C_{23}の直鎖不飽和炭化水素とそのエポキシ化物が見つかっている．また少数ながら，メチル分岐を有する化合物も同定されている．いずれも比較的単純な化学構造をしているが，官能基の種類，直鎖の炭素数，二重結合の数と位置や幾何異性の異なる多様な化合物を上手にブレンドし，種の維持の基本である生殖隔離に必要な種固有の性フェロモンが構築されている．

野外にいる雄に対して強い誘引活性を示すガ類の合成フェロモンは，誘蛾灯に代わる発生予察用トラップの誘引源として利用されている．一方，トラップで大量に誘殺し害虫の密度を下げることが試みられたが，生き残った雄が多数の雌と交尾してしまうため多くの場合十分な防除効果は得られない．しかしながら合成フェロモンをポリエチレンチューブに封入し，それを適当数設置することで圃場全体に性フェロモンの匂いを充満させ，雌雄間のコミュニケーションを妨害することが可能であることがわかり，交信攪乱法として実用化されている．通常の殺虫剤と異なり，ほかの生物，特にクモなどの天敵に無害であることから，生態系に配慮した環境にやさしい防除法である．最近，カイガラムシの合成フェロモンも同様の利用法が試みられている．

種内ではたらくフェロモンに加え，異なった種の間で機能する化学物質も研究されてきた．それらを体系的に理解するため，生産する側に利益をもたらす物質をアロモン，受容する側に利益をもたらすものをカイロモン，両者に利益をもたらすものをシノモンとして区別している．たとえば，カメムシが外敵から身を守るために出す嫌な臭いはアロモンであり，寄生バチが産卵場所の手がかりとする寄主の体表物質はカイロモンで，花粉を伝播してくれるチョウを呼び集める花の香りはシノモンである．種内ではたらくフェロモンやこれら種間ではたらく情報化学物質を取りまとめ，セミオケミカルとよぶ．昆虫にかぎらずすべての生物は互いに影響を及ぼしながら，それぞれの種の維持を図っている．その巧みな戦略を担うセミオケミカルを巡る基礎と応用を含めた学問分野として，化学生態学が展開している．

5.5
遺伝子組換え

5.5.1 遺伝子実験技術

近年の遺伝子を取り扱う技術の進歩とその普及は目まぐるしいものがあり，その結果として生命科学が大きく発展した（石田，2010）．生物の体の主要な構成成分や代謝などで機能している酵素もタンパク質であり，個々のタンパク質のアミノ酸配列を決定しているのは遺伝子であるから，遺伝子を解析しそれを人為的に操作する実験技術がも

たらす結果の凄さは明白である．有用な遺伝子を他の生物に導入する遺伝子組換えは，DNAの取り出しと細胞内への組み入れ（形質転換）の操作からなる．それらはすでに1970年代に実行されており，1979年に組換え医薬品第1号として大腸菌により作られたヒトインスリンが登場した．現在，DNAを特定の位置で切断する酵素は多数市販されており，またDNA断片をつなぎ合わせる酵素としてはファージ由来のT4 DNAリガーゼが汎用されている．大腸菌のようなバクテリアへの形質転換には，電気パルスで瞬間的に細胞に穴を開けるエレクトロポレーション法や，塩化カルシウム存在下でコンピテントセル（形質転換受容性細胞）化する方法がある．植物の場合は，有用遺伝子を結合させたプラスミドをもつ*Agrobacterium*属菌を作成してその感染により遺伝子を獲得させるアグロバクテリウム法，細胞壁の溶解でバラバラになった植物細胞にバクテリアと同様な手法を用いるプロトプラスト法，有用な遺伝子を付着させた金の微粒子を高圧ガスの力で葉などの組織に撃ち込むパーティクルガン法が行われている．

さらに1983年に開発されたポリメラーゼ連鎖反応（PCR）法によって，目的とするDNA断片の複製が容易に行えるようになった．遺伝子を取り扱う研究者が多大な恩恵を受けている技術で，DNA型鑑定や診断などにも応用されている．二本鎖DNAは高温（約95℃）で一本鎖になり，急冷（約60℃）すると再結合（アニーリング）する．増幅対象のDNA，耐熱性DNAポリメラーゼ，20塩基程度のDNA断片（プライマー），および基質である4種類のデオキシヌクレオチド三リン酸を混合し，変性とアニーリングの温度処理を行うと長い対象一本鎖DNAの一部にプライマーが結合した後，DNAポリメラーゼのはたらきで完全長の二本鎖DNAが合成される．温度の上下をn回繰り返すだけで，DNA量を理論的に2^n倍に増幅させることができる画期的な手法である．

さらにこのPCR法のアイデアをもとに，逆転写ポリメラーゼ連鎖反応（RT-PCR）や増幅率からDNAの定量を行うリアルタイムPCRが考案され，また塩基配列を決定する自動DNAシークエンサーが開発されている．RT-PCRはRNAを鋳型に逆転写を行い，生成されたcDNAに対してPCRを行う方法である．既知のcDNAの増幅だけではなく，未同定のポリペプチドに対応するcDNAにおいても，そのペプチドの属するファミリーが推定できれば保存領域のアミノ酸配列からプライマーを設計することが可能である．そのペプチドが生合成されている組織からmRNAを抽出しRT-PCR法を行うと，プライマーが結合するcDNAのみが増幅されるので，その塩基配列から知りたいポリペプチドの全アミノ酸配列を明らかにすることができる．

5.5.2 遺伝子組換え作物（GM作物）[*2]
（3.2.8項も参照）

除草剤耐性をもった作物に関しては5.3.3で述べたように，非選択性除草剤に高い選択性をもたらし除草の省力化に貢献している．加えて，減農薬を目的として害虫抵抗性や病害抵抗性作物も創出されている．土壌細菌である*Bacillus thuringiensis*はガの幼虫などに効果の高い殺虫性タンパク質（Bt毒素）を生産することから，微生物殺虫剤として利用されている．哺乳類の体にはBt毒素の受容体が存在せず，Bt毒素は毒性を示さない．Bt毒素の遺伝子をトウモロコシやワタなどに導入することで害虫の被害を防ぐことができ，米国を中心にBt毒素生産作物が栽培されている．日本での栽培は認められていないが加工用として生産物の輸入は認可され，コーン油やスナックなどの原料に使用されている．また，ハワイのパパイア栽培の難病であるリングスポットウイルス病では，病原ウイルスの外皮タンパク質の遺伝子をパパイアに導入したところ抵抗性が生まれた．これは外皮タンパク質が生成する際に，

植物が本来獲得している RNA の免疫防御システム，すなわち，小さい RNA 分子を介した病原ウイルス増殖抑制機構がはたらいたものと思われる．日本への輸入は，生食用の初例として 2011 年に認可されている．また，日本では組換えイネにおける耐病性が検討されている．コマツナから取り出したディフェンシンという抗菌ペプチドを作る遺伝子をイネに導入したところ，いもち病や白葉枯病に抵抗性を示すようになった．

ストレス耐性作物の作出も検討されている．低温や高温，塩害，乾燥などへの耐性が付与できれば，環境の変化の影響を受けずに安定した収穫が保証され，今まで栽培できなかった土地での栽培の可能性も考えられる．モデル植物としてシロイヌナズナで環境耐性遺伝子群のはたらきを調節するいくつかの転写因子が見つけられ，それらの過剰発現によりさまざまな環境ストレス耐性が現れる．研究段階のものであるが，ほかにも多くの組換え植物が検討されている．ストレス耐性の機構の詳細な解析と，それをふまえた実用化の研究がさらに進展することが期待される．

イネにおいては風による倒伏を予防する目的で草丈を低くする改変が，またビタミン A 不足の解消として前駆体の β-カロチンや，スギ花粉アレルギーの減感作療法に使うペプチドをコメに蓄積させる遺伝子組換えも試みられてきた．米国などでは，細胞間を充填しているペクチンの分解を抑制した日持ちのよい（熟しても果皮が柔らかくならない）組換えトマトや，種子油のマーガリンへの加工でトランス脂肪酸の生成が回避できる低リノレン酸組換えダイズが広く栽培されている．加えて花き栽培では，ペチュニアの青い色素を生合成する酵素の遺伝子をカーネーションに導入した組換え体が販売され，従来の育種で作り出せなかった色彩のバラなども生産されている．

5.5.3 ▶ 問題点と課題

遺伝子組換え技術は生命科学の研究手法に革命

をもたらしたが，その農業への応用に関しては多くの国で混乱が生じている．組換え技術による医薬やアミノ酸などの発酵産物と異なり，現在のところ日本では「遺伝子組み換え作物規制条例」でGM 作物の栽培は制限され，さらに禁止されている都道府県も少なくない．安全性の評価だけでは消費者に望まれる食品にはなりにくく，遺伝子という生命の根幹を人為的に操作したものへの不信感を払拭することは容易ではない．過去の育種で作られた新品種も遺伝子が変化した結果ではあるが，Bt 毒素の導入の場合は自然界で起こらないことを人為的に行っているのである．生命に関する倫理観は人によってちがい，遺伝子操作に対する許容度は異なる．従来の交配による育種と比較しながら，組換え技術の生物生産への利用の意義を正しく理解し納得してもらうとともに，次に述べるような問題点を解決することが重要である．

GM 作物の栽培は省力，省エネルギー，減農薬など大きなメリットがある反面，抵抗性の発現や環境への負荷などの問題点も指摘されている．GM 作物も長い年月栽培され続ければ必ず抵抗性をもった生物が現れることは予想され，現実に遺伝子導入したトウモロコシやダイズの圃場で，抵抗性害虫や除草剤耐性雑草の発生が報じられるようになってきた．ディフェンシン遺伝子導入のイネにおいては，広く栽培された場合の抵抗性病原菌発生の懸念から圃場試験の差し止めが求められ実用化には至っていない．圃場で GM 作物が栽培されるということは，特定の遺伝子を大量にオープンな環境にさらすことになる．その影響を事前に十分検討し，実際に栽培された場合は影響の有無をつねに監視することが求められる．特に，ダイズなど交雑可能な野生種（原種）が存在する場合，組換え作物中の外来遺伝子が花粉を通して拡散する遺伝子汚染の問題がある．導入される遺伝子によっては野生動植物の急激な減少を引き起こし，生物の多様性に影響を与える可能性が考えられる．2003 年に発行した国際協定「カルタヘ

5.5 遺伝子組換え　*87*

ナ議定書」では，GM作物などの国境を越える移動に焦点を当て，生物の多様性の保全などに悪影響を及ぼさない手続などを定めている．

日本においても遺伝子組換え作物が社会的に受容されるためには，今後さまざまな問題点を解決するとともに，一方的な情報提供ではなく，科学者-消費者間のコミュニケーションが必要で，多くの農芸化学の研究者も広く市民との対話を心がけ広報活動に取り組んでいるところである．

5.6
食 と 健 康

5.6.1 ▶ 栄　養　素

食品の栄養素に関する知見は，食品科学の中でも重要なものの一つである．栄養素に関する分野は栄養学とよばれ，日本においては，1871年にドイツから医学教師として来日したT. E.ホフマン（1837～1894）によって栄養についての知識が伝えられたことがスタートとなっている．

日本の栄養学については，1910年代がその草創期にあたり，佐伯矩（ただす）（1886～1959）が栄養学を学問として独立させたため栄養学の創始者とされている．栄養学の草創期には，食品中の栄養成分の分析や，どのような栄養素を，いつ，どれくらい食べればよいのか，といった内容が研究された．草創期の研究のなかでは，鈴木梅太郎のオリザニンの発見が農芸化学分野の際立った功績としてあげられる．1914年に佐伯によって営養（栄養）研究所が創設され，医師10名，高等師範1名に栄養に関する講義が行われた．1920年には内務省の栄養研究所が設立され，佐伯は初代所長となった．

さらに，1924年に佐伯は私費を投じて栄養学校を設立し，その卒業生には栄養士という呼称を与えた．1933年に家庭食養研究会が発足し，これは1939年に女子栄養学園となった．また，1939年に陸軍の糧友会が食糧学校を設立した．

1947年に栄養士法ができ栄養士という称号が公的なものとなり，その後1962年に管理栄養士の制度が制定された．

栄養学のなかでも根幹にある領域は栄養化学とよばれており，この分野の発展には農芸化学分野の研究者の貢献も大きい．栄養学が明らかにしようとするところは，われわれがどのような栄養素を摂取しているのか，摂取した栄養素の代謝はどのように行われるのか，摂取した栄養素が身体に与える影響はどのようなものか，どのような栄養素をどれだけ摂取することが望まれるのか，といった点である．したがって，食品中にどのような栄養素があるのかを明らかにすることが最も基礎的であり，また重要なこととなるが，そのような知見は1950年代までにほぼ集積された．現在では炭水化物（糖質），脂質，タンパク質が三大栄養素とよばれ，さらに，ビタミン，ミネラルを加えて五大栄養素とよばれており，これらがヒトにとって最も重要な栄養素となっている．

栄養素の代謝に関しては，代謝経路が明らかにされ，代謝調節がどのような機構で，また，どのような因子により制御されているかについて数多くの研究がなされてきた．それらの研究により得られる知見はきわめて重要で，それらの知見をもとに栄養素の必要量と所要量が導き出されている．

1900年代後半は生物学が急速に発展した時代と位置づけることができるが，栄養学も分子生物学的アプローチを取り入れるなどしておおいに発展してきた．従来の栄養素に関する研究の発展の後に，食物繊維のように栄養素といわれなかった物質に関する研究も進み，栄養を量として摂取するという考え方から，生活の質を重視する栄養学が展開した．また，栄養素の摂取に対する身体の応答に関する研究が現在めざましく発展している．栄養素の摂取により身体の中でいかなる反応が起こるのかを明らかにしたり，食品の摂取により疾病を防いだり改善したりする可能性について

も研究がなされている．さらに，分子栄養学とよばれる研究領域が発展してきている．これは，たとえば栄養素の摂取と遺伝子発現の調節を明らかにしたり，栄養素の受容が生体の信号系にいかなる変化をもたらすのかといった研究である．さらに，5.6.3で後述するように食品の三次機能についての研究が進み，生体調節機能を有する食品が機能性食品として位置づけられてきている．これからも，栄養素に関する研究分野は，生命科学の発展とともに急速な発展が成し遂げられることが期待される．

5.6.2 食品アレルギー

アレルギーとは，本来自己を守るはずの免疫系が自己を攻撃し，炎症反応が起こることを指す．近年，日本においてはアレルギーに苦しむ人が急増しており，全人口の30〜40%の人たちが罹患（りかん）しているとされている．これは大きな社会問題であり，その解決が強く望まれる．アレルギー急増の要因としては，食生活の欧米化，ストレスの増加，大気汚染物質の種類や量の増加といった，多様な因子の関与が考えられている．

さまざまな年齢層のアレルギー患者について調査すると，アレルゲンの種類と症状が加齢とともに一定の規則性のもとに変化していくことが見出された．この現象はアレルギーマーチと命名され，たとえば2歳以下では牛乳や鶏卵を原因とする食品アレルギーが多く，症状としてはアトピー性皮膚炎が圧倒的に多い．3歳児以上の小児ではダニに対するアレルギーが多くなり，症状としては気管支喘息が中心となる．牛乳や鶏卵に対するアレルギーは加齢による消化器官の充実とともに発症しなくなるが，ダニ，ハウスダスト，花粉といったものがアレルゲンとなっていく．したがって，牛乳アレルギーのような食品アレルギーはヒトが初めて罹患するアレルギーで，その後に食品アレルギーを引き金としてアレルゲンがほかのものに移行するということから，食品アレルギーの問題

の解決はきわめて深刻な課題である．アレルギーに関する研究は従来医学分野で研究が進められていたが，食品分野にとっても非常に重要な問題であるため，農芸化学分野の研究者たちも食品アレルギーの問題に対処すべく，精力的に研究を行っている．

食品アレルギーは，ダニや花粉をアレルゲンとするものとは大きく異なり，アレルゲンが経口的に侵入することが特徴である．また，アレルゲンが消化器官にさまざまな作用を及ぼすことも特徴の一つとしてあげられる．健常状態では食品に対する免疫応答が起こらないように，経口免疫寛容（後述）が機能している．消化酵素もアレルゲンを分解することによりアレルギーを引き起こす能力をなくしており，腸内細菌もアレルギーに抑制的にはたらいている．さらに，免疫グロブリンAがアレルゲンの体内侵入を抑制している可能性もある．

しかし，このようなバリアーが崩れてしまうとアレルギーが発症する．食品アレルギーの発症機構は，主にⅠ型アレルギーに分類され，牛乳アレルギーも同じ機構に分類される．体内に侵入したアレルゲンは抗原提示細胞（antigen presenting cell；APC）に取り込まれてプロセシングされ，アレルゲンペプチドとしてMHCクラスⅡ分子と結合してAPC表面に提示される．このMHCクラスⅡ-ペプチド複合体をヘルパーT細胞（Th2）が認識することにより，IgE抗体が産生される．IgE抗体は気管や腸粘膜に広く分布するマスト細胞表面に結合し，マスト細胞表面上に結合したIgEにアレルゲンが結合することでマスト細胞を刺激する．刺激を受けたマスト細胞はヒスタミン，ロイコトリエンなどの化学伝達物質を放出する．これらの物質が皮膚，粘膜，気管などに作用してアレルギー症状を引き起こすと考えられている．

食品アレルギーの根本的な治療法は，いまだ確立されていない．症状の緩和を目的としたさまざ

5.6 食と健康　**89**

まな治療法が試みられているが，問題点も多い．主な治療法としては，以下の方法があげられる．

①薬剤治療　抗原の吸収を抑制する経口インタールは，現時点での唯一の予防的治療薬である．また，症状に応じてさまざまな対症療法薬剤が用いられている．

②除去療法　アレルゲンを含有する食品の摂取を回避する療法であるが，長期の除去療法は小児にとって成長発育の弊害となる可能性がある．

③減感作療法　注射によるアレルゲン投与量を徐々に増やすことにより，寛容を誘導させる治療法である．花粉やダニ抗原などアレルゲンの回避に限界がある場合に行われ，食品アレルゲンを用いた減感作も試みられているが，有効な結果は得られていない．

④経口免疫寛容　経口免疫寛容とは，経口的にアレルゲンを摂取することにより，抗原特異的な全身性の免疫応答を不応答化する現象である．ダニアレルギーや花粉アレルギーに対して，ダニ抗原や花粉を経口投与する臨床試験が報告されているが，治療法の実現にはさらなる研究が必要である．また食品アレルギーでは，経口的にアレルゲンを摂取することにより症状が発現するため，アレルゲンそのものを経口投与することによる寛容の誘導は困難である．

　農芸化学分野での食品アレルギーに関する研究を大別すると，3つのカテゴリーに分類される．1つめは食品アレルギーに関する基礎的な研究で，アレルギーの発症機構，アレルゲンの構造などが詳細に解析されてきている．2つめは抗アレルギー食品に関する研究で，抗アレルギー作用をもつものとして，乳酸菌，茶のメチル化カテキン，シソのロスマリン酸などが見出されている．べにふうき緑茶は，抗アレルギー作用を有する食品の代表的なものである．3つめは低アレルギー性食品の開発につながる研究で，アレルゲンを酵素処理により分解したり，アレルゲンタンパク質を化学修飾することにより低アレルゲン化を図っている．酵素処理を行ってアレルゲンを分解した低アレルゲン化牛乳が，乳業会社から販売されている．

5.6.3 機能性食品

　1984～1986年に実施された文部省特定研究「食品機能の系統的解析と展開」において，食品の機能として3つの役割があることが提唱された（矢野，1987）．すなわち，一次機能は生命維持のための栄養面のはたらきである栄養生理機能，二次機能は味覚・嗜好性に関する感覚機能，三次機能は生体の生理機能の変調を修復するはたらきである生体調節機能である．これらのうちの三次機能を有する食品を，生活習慣病の一次予防のはたらきを有する新食品として機能性食品と定義した．このように食品の機能を一次，二次，三次に分ける考え方は日本のオリジナルであり，全世界に浸透している．この研究は食品の新たな概念を提示し，世界に先駆けて保健機能食品制度を制定するきっかけとなった．

　厚生省の認可による特定保健用食品の制度は，1991年に成立している．医薬品ではないがゆえに効能効果をうたえない食品のなかでも，厚生省により認可された機能性成分には，決められた文言で保健効果を記載してもよいというものである．この制度は，国が食品に健康表示を許可する世界ではじめての画期的な制度である．特定保健用食品の種類としては，以下のような内容のものがある．

①おなかの調子を整える食品
②コレステロールが高めの方の食品
③血圧が高めの方の食品
④ミネラルの吸収を助ける食品
⑤骨の健康が気になる方の食品
⑥虫歯の原因になりにくい食品と歯を丈夫で健康にする食品
⑦血糖値が気になり始めた方の食品
⑧血中中性脂肪，体脂肪が気になる方の食品

⑨血糖値と血中中性脂肪が気になる方の食品
⑩体脂肪が気になる方，コレステロールが高めの方の食品

　特定保健用食品の第1号はファインライスで，米に含まれるタンパク質グロブリンが原因でアトピー性皮膚炎が起こってしまう人のために開発された低アレルゲン米である．その後，ファインライスは病者用食品として，厚生省から許可を受けている．

　特定保健用食品として許可されるための審査は厳しく，制度成立当初は認知度も低かった．しかし，1992年に農林水産省の研究結果が発表され，DHA（ドコサヘキサエン酸）が脳機能の活性化に効果があるとしてブームになったことなどをきっかけとして，省庁の積極的なはたらきかけやメディアに取り上げられたことが後押しとなり，機能性食品が急速に認知されるようになった．その後，昔ながらの食材をサプリメントで摂取するという流れが生まれ，また，それまで高価であった健康食品の価格破壊も始まり，健康食品業界は急速な発展を遂げることとなった．

　特定保健用食品の表示許可されているものは，2017年6月21日現在，1099品目あり，市場規模については，浮き沈みはあったものの2016年の実績として推定6463億円という大きなものとなっている．現在では，特定保健用食品の許可は消費者庁により行われている．また，2015年4月に科学的根拠に基づいて事業者の責任において表示できる機能性表示食品の制度が導入された．特定保健用食品の審査が厳しく，許可されるまでの時間と費用がかかり過ぎるという問題を受けて導入された制度であるが，食品の機能性表示が容易に行えるようになった反面，チェックがあいまいであることや健康被害のリスクを全面的に消費者に負わせていることが指摘されており，制度を問題視する意見もある．

　以上のように，食品の機能という画期的概念が生まれ特定保健用食品や機能性表示食品として発展してきたが，ヒトの健康を維持管理できる食文化のさらなる展開が期待される．

5.7 食の安全・安心

5.7.1 化学農薬の役割

　農地は人類が選抜した種の植物が広く生育している場であり，生態系は単純で決して自然豊かな環境ではない．バッタや小麦のさび病などによる大被害が古代エジプトやローマ時代に記録されているように，農耕には病害虫との長い戦いの歴史がある．化学物質による防除としては明治時代にすでに除虫菊の粉末やボルドー液などが使用されており，有機合成技術の発展に伴い第二次世界大戦の前後にDDTやBHCなどの有機塩素系殺虫剤が開発された．衛生状態の悪い戦後の混乱期にはノミやシラミなどの駆除にも広く使われ，カを防除しマラリアへの罹病率を下げることにも大きく貢献したが，難分解性の化合物であることから地球規模での汚染が問題になり現在は使用されていない．有機リン殺虫剤の第1号であるパラチオンは哺乳動物に対しても毒性が高く，散布作業者に中毒を引き起こすことがあった．また，殺菌剤として有機水銀剤がいもち病の防除に広く使用されていたが，水俣病の原因が水銀であることが証明されてから使用禁止になっている．これらは化学農薬における負の経験であるが，リスクを最小限に抑えた新規な化学農薬の開発のための貴重な教訓となった（佐藤・宮本，2003）．

　一方，化学物質の毒性や環境負荷などの懸念から無農薬栽培が試みられ，稲作においてはいもち病が常発していない圃場で労力を惜しまず十分な管理を行えば，減収を引き起こすが収穫は可能であることが示されている．しかしながら果樹や野菜などを定常的に栽培すると，必ず病害虫が発生し壊滅的な被害を受ける可能性が高い．天敵などを利用した生物的防除法を取り入れた総合防除の

考え方が広く浸透しているが，安全な食料を充分に供給するために，やはり病害虫や雑草から作物を守る化学農薬が果たしている役割は大きい．農薬においても一定の薬剤を使い続けると抵抗性の問題が生じることより，作用点の異なる優れた防除剤をつねに模索することが重要である．理想的な防除剤としては，哺乳動物に対して毒性が低いだけでなく，標的生物を選択的に防除し天敵などに影響を与えないこと，さらに一定期間の後には分解し環境汚染を引き起こさないことが条件となる．これらの条件を満たし高い防除効果を示す化合物を，微生物や植物が作り出す天然物や活性が想定される基本骨格を有するものをリード物質として膨大な候補化合物を有機合成し，それらのスクリーニング試験から見つけ出す地道な努力が続けられている．

殺菌剤においては，動物がもたない細胞壁の生合成阻害は高い選択性が期待できる作用の一つである．また真菌の細胞膜では動物でのコレステロールに代わってエルゴステロールが機能しているので，その生合成系も重要な作用点である．加えて細胞分裂，ミトコンドリアでの呼吸，アミノ酸やタンパク質合成などを阻害する殺菌剤も多く知られており，これら基本的な生命活動もターゲットとなっている．哺乳動物に毒性を示さない理由を含めて，詳細な作用機構の解明が薬理学上の重要な研究課題として進行している．また殺虫剤においては，ホルモン系の違いに加えて昆虫はキチンを成分とする外骨格を有していることで哺乳動物と大きく異なり，その生合成の阻害剤も殺虫剤として利用されている．ただし現在登録されている殺虫剤の多くは，有機リン系，カーバメート系，ピレスロイド系，ネオニコチノイド系化合物で，いずれも神経系に作用する．哺乳動物と昆虫の神経系は基本的に類似しているが，蚊取り線香に使われてきた除虫菊の殺虫成分（ピレスロイド系化合物）のように，昆虫に対して高い選択毒性を有する化合物が存在し，殺菌剤と同様に各種

毒性試験で哺乳動物に対する安全性が確認されたものが実用化されている．選択性をもたらしている要因は科学的に興味深く，分子レベルで理解されつつある．

5.7.2 農薬の安全性評価[*3]

圃場で農家が散布しているすべての農薬は，作物ごとに使用基準を定めて農薬登録されたものである．その登録にあたっては，急性毒性（経口，経皮，吸入），亜急性毒性，慢性毒性，変異原性，発ガン性，催奇形性，繁殖毒性などの毒性試験に加えて，代謝試験，残留試験，水産動植物影響試験などのデータをもとに安全性が確認されていることが必要である．医薬と異なる農薬の使用特性から，散布する生産者と農作物を食べる消費者双方の安全，および環境の保全を確保することが求められる．特に慢性毒性試験は，12か月にわたりラットなどの実験動物に被検薬を餌に混ぜ合わせて与え，その影響を病理学的に詳しく調べるもので，膨大な経費もかかるが，許容1日摂取量（ADI）を決定するために必要な基礎データを得るために重要である．

各農薬のADIの値は，「全毒性試験の最小無毒性量（mg/kg/日，多くの場合慢性毒性）×安全係数（1/100）×53（日本人の平均kg体重）」として算出される．この値をもとにして，作物中どこまでその農薬の残留が認められるかを示したものが残留基準である．1つの農薬でもいろいろな作物から摂取するので，合計がこのADI値を超えないように，適用作物ごとに日本人の平均摂食量を考慮して決定されており，多くの場合，数ppm以下の値である．一方，登録されていない，つまり防除の対象となっていない作物に関しても近隣の農地から飛散して収穫物に付着する可能性があるため，そのような非対象作物の場合は「ポジティブリスト制度」により一律に0.01ppm以下とされている．

これらの残留基準値以下になるように農薬の使

92 　第5章 農芸化学

用濃度，散布回数，使用時期を限定し，農家が守るべき使用基準が決定されており，その使用基準が遵守されていることは農薬ごとに確立された公示試験法による分析でチェックされている．残留農薬は摩砕した作物などから有機溶媒を用いて抽出され，各種のクロマトグラフィーで植物成分を取り除きある程度まで精製した後に分析機器を用いて検出される．

　有機化合物を対象とした機器分析技術の発展はめざましく，感度も飛躍的に高くなり超微量物質の分析を支えている．キャピラリーカラムを備えたガスクロマトグラフ（GC，移動相はガス）で分離した各成分を，ただちに質量分析計（MS）で分析するGC/MS装置が汎用されている．カラムからの留出時間と生成する特徴的なイオンの質量数についての情報が得られ，定量分析が可能である．ある程度の揮発性を有する化合物が対象であり，極性が高く難揮発性の物質の場合は誘導体化によって揮発性を高める必要がある．最近は高速液体クロマトグラフ（HPLC，移動相は液体）にMSを連結したHPLC/MSの改良が進み，極性物質の分析の信頼性を高めている．体内に取り込まれた異物（生体外物質）は，主に肝臓で極性物質に酸化された後に尿とともに排泄されることが想定される．残留分析に加えて，生物体内や環境中での代謝，分解，解毒などの薬物動態に関する研究も，安全性を評価する際の大切な判断材料となり，HPLC/MSが活用されるようになった．またポジティブ制度が施行されため，散布の有無に関係なく多種類の農薬の検出が求められており，これらの機器を使用した多成分一斉分析法が考案されている．

5.8
環境問題への取り組み

5.8.1 環境保全型農業
過去の土壌・肥料に関する研究は生産性の向上

に重きを置いていたが，近年，農業が生態系に及ぼす影響を調べ持続可能な環境保全型農業の確立を目指すことに重点が置かれるようになった．二酸化硫黄（SO_2）や二酸化窒素（NO_2）が低濃度の場合，植物はそれらを吸収し代謝系の基質として利用できることから，農地も大気の浄化機能を有している．しかしながら森林に比べ水環境や生物相の保全機能は大幅に劣り，熱帯林やマングローブ林での農地開発は地球規模での環境破壊であり，乾燥地農業は砂漠化を招いている．食料確保と環境保全をどのように両立させていくか，重要な課題である．また化学肥料の多施用は吸収されない塩素イオンや硫酸イオンが残留し土壌酸性化をもたらすだけでなく，硝酸性窒素による地下水の汚染やリンなどによる湖沼の富栄養化をもたらしている．その対策として，施肥基準の見直しが都道府県ごとに行われ，定期的に土壌分析を行い，その結果を土壌診断基準値と照らし合わせて肥料成分が過剰に蓄積している場合には，施肥基準を参考にして肥料の種類や施肥量を見直すように指導される．また，水田での排水路や畑地での地下水への流入を抑えるために，成分の溶出や無機態窒素の硝酸性窒素への形態変化を化学的または物理的に抑制する肥効調節型肥料が開発されている．

5.8.2 環境保全型バイオ技術
　農業を超えた環境問題に対しても生物のもつ多彩な機能を利用した解決策が研究され，バイオレメディエーションの技術やグリーンプラスチック，さらにはバイオエタノールなど多くの成果が得られている．家庭から出るごみ処理問題から地球規模のエネルギー対策まで，幅広い取り組みである．

　バイオレメディエーションとは生物のはたらきを利用して汚染された土壌や地下水を浄化することで，植物を利用するファイトレメディエーション，何らかの処理を施して汚染場所に土着して

いる微生物を活性化させるバイオスティミュレーション，別途に培養した微生物を新たに導入するバイオオーグメンテーションが，汚染物質の種類や汚染地域に応じて検討されている．植物はカドミウムや鉛のような重金属に耐性をもつため，吸収させた後に焼却し灰に濃縮させることができる．原発事故で問題になっている放射性セシウムの浄化にも適用できるか，早急な研究が望まれる．トリクロロエチレンのような有機溶剤で汚染された工場跡地などの土壌は，空気を吹き込み窒素やリンを含む無機塩などを注入して浄化する方法が提唱されている．また新たな分解菌も単離され，その利用も行われるようになった．加えて絶縁油として利用されていたポリ塩化ビフェニル（PCB）や焼却場から排出されたダイオキシンのような難分解性の塩素系化合物，さらに油田地帯の石油による大量な汚染土壌の浄化を目的に，効率良くそれらを分解する微生物の探索と実用化に向けた研究が進んでいる．バイオオーグメンテーションの問題点は直接汚染地域に大量な微生物を施用した場合の生態系への影響であり，十分な検討が必要である．

石油起源の安定なプラスチックは，便利な半面，処理しにくい膨大なゴミを生み出している．その代用として，自然界で微生物により容易に分解され水と二酸化炭素になる生分解性プラスチック（グリーンプラスチック）が多数実用化されている．天然のキトサン，セルロース，デンプンなどを変性させ熱可塑性を与えたものや，ポリヒドロキシ酪酸（図5.7 a）のように微生物が代謝の過程で蓄積するポリマー，さらに発酵などで得られるモノマーを重合させたものが原料として使われている．乳酸（b）やグリコール酸（c）は，分子内にカルボキシル基と水酸基を有することから重合してポリエステルとなる．ポリ乳酸は硬質樹脂で，微生物が豊富な環境でなければ一般の合成樹脂と同様にすぐに壊れることはなく，利用が進んでいる高分子の一つである．カプロラクトン

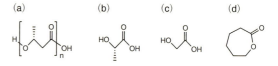

図 5.7 グリーンプラスチックとその原料
(a) ポリヒドロキシ酪酸，(b) 乳酸，(c) グリコール酸，(d) カプロラクトン

(d) のようなラクトンの重合や，カルボキシル基と水酸基を2個ずつ含む炭素数の異なるジカルボン酸とジオールの縮重合で特性の異なるさまざまなポリエステル類が作られている．

化石燃料は二酸化炭素濃度を上げ地球温暖化をもたらすため，再生可能な資源であるバイオマスを原料としたバイオエネルギーが注目を集めている．米国ではガソリンへバイオエタノールを10%添加することが義務づけられており，トウモロコシなどを原料とした発酵プラントが稼働している．ただし，食料としての利用と競合しその価格上昇を招き，またブラジルでは作付面積の拡大が森林破壊をも招いているため，食料にならないセルロース系のバイオマスである農産物残渣，畜産廃棄物，食品廃棄物などのエタノールへの変換が試みられている．

エネルギーの獲得に向けて，既述のメタン発酵に加えバイオ水素が研究されている（日本化学会，2014）．水の代わりに有機酸や硫化水素を電子供与体とした光合成を行う光合成細菌は，ATPを消費して空気中の窒素をアンモニアに還元できるニトロゲナーゼを有している．この酵素の基質特異性は低く，プロトンを還元し水素を生産する．一方，水が電子供与体である通常の光合成を行うクロレラなどの緑藻では，ヒドロゲナーゼが光化学反応で作ったプロトンから直接水素を発生させる機能ももつ．これは獲得したエネルギーの浪費であるが，過剰な電子を水素として排出することにより細胞内が過度に還元的になるのを防ぐという生理的な意義があると考えられる．ヒドロゲナーゼ反応は可逆的であるため，酸素共存下で細胞内が酸化的になると逆反応により水素を吸収し

てしまうこと，またニトロゲナーゼと同様に酵素自体が酸素に弱い．光エネルギーの変換効率と水素発生速度が高く大量培養が可能な光合成細菌，藻類，シアノバクテリアを求めて，遺伝子工学的改変も行われている．太陽エネルギーで生産されるバイオ水素は理想的なクリーンな燃料であり，それを広く活用している未来が期待される．

[安藤哲・服部誠]

▷注 ——————

*1) 日本農芸化学会ウェブサイト https://www.jsbba.or.jp/

*2) 日本植物バイオテクノロジー学会ウェブサイト「遺伝子組換え植物」https://www.jspb.jp/npbt/sub04/

*3) 原田孝則「農薬のリスクと安全性評価について」http://www.pref.hokkaido.lg.jp/ns/shs/07/nouyaku/070116_shiryou03.pdf

▶参考図書 ——————

安藤哲（2012）「昆虫間で機能する多様なエコロジカル・ボラタイル」*Aroma Research*, Vol. 49, pp. 51-57.

石田寅夫（2010）『遺伝子工学の衝撃』講談社.

一島英治（2012）『酵素資源余話』東北大学出版会.

熊澤喜久雄（2012）「キンチ，ケルネル，ロイブと日本の農芸化学曙時代」『化学と生物』Vol. 51, pp. 538-573, 638-644.

小柴共一・神谷勇治 編（2010）『新しい植物ホルモンの科学』講談社.

佐藤仁彦・宮本徹 編（2003）『農薬学』朝倉書店.

鈴木昭憲・荒井綜一 編（2003）『農芸化学の事典』朝倉書店.

塚越規弘 編（2004）『応用微生物学』朝倉書店.

日本化学会 編（2014）『次世代のバイオ水素エネルギー』化学同人.

日本比較内分泌学会 編（1998）『無脊椎動物のホルモン』学会出版センター.

森謙治（2002）『生物活性物質の化学』化学同人.

矢野俊正（1987）「「食品機能の系統的解析と展開」について」『化学と生物』Vol. 25, pp. 110-113.

第6章

農業工学

6.1
農業工学の概要

6.1.1 農業工学とは何か

A 何をする分野か

たとえば，震度6の地震が発生したとき，農業工学の卒業生は，とっさに「自分が耐震診断を行ったダムは大丈夫か？」「農業用水路に亀裂は生じなかったか？」「灌漑用水のパイプラインは無事か？」「排水機場とポンプは機能しているか？」「水田の圃場に断層亀裂が走らなかったか？」「液状化で水田がだめになっていないか？」「施設園芸を行っているハウスの倒壊は起きていないか？」「現地情報を取得するネットワークは機能するか？」，などを考える．特に，国または自治体の行政に携わっている農業工学の技術者や，民間の建設業，コンサルタント業の技術者は，こうしたことに敏感であり，現地情報の収集にあたる．

これらをさらに一般化していえば，農業工学とは，より多く，より安全で高品質な生物資源を，自然環境や地域環境と調和しながら効率的・持続的に生産し，利用するために，工学的な手法を用いて取り組む分野である．

従来，土地を利用して食料生産を行う農業（これを土地利用型農業という）が主体であり，土地利用に対して工学的手法を提供する農業土木学が農業工学の主役であった．農業土木学は，土地利用型農業に欠かせないダムや貯水池，農業用水路，排水路，暗渠排水，圃場の区画整理，農道敷設，などの設計・施工に関する工学的手法を提供してきた．

現在の農業は，土地利用にとどまらず，人工施設を用いた施設園芸が著しく発達したうえ，新たなバイオエネルギーの原料生産をも行っており，食料を含む生物資源全体を生産する産業として発展している．したがって，農業工学も土地利用型農業による食料の生産にとどまらず，多様な生物資源全体の生産に寄与する工学に発展した．

農業工学の基盤的な内容においては，上記した農業土木的な工学手法に加えて，最先端科学技術や情報処理技術の導入は不可欠な要素になっている．農業工学は，多様な生物資源全体の生産に寄与する基盤技術，およびそれらを支える関連基礎科学からなる．

B 農業工学の目標と使命

農業工学の目標は，自然環境との調和を図りつつ，生物資源の生産と利用に必要な工学的手法を発展させることである．

農業工学の第一の使命は，土地改良である．土地改良とは，農用地の改良，開発，保全および集団化に関係する構造物の設計・施工，灌漑排水設備の設計・施行，あるいは，機械走行に適した大規模な区画形状農地の設計・施工などを行う技術である．

土地改良と並んで重要な農業工学の第二の使命は，最新技術を駆使した生物資源生産の支援である．具体的には，高度な施設園芸を設計・施工し，人工環境下での生物資源生産を行うこと，生

産物の長期保存を行うこと，人工衛星，航空機，ロボット，GPS（Global Positioning System，全地球測位システム），ドローン，IoT（Internet of Things，モノのインターネット）など，生物資源生産に関わるあらゆる情報を取得し，活用すること，などがある．

農業工学の第三の使命は，そうした個別技術の総体を，周囲の自然環境と調和しつつ農業農村地域の活性化や合理化に結びつけることによって，その技術の真価を発揮させる，いわゆるソフトサイエンスの充実である．そこで，農業工学のなかには，農村計画学と称する学術分野も置かれており，ここでは社会科学者や農業経済学者と協働して問題解決に貢献している．こうしたソフトサイエンスを社会に実装する（現実社会に機能させる）ためには，法的な整備も必要である．1949 年（昭和 24 年）に施行された「土地改良法」は，そのような目的で制定されたものであり，今日に至るまで，多くの改正を重ねながら，農用地に適用されている．

C 農業工学を学ぶ目的

農業工学の中身としては，農業農村工学，生物環境工学，生物機械工学，生物プロセス工学，生物環境情報工学，生態調和工学，放射線環境工学などがある．通常，農業工学のなかの専門分野というときには，これらの名称を用いる．

農業工学を学ぶ目的は，生物資源を，自然環境と調和しながら高度に持続的に生産し利用する課題を，主として工学的手法によって解決する能力を養うことである．特に，農村や農地を含む野外学習や野外調査による問題の把握が重視され，その解決手法として物理的，数学的手法を活用することが多いという特徴がある．

D 農業工学を卒業して何をするか

大学を卒業した後の就職先，進学先を知ることは，当該専門分野の姿を客観的に知る手がかりとなる．その意味で，筆者が教員として関わった学生の卒業後の実例を示そう．ここでは，卒業論文

または修士論文のテーマ名と，その卒業生の進路とをセットで示すことにする．

- 「放射性セシウムはどこから水系に流出したのか──福島のため池における蓄積量調査から」→農林水産省
- 「気候変動が手取川流域の水循環に与える影響について」→農林水産省
- 「合成開口レーダーを用いた樹種分類に関する研究」→農林水産省
- 「数値シミュレーションによる上下流水位制御チェックゲートの利便性解析」→愛知県
- 「着葉期のケヤキ群落を対象とした可搬型ライダーデータからの非同化器官の抽出」→東京都
- 「*Botryococcus braunii* の塩水培養による多糖類構成の変化についての検討」→長野県
- 「光触媒によるメタン発酵消化液の硝化に関する研究」→東京都台東区
- 「畑地・雑草地根圏下への窒素流出量の施肥量との関係」→NTC コンサルタンツ
- 「LED 終夜捕光の光波長帯がトマトの生育および可視障害に及ぼす影響」→三菱地所
- 「マルチスペクトル画像を用いたイネの形質計測と収量予測」→三井物産
- 「ブロッコリーのスルフォラファン含量増強に対するガス組成の影響」→キッコーマン
- 「粗い砕土条件における作土の乾燥過程に関する研究」→鹿島建設
- 「結球レタスの品質と紫外可視分光分析による品質要素の推定に関する研究」→日本製粉

そして，以下に列挙する研究を行った 7 人の学部卒業生は，それぞれの専門課程大学院修士課程に進学した．

- 「福島県における放射性セシウムの土壌から作物への移行」
- 「乾季卓越流域における流出解析に関する研究──北タイメラオ川流域を対象として」
- 「粒径および熱物性が飽和多孔質体中の熱分散現象に与える影響」

6.1 農業工学の概要 97

- 「イチゴ電照栽培における白熱電球の LED ランプへの交換による電照費用削減に関する検討」
- 「微細藻類の炭化水素抽出残渣を用いた水熱液化」
- 「ナノバブル水が大腸菌に与える影響に関する研究」
- 「O2A デュアルバンドカメラによる太陽光クロロフィル蛍光の画像解析」

以上の例から，農業工学分野を卒業して何をするか，という問いに答えを見出すことができる．すなわち，公共的な仕事を選んで行政官庁に就職すること，専門知識を活かして民間企業に就職すること，問題をより深く研究するために大学院進学を志すこと，などから選択する．

6.1.2 農業工学の創始と変遷

A 農業工学の歴史区分

農業工学は，1900 年に上野英三郎が東京大学にて農業土木分野の講座を担当したときを起点とし，120 年弱の歴史を重ねて今日に至っている．この間の農業工学の姿とその変遷を，20 世紀前半，20 世紀中盤以降，20 世紀終盤，そして 21 世紀という，4 つの期間に分けて説明しよう．

B 20 世紀前半

20 世紀の初期において，東京帝国大学教授であり，忠犬ハチ公の飼い主としても有名な上野英三郎は，土木工学を西欧から学び，水田の農地整備と灌漑排水設備を中心とした技術学としての農業土木学を創立させた．この技術を用いた事業は，農業土木事業とよばれ，公共事業的性格をもっていた．

C 20 世紀中盤以降

20 世紀中盤以降，終戦後の食糧増産対策，高度経済成長時の農業構造改善政策，国土開発や地域開発などの政策とあいまって，農業土木学は大きな発展を遂げた．1945 年からは，戦後混乱期の深刻な食糧難を，食糧増産，離職者・復員者の就労確保，新農村建設によって乗り切る目的で，政府主導の「緊急開拓事業」とよばれる事業展開があり，1975 年に開拓行政の一般農政への統合完了をもって終了したが，この間の農業土木学は，これまでの土木工学的な技術に加えて，集落計画や公共施設計画なども包括するようになった．

特に，1949 年に制定された「土地改良法」により，農業水利施設整備，暗渠排水，土層改良，区画整理，農地造成，干拓，農道整備，防災ダム，集落排水整備などの公共的事業が活発に行われた．同時に，農業において高性能耕耘機や大型トラクター，高度な環境調節機能を有する施設園芸，など新技術を導入する必然性が高まり，これを推進するための農業機械学や環境調節工学といった関連分野が発足し，農学のなかにあって数学・物理学・工学を基礎とする，農業工学分野が大きく発展した．

D 20 世紀終盤

20 世紀終盤には，わが国の社会が成長から成熟型社会へと大転換を始めた．たとえば，長い間，足りないと言われ続けてきた農業用水の需要量が，全体としては 1990 年代に頭打ちとなり，その後，縮小傾向に変動したのである（図 6.1）．農業用水の分野では，それまで「どうしたら水の供給量を増やすことができるか」，あるいは，「不十分な水供給量を，どうしたら効率的に利用できるか」といったことが農業用水の課題の中心であったが，1990 年代以降は，「現存する灌漑排水施設を，老朽化から守り，長期に持続させるにはどうしたらよいか」，「すでに存在する農業用水路や灌漑排水施設を維持管理するための地域社会を，どのように形成すればよいか」などといった課題が加わることになった．

つまり，それまでの成長型の社会とは異なり，どうやって現状の社会基盤を維持するか，という成熟型社会の問題へと頭を切り替えざるをえない状況が生まれた．同様な事態が社会の各方面でも起き，社会全体においても，右肩上がりの経済成

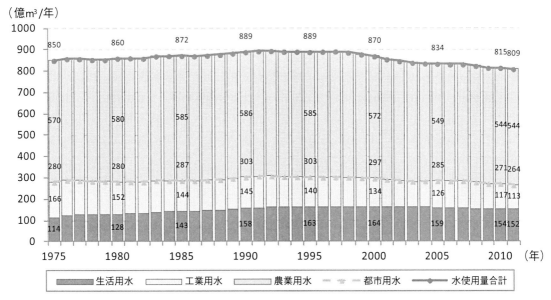

図 6.1 全国の水使用量[*1)]

長を優先する高度経済成長型の考え方から，環境や生態系にも配慮した持続可能な社会を作るべきであるといった考え方へと，大きくシフトした．もちろん，農業工学分野全体としても開発一辺倒型から管理・調整型へと大きく舵を切ることとなった．その結果として，農業工学の関心事項も，景観に配慮した圃場整備，農村地帯全体との調和発展を目指す総合的な整備，生物多様性や地域住民の親水に配慮した農業用水路の整備・更新，など，成熟型社会の技術学が大きな役割を担うことになった．

E 21世紀以降

21世紀に入ると，環境問題や気候変動問題が地球規模で顕在化し，農業工学分野においても新たな転換期にさしかかった．なかでも，「農林水産業の多面的機能」が大きく取り上げられ，農林水産業が単なる生産活動であるにとどまらず，環境保全や生態系保存，人間の静養など多面的な価値を生み出していることを再評価すべき，という国内世論が形成され，農業工学分野においても，環境と調和した工学技術の創成を積極的に追究し始めた．この日本発の「農林水産業の多面的機能」概念は，全世界へ向けても発信，主張されたが，スイス，ノルウェーなど一部の国の強い支持を得るにとどまっている．

21世紀に新たな転換期を迎えたものとしては，IT関連技術の導入が急激に増加したこともあげられる．その結果，GPSを利用した無人トラクターの導入，ロボットアシスト農作業，コンピュータ制御による植物工場や生産物貯蔵施設設計，バイオエネルギーの開発，農業情報処理など，先端技術の積極的導入を行うことも農業工学の大きな目的に加えることになった．

6.2 農業工学の現在

6.2.1 農業工学の基礎と専門基礎

農業工学の基礎は，いくつかのカテゴリーからなる．まず，工学的な手法を記述したり学んだりするためにどうしても必要な知識として，基礎的な数学がある．そのなかでも，微積分，統計学，確率論，幾何数学，ベクトル解析などの知識を必要とする場面が多い．そのうえで，この分野で扱うことの多い対象として，水や空気の流れがあるので，流体力学，水理学などの物理学に関する知

識が必要である．さらに，チューブ内の流れ，多孔質体中の物質移動，植物体内や食品中の物質移動現象，拡散現象などを扱うので，熱・物質同時移動論，熱力学，非平衡熱力学，統計熱力学などの知識も基礎をなしている．全体に共通する基礎としては，情報処理知識も欠かせない．

農業工学のなかの分野ごとの専門基礎は以下のようである．

土地利用型農業に直結する分野としては，測量学，水文学，造構学，土質力学，土壌物理学など，環境調節に関する分野としては，農業気象学，生物環境工学など，農業機械に関する分野としては制御工学，生物機械設計・製図，生産物管理に関する分野としてはポストハーベスト工学，生物プロセス工学など，情報処理に関する分野としてはリモートセンシング，生体計測情報学などが，それぞれの専門基礎をなす知識である．

6.2.2 農業工学を学べる学科名称

農業工学という分野名を，大学によっては使用していないところも少なくない．そこで，農業工学を主たる内容とする現在の学科名称を，4つのタイプに分類して以下に列挙しよう．

①「生物」を前面に掲げる学科名称　生物環境工学，生物環境科学，生物資源学，生物資源環境学など

②「地域」を前面に掲げる学科名称　地域環境工学，地域環境科学，地域資源環境学など

③「生産」を前面に掲げる学科名称　生産環境工学，生産環境科学など

④その他農業工学を主たる内容とする学科名称　共生環境科学，環境管理工学など

現在，日本の各大学では，これらの名称のもとに農業工学の内容を研究し，また教育を行っている．しかし，ややわかりにくいので，主たる専門分野名を図6.2に示した．図6.2では，この分野における先にあげた学術分野名（農業農村工学，生物環境工学，生物機械工学，生物プロセス工学，生物環境情報工学，生態調和工学，放射線環境工学など）を記載しているが，こうした名称は大学により，あるいは時代とともに変遷しているので，比較的多く用いられている名称を図示した．（ ）内は，類似の別名を意味する．

6.2.3 農業工学の中の専門分野（1）

ここからは，図6.2の分類に従って，個々の専門分野を説明しよう．将来自分が学んでみたいと思う知識や，やってみたいと思う研究課題を「農業工学」のなかから見つけ出そうとすると，実は「農業工学」という大きなくくりではなく，図6.2

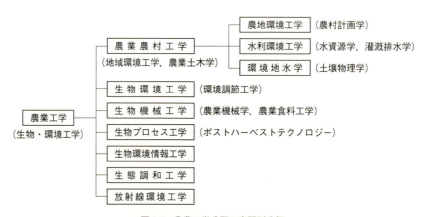

図6.2　農業工学分野の専門別分類

農業農村工学という分野は，もともと「農業土木学」という名称で知られていたが，その研究内容が大きく拡大したので，現在の名称に改称された．この学は，さらに農地環境工学，水利環境工学，環境地水学などの専門分野に分かれている．

に示した個々の専門分野のなかで，それをつかむことになる．したがって，ここでの記述内容を注意深く読んでもらいたい．まずは，図6.2の個々の専門分野がどんな特徴をもち，今後どのような展望をもっているのかを述べていこう．

A 農地環境工学

農地環境工学は「農地の科学」を展開する．

農地は，自然に与えられた土地や土壌に人間がはたらきかけて現在の姿になっているが，そこで生ずるさまざまな現象を課題として取り上げる分野である．この分野は，地表面の水収支・熱収支や炭素循環などといった地球環境問題にも深く関わっている．

現在，世界の農地をみると，乾燥地での塩類集積と農地の荒廃，多量の化学肥料の投入と流出による地下水汚染や湖沼の富栄養化，灌漑のための水資源不足など，さまざまな環境問題が生じており，自然環境を保全しつつ生産性を持続させることは容易ではない大きな課題である．ゆえに，現場の個別問題を自然の法則性や物質の普遍的な特性に基づいて解明し，問題を解決する高度の科学性が求められる．特に，植物の生育・生産と生態系を条件づける水と土と，そこでの物質循環に関する科学と技術が不可欠となる．

この専門分野では，対象の構成要素を全体から切り離して分析するよりも，全体のなかで問題の本質的プロセスを見極め，それに即した研究方法をとることが重要と考えるので，フィールド科学とよべる特徴も有している．農地環境工学は，土と水に関する科学を基礎として，現場での測定・モニタリング，GIS（地理情報システム），モデル実験やコンピュータシミュレーションなどさまざまな手法を磨きながら，オブジェクト・オリエンテッド（対象重視）の姿勢でこの課題に挑む．

最近の具体的な研究テーマとしては，「農地の洪水緩和機能に関する研究」「農地における窒素循環に関する研究」「乾燥地における塩類集積と農地保全に関する研究」「持続的発展が可能な農

地管理技術の研究」などがある．

B 水利環境工学

水利環境工学は「水の環境工学」を展開する．

人類共通の関心事である水だが，水利環境工学は特に食料生産と水との関係を扱う分野である．ダムや河川，パイプラインなどの施設設計・管理，流れの基礎理論などを含む総合技術を担当しており，同時に，環境と調和した親水に関する新しい研究展開なども注目されている．

地球規模の気候変動に伴う水資源の逼迫や水質の変動といった水環境問題が危惧されているが，古来より持続的食料生産のために人工的に水を供給する灌漑は必須で，現在も世界の水利用量の7割を農業用水が占めている．水環境問題と食料問題は密接に結びついている．灌漑用水を広大な農地へ過不足なく供給し，不要な水を排水するための農業水利システムが，熱帯湿潤地域から乾燥地や高緯度地域まで気候，地形，作物や社会，歴史に応じてさまざまな技術レベルで多様に発達しており，上下水道を基本とする都市とはまったく異なる，農村地域独特の複雑な水循環および水利用体系が存在している．

日本では栄養塩類の流出を防ぎ農村地域での資源循環を進める技術や，農業水利システムの維持管理の効率化がまたれている．生産の不安定な開発途上国では灌漑用水の確保や適正な管理技術が今なお強く望まれている．また，広域的に展開される大量の水が水循環へ及ぼす影響は大きく，広域の生態系や大気環境をも左右するため，地球環境保全の観点からも，農村地域での健全な水循環や水利用の探求が重要な課題となっている．

最近の具体的な研究テーマとしては，「大規模農業水利システムの水管理に関する研究」「廃棄物の農地還元による循環型社会実現に関する研究」「水田からの温室効果ガス放出の水管理による抑制に関する研究」「モンスーンアジア地域の水環境改善に関する研究」などがある．

6.2　農業工学の現在　　101

C 環境地水学

環境地水学は「土と水の科学」を展開する.

環境地水学では,大気や河川,湖沼,地下水などに囲まれて存在する土壌圏において,熱,水,ガス,化学物質,コロイド状物質などの移動と循環の基礎研究を行っている.

土壌は,非常に貴重な天然資源であると同時に,持続可能な社会を作り出すための基幹物質でもある.昨今,その土壌が劣化する土地の砂漠化,土壌の塩類化をはじめ,降雨による土壌水食,乾燥地を襲う土壌風食,工場や家庭からの排水による土壌汚染,そして地下水汚染,といった問題が起きている.これらは,貴重な農地を失うという意味では農業問題であるが,その影響の広さと深さを考えると,重要な地球環境問題であるということができる.

そこで,環境地水学では,まず国内,海外のフィールド(たとえば塩類化が起きている中国など)における現地調査・測定によって,さまざまな問題が,どのようにして実際に起きているのかを調べる.また,現地の土を実験室に持ち帰って,現場で起きている現象を再現し,実験で得られたデータを解析することで,土のなかで起きている現象を明らかにする.

最近の具体的な研究テーマとしては,「土壌環境保全が地球環境に与える影響に関する研究」「土壌中の化学物質の形態と移動に関する研究」「土壌微生物が土壌中の物質移動に及ぼす影響に関する研究」「土壌中の水分移動メカニズムに関する研究」などがある.

D 生物環境工学

生物環境工学は「生物のための人工的環境」を追求する.

生物環境工学では,生物を取り巻く環境をいかにして制御するかという課題を,最先端技術を積極的に導入することによって解決しようという,先進の技術開発を担当している.

生物の成育は環境の影響を受ける.また,生物はその生命活動により環境へ影響を及ぼす.この生物と環境の関係を理解することは,生物生産システムの効率化および生産物の高品質化のための新たな方法や環境問題の解決方法の提案・確立には必要不可欠であるといえる.この分野では,生物生産システムの効率化や生産物の高品質化,さらには環境問題の解決を念頭に置きながら,主に植物と環境の関係を組織,器官,個体,あるいは群落レベルで解析し,新たな知見の獲得と新たな領域の開拓を目指して研究を進めている.基本的には工学と生物学の境界領域を研究対象としており,その内容は,生物生産システムのための光,水,ガス環境制御法の開発などの工学的色合いの濃いものから,環境要素に対する植物の光合成応答の解析などの植物環境生理学に近いものまで,比較的広範囲に及ぶ.

最近の具体的な研究テーマとしては,「LEDを用いた擬似太陽光光源システムの開発と光生物学に関する研究」「LED弱光照射による緑色植物の低温貯蔵期間の延長に関する研究」「人工環境下の植物の光合成を促進する新たな照明方法に関する研究」「施設園芸作物のモデルシミュレーションに関する研究」などがある.

E 生物機械工学

生物機械工学は「生物生産のための最新機械化」を追求する.

生物機械工学では,10年後,20年後を見据えた未来農業を視野に入れ,無人農業,ロボット農業,再生可能エネルギーの開発など,挑戦的かつ実践的な課題探究を行っている.

石油や石炭などの化石燃料は枯渇が懸念されており,二酸化炭素の放出による温暖化は深刻な問題である.今,新しいエネルギー源としてバイオマスが注目されている.植物は二酸化炭素を吸収して生長するため,これをエネルギー源として用いれば,温暖化を防止することができる.しかし,植物由来のバイオマスエネルギーは従来の化石燃料に比べて生産コストがかかり,その利用には新

しい技術や制度,流通システムが求められている.

　一方,食料生産はこれまで効率性や増収のみに主眼が置かれてきた.ところが近年,農薬による環境汚染や耕耘による土壌流亡,作業者の事故や健康被害が問題視されてきている.この分野は,これらの問題を解決するため,ロボットや画像処理,電子技術など工学的手法を用いた新しい技術の開発を行っている.自然が作り上げたエネルギー変換システムを無駄なく安全かつ効率的に用いることが生物機械工学の使命といえる.

　最近の具体的な研究テーマとしては,「エコフレンドリーバイオマスエネルギーとして海藻や農業廃棄物,油脂植物など自然エネルギーの新しい利用法の開発」「エコフレンドリーファーミングとして環境負荷を抑えた知的かつ精密な農業技術の開発」「ヒューマンフレンドリーファーミングによる未来農業への挑戦」などがある.

F 生物プロセス工学

　生物プロセス工学は「生産物の最適管理」を追求する.

　生物プロセス工学では,食品そのものの物性を解明して,食品保存の最先端科学を構築しており,その研究成果は大きな社会貢献につながる内容となっている.

　生物,特に青果物や穀物の収穫直後から食卓に至る選別,貯蔵,調製,加工,包装,輸送などのプロセスにおけるさまざまな操作に関連した,いわゆるポストハーベストテクノロジーを教育・研究の対象としている.生物と一口に言っても多種多様であり,この分野では,これらを,食料を主体とする生活関連物質として,さまざまな形態にして有効利用を図っている.そして,生物や食品の安全性を確保するための鮮度および品質保持に関する研究を行っている.さらには処理・加工プロセスにおける材料の理工学的性質や環境の変化に対する生理的応答を,先端計測制御技術を利用して理論的に解明し,その成果を生産現場にスケールアップして適用するときの諸問題の解決な

どを行っている.また対象とする材料については,ミクロ（細胞）からマクロ（製品）,技術面では基礎から実用に至る幅広い研究を行っている.

　最近の具体的な研究テーマとしては,「水の構造化による食品の保存法に関する研究」,「マイクロ・ナノバブル水を利用した農産物および食品の品質保持に関する研究」「光センシングによる農畜産物の非破壊品質評価に関する研究」「気体組成操作による青果物の追熟進度制御に関する研究」などがある.

G 生物環境情報工学

　生物環境情報工学は「生物と環境のための情報工学」を展開する.

　生物環境情報工学では,細胞レベルから植物個体や群落のレベル,さらに,生態系や生物圏などの地域・地球環境のレベルまでの情報を幅広く対象とする研究を行っている.

　この分野は,画像情報を中心に,情報工学の手法を駆使して,生物環境情報,すなわち,「細胞レベルから植物個体や群落のレベル,さらに,生態系や生物圏などの地域・地球環境のレベルまでの情報」を幅広く対象とする研究を行っている.生物環境情報工学の目標は,これらのさまざまなレベルの情報をセンシングし,解析することにより,生物と環境との関係を解明していくことである.そして,得られた知見を利用して,現実的問題に対する総合的な解決法を社会に提案する.具体的には,バイオセンシングやリモートセンシングを駆使した細胞レベルから地球環境までのセンシング,その情報を利用した生体機能や生物圏機能の解明とモデリング,そして,バイオテクノロジーや植物工場,精密農業といった食料生産と食の安全分野への応用,さらに,温暖化や砂漠化,酸性降下物,生物多様性といった地球環境問題の解決への貢献を目指している.

　最近の具体的な研究テーマとしては,「地理情報システムや生物圏機能モデルを用いた地球環境研究」「リモートセンシングの農業・環境分野へ

6.2　農業工学の現在　　　103

の応用」「3次元イメージングによる生態系モニタリング」「バイオイメージングによる生体機能解明と環境応答解析」などがある.

H 生態調和工学

生態調和工学は「農業と環境のためのフィールド科学」を展開する.

この分野は,農業工学関連分野と位置づけられ,大学によっては農業工学以外の枠組みに属する場合もある.

生態調和工学は,従来の生産性重視の農業システムから脱却し,自然の恵みである生態系サービスを持続的かつ効果的に利用することを目的に,圃場と社会をつなぐ次世代型農業システムの構築や環境技術の開発についての研究を,フィールドをベースに行っている.

研究対象は,生態系サービス自体のメカニズムから,生産者→流通業者→消費者といったフードチェーンにおける農と食に関わる人間や社会との関係に至るまでの複雑系であり,研究手法は,フィールドレベルからラボレベルにおけるミクロからマクロまでの場や視点での工学的手法を駆使した計測や制御,解析など,多岐にわたっている.現在は主として,実用も含めた多様なアプリケーション開発や高付加価値化を目指した栽培やポストハーベスト技術の構築に関する研究を行っている.

最近の具体的研究テーマとしては,「農作業・農作業機械の安全性や快適性」「未来型農作業体系」「プレ・ポストハーベスト技術の最適化」「省エネ施設果樹栽培」などがある.

I 放射線環境工学

放射線環境工学は「農業と環境に関わる放射線科学」を展開する.

この分野も,農業工学関連分野と位置づけられ,大学によっては農業工学以外の枠組みに属する場合もある.

東日本大震災に伴う東京電力福島第一原子力発電所事故により,放射性物質(主に放射性セシウ

ム)が農耕地にも降り注ぎ,汚染された土地では農業生産が余儀なく制限されている.この分野では,放射性物質で汚染された農耕地での農業生産を復興するため,放射性物質の植物(主にダイズやイネ)への取り込みや,土壌,農業用水中の放射性物質の動態の解明に取り組むとともに,放射性物質の吸収を抑制する技術開発も目指している.

また,放射性物質は,放射線そのものを検出するほか,シンチレーション反応により光に変えてイメージング化し,放射性物質で標識した物質の植物体内での追跡も可能で,管理された施設のもと,養分の吸収,転流,分布を調べる方法として,従来から用いられている.放射線環境工学分野では,放射性物質で標識した物質を用いて,無機態窒素と有機態窒素(アミノ酸)の植物の吸収や体内での利用の違いを明らかにし,そのことから有機質肥料などの効率的な利用法の解明などにも取り組んでいる.

最近の研究テーマとしては,「放射性物質で汚染された地域の農業復興」「放射性物質の植物体内や土壌,農業用水中での動態」「放射性物質の吸収抑制技術」「有機態窒素(アミノ酸)の吸収や代謝」などがある.

6.2.4 農業工学の中の専門分野 (2) ── 関連学会について

「農業工学」という分野名は,たいへん大きな枠を意味しており,実際にはそのなかに多くの専門分野があることを述べてきた.ここでは,大学の教育組織から離れ,その先にある各種「学会」を紹介する.「学会」は,同じ専門分野の研究者や技術者が,その専門分野のさらなる発展と相互の情報交換を目的として設置されるものであり,自主的に参加した学会員の会費によって運営される.

農業農村工学会は,1929年に農業土木学会として創立され,2007年に農業農村工学会と名称

変更して今日に至る．会員数約1万人に達する規模の大きい学会である．

農業機械学会は，1937年に創立され，近年，農業食料工学会と名称変更した．会員数約1600人である．

農業施設学会は，1970年に創立された．

農村計画学会は，1982年に発足し，農業工学だけでなく，社会科学分野の研究者も会員になっている．

農業情報学会は，1989年に創立された．

日本農業気象学会は，1942年に創立された．

日本生物環境工学会は，日本植物工場学会と日本生物環境調節学会が合併し，2007年1月1日に新学会として発足した．会員数約950名である．

「農業工学」分野の研究者は，こうした農学関連（日本農学会の傘下に置かれている）各種学会とは別に，個々人が関連性をもつ別分野の学会に所属しており，1人の研究者がいくつかの異なる専門家としての顔を持つのが通例である．

加えて，国際学会への参加も旺盛であり，日本人研究者の多くは，国際学会においても役員を担当したり，毎年の国際学会で発表したり，国際ジャーナルへの論文投稿も非常に多く行われている．

参考のために，筆者が所属している学会名称を列挙してみよう．国内学会として，農業農村工学会，土壌物理学会，土壌肥料学会，水文水資源学会，実践農学会，地盤工学会の6学会に所属している．国際学会としては，IUSS（国際土壌科学会，International Union of Soil Science），CIGR（国際農業工学会，International Commission of Agricultural and Biosystems Engineering），SSSA（アメリカ土壌学会，Soil Science Society of America），AGU（アメリカ地球科学連合，American Geophysical Union）の4学会に所属してきた．

また，筆者が査読を担当した国際学術誌の名称を列記し，専門分野の一端を示すこととする．

それらは，*Agricultural Water Management*, *Environmental Earth Science*, *Environmental Engineering Science*, *Ecohydrology*, *GEODERMA*, *International Journal of Agricultural and Biological Engineering*, *Soil & Tillage Research*，などであり，査読総数は100件を超えている．

6.3 農業工学の貢献と事績

6.3.1 農業工学の代表的な研究実績

A 農業工学創生期

東京農林学校の農学部カリキュラムの中に農業土木学という科目が登場したのは1886年であるが，その14年後，1900年に上野英三郎（忠犬ハチ公の飼い主）が農業工学に関わる講座を東京大学に開設し，農業工学が創立された．

B 20世紀前半

20世紀前半では，研究事績として後世に残されるものは，上野英三郎が著した『耕地整理講義』（1905年）がある．その後，上野英三郎の教え子やその後輩たちから，日本農学賞の受賞者として表6.1に示すような研究が評価された．日本農学賞は，農学関連49学会が加盟する日本農学会が，特に優れた業績をあげた研究者に授与する賞である．

特に，上野の教え子である鳥居信平の受賞研究は，台湾において実施された歴史的事業であり，第二次世界大戦後に欧米で発達した技術を日本に導入するタイプの研究とは一線を画している．

C 20世紀中盤以降

20世紀中盤以降，農学のなかにあって数学・

表6.1 農業工学分野の日本農学賞受賞者（20世紀前半）

年	研究の内容	受賞者
1936	伏流水利用による荒蕪地開拓	鳥居信平
1947	静土圧に関する研究	萩原貞夫
1947	水管式ボイラー	安田与七郎

物理学・工学を基礎とする農業工学分野としての特徴が大きく発展し，表 6.2 に示す研究に対し，日本農学賞が授与された．

これら一連の受賞業績を見ると，日本の農業地帯における農地整備と水利施設の充実へ向けた努力が多かったことがわかる．農地整備では，低湿地で排水の悪い農地や粘質土の水田の排水について研究が集中し，日本の水田地帯に特有の水問題の解決に貢献した．干拓地に関する研究，塩田開発に関する研究などもこの時代において特にさかんであった．水利施設では，重力式砂防堰堤，貯水ダムなど，要所の課題解決に向けた努力が評価された．一方，こうした研究と並行して，自然物としての土や水のふるまいを解明する基礎研究も開始されている．放射能を活用した地下水探査，農業水文学などは，農地以外の自然界全体に貢献する研究であり，農業工学が活躍した場面の広がりを示している．

表 6.2 農業工学分野の日本農学賞受賞者（20 世紀中盤以降）

年	研究の内容	受賞者
1952	湖沿干拓不良土壌の改良に関する研究	小林嵩
1952	入浜塩田地盤の機構について	杉二郎
1955	低湿地排水の方式に関する研究	猪野徳太郎
1958	重力式砂防堰堤における三次元応力の研究	遠藤隆一
1959	畑作用水法の合理化に関する研究	玉井虎太郎
1960	日本水利施設進展の研究	牧隆泰
1967	代かきにおける土壌の崩壊機構とその作業機の諸特性に関する研究	山沢新吾
1969	放射能式地下水探査法	落合敏郎
1970	農業水文学に関する一連の研究	金子良
1973	軟弱地盤の圧密沈下に関する一連の研究	山田伴次郎
1977	粘土質の水田の排水に関する研究	田渕俊雄
1981	霞ヶ浦の水質汚濁に関する研究	須藤清次（代表）
1984	貯水ダムの設計に関する研究	沢田敏男

表 6.3 農業工学分野の日本農学賞受賞者（20 世紀終盤）

年	研究の内容	受賞者
1985	灌漑用貯水池の堆砂とその防除に関する研究	吉良八郎
1987	広域農業水利系のシステム特性と系構造の計画学理に関する研究	緒形博之
1988	農業機械の自動制御に関する研究	川村登
1990	水田地域農業水利の近代化特性とそのシステム主要部の計画・設計に関する一連の研究	志村博康
1992	極値水文学の展開と農業水利施設防災計画への応用に関する研究	角屋睦
1993	植物生育環境の解析と制御に関する研究	高倉直
1995	海面干拓農地の高度利用技術の開発と農地管理に関する一連の研究	長堀金造
1995	海洋生態環境造成に関する研究	中村充
1997	物理環境調節による培養植物の成長制御と大量増殖に関する研究	古在豊樹
1998	土壌間隙の立体構造と透水抑制に関する研究	徳永光一
1999	水循環の素通程と農地排水に関する研究	丸山利輔

表 6.4 農業工学分野の日本農学賞受賞者（21 世紀）

年	研究の内容	受賞者
2000	農業機械のエネルギー有効利用に関する研究	木谷収
2001	北海道における農業生産基盤と農村空間形成に関する研究	梅田安治
2002	農業生産基盤における地盤工学に関する研究	仲野良紀
2003	土の物質移動科学に関する知識体系の確立	中野政詩
2003	防風施設による気象改良・沙漠化防止および気象資源の有効利用に関する農業気象学的研究	真木太一
2004	スクリュ型脱穀選別機構の開発と実用化に関する一連の研究	市川友彦
2004	生体情報（SPA）を活用する環境制御法の確立と植物工場システムの実証に関する研究	橋本康，高辻正基
2005	土壌圏・機械システム力学のモデリングとその計算力学の確立	橋口公一
2008	超臨界流体技術によるバイオエネルギーの創製に関する研究	坂志朗
2008	農業用施設に特有の構造安定性解析に適した数値解法の斬新な改良に関する研究	田中忠次
2009	大気 CO2 増加が水稲の生育と水田生態系に及ぼす影響の FACE による解明	小林和彦，岡田益己
2011	植物機能のリモートセンシングと空間情報解析に関する研究	大政謙次
2011	社会的共通資本としての灌漑排水の農業工学的評価に関する研究	三野徹
2013	藻類バイオマス生産技術の開発と藻油の航空燃料化	前川孝昭
2013	適応的解析手法の植物工場環境制御システムへの応用	村瀬治比古
2015	土壌における多様な物質移動現象理論化に関する研究	宮﨑毅
2016	ロボットと ICT による次世代農業の基盤技術	野口伸
2017	センシングシステムに基づく生物生産用知能ロボットの研究	近藤直
2018	農業情報研究分野の確立と先導	二宮正士
2020	モンスーンアジア流域水循環の見える化と気候変動研究への展開	増本隆夫

D 20世紀終盤

20世紀終盤には，わが国の社会が成長から成熟型社会へと大転換を始めた．この時期の特徴は，農業工学においても環境面を重視し始めたこと，また，新技術といわれる新しい手法の導入がより活発になったことがあげられる．実際，研究テーマ名において「環境」の文字が使われ始めたのは，この時代である．この時期においては，表6.3に示す研究に対し，日本農学賞が授与された．

E 21世紀

21世紀に入ると，環境問題や気候変動問題が地球規模で顕在化する一方，先端科学技術の導入が著しくなったことにより，この分野の研究事績もかなり幅広くなった．この時期においては，表6.4に示す研究に対し，日本農学賞が授与された．

6.3.2 農業工学の伝説を作った研究者・技術者たち

以上のなかにあって，特にこの分野の伝説となった研究者・技術者がいる．ここで，研究者だけを紹介するのではなく，技術者をも加えることには，以下の理由がある．すなわち，農業工学は，農村と営農現場における課題の解決を目指す技術と，その技術を支える基礎研究とから成り立つ学術分野であり，研究者と技術者の一方だけでその歴史を語ることはできない，という特性を有するのである．

A 伝説の農業工学者，上野英三郎

伝説の研究者・技術者の1人目は，日本の耕地整理を指導した先駆者，上野英三郎（1871～1925）その人である（一ノ瀬・正木，2015）．特に，水田の形状を，それまで地形勾配や褶曲に沿って不定形で小さい区画形状であったものを，灌漑用水の導入，牛馬と農機具の導入などの効率を重視して，20～40a程度の長方形区画に変更する（これを耕地整理という）ことを推奨，指導し，『耕地整理講義』にその根拠や方法を記述して普及・教育に貢献したことが有名である．日本の水田風

図6.3 上野英三郎博士とハチ公のブロンズ像

景が，整然とした長方形になったのは，こうした上野英三郎の耕地整理に関する指導によるものであり，現代日本の農村地帯の原風景を創出したといえる．上野博士が，若い時代に海外留学をして欧米の土木工学を習得し，日本に帰って農業と農村のためにその知識を応用し，なおかつ多数の行政担当者を教育育成し，実践的な技術の指導にも当たった，という実績を残したことにより，今日にあってもなお色あせない歴史を築いた．

上野英三郎は，「忠犬ハチ公」という愛称で知られるハチの飼い主であった．2015年3月8日は，ハチ没後80年記念日であった．この日，東京大学農学部キャンパスでは，時ならぬ人の波で賑わっていた．多くの新聞社やテレビ会社のカメラが，キャンパス正門に入ってすぐ左にあるブロンズ像に向かっていた．そのまわりにひしめく数百人の輪．じつは，この日，上野英三郎とハチが90年ぶり（ハチは，上野英三郎没後10年間，渋谷駅前で飼い主を待ち続けた）に再会し，その喜びをブロンズ像によって全身で表現した次第である．それが，図6.3の写真である．このブロンズ像設置の実現に尽力したのは，「東大ハチ公物語」というプロジェクトを掲げた「東大にハチ公と上野英三郎博士の像を作る会」のメンバーである．この会のメンバーは，哲学，動物学，遺体科学，社会学，地域環境工学（旧農業土木学）の専門家たちである．ハチも，農業工学の伝説を作った研

究者・技術者の仲間に加えたくなる.

B 伝説の農業工学者，鳥居信平

農業工学分野の伝説を築いた2人目は，上野の愛弟子，鳥居信平（1883～1946）である（平野，1998）．日本政府は1895年から台湾を領有し，港や鉄道の整備，田畑の灌漑などの大型公共工事を実施していたが，上野はこの実態を視察したうえで，1914年に，31歳の弟子，鳥居信平を，台湾における灌漑排水事業を含む土地改良事業の担当者として推挙した．この年に着任した鳥居信平は，期待に応え，台湾の屏東県に地下ダム，二峰圳（にほうしゅう）を造った．

鳥居信平は，まず工事の基本計画書を策定し，総督府に提出するとともに，高砂族とよばれていた住民村落を回り，彼らの狩り場や漁場に配慮し，自然破壊のない工事を約束したと伝えられている．1921年に着工した二峰圳ダムは，川の伏流水を利用した地下ダムであり，長さ327 mの堰と全長3436 mの地下導水路からなり，実に2483 haの農地を潤すものとして，1923年に完了した．

屏東県長である曹啓鴻は，2007年に当地を訪問したノンフィクション作家，平野久美子に対して「このあたりは，台湾でも最も地下水が豊富な地域です．河川から入り込んで地下を流れる水の性質を利用して地下ダムを造った鳥居信平は，風景や生態系を壊さず環境に配慮してくれた．彼の工法はほんとうに素晴らしいのです」と述べたという．日本政府による台湾統治，という歴史的な状況のもとではあったが，その当時の鳥居信平の事業が，今日に至ってもなお感謝と尊敬の念で慕われているというところに，農業工学の伝説を見るのである．こうした業績が，日本国内においても高く評価され，1936年「伏流水利用による荒蕪地開拓」という研究業績名で日本農学賞を授与された．

C 伝説の「農業工学者」，中村哲

農業工学の伝説を築き，現在もその事業を続行

中である3人目としては，脳神経の専門医でもある中村哲医師（1946～）を取り上げたい（中村，2007）．中村哲医師は，国内の病院勤務を経て，1984年，38歳にしてパキスタン北西部，州都ペシャワールに赴任，貧民層やアフガン難民のための医療活動を行ってきたが，こうした医療活動だけでは限界があることを認識した．そこで，2000年以降大干ばつ対策事業のための水源確保事業を行い，さらに「緑の大地計画」を開始し，現地ガンベリ砂漠地帯への灌漑水利計画に着手した．その中心部分は，水量豊富なクナール川から取水してガンベリ砂漠まで水を導入するマルワリード用水路全24 kmの建設工事であった．資金はすべて日本からの寄付で賄った．

中村哲が「緑の大地計画」を実行したことから，彼を農業工学者とよびたいところだが，実際は医師なので，その肩書きにはカギカッコをつけて表記した．

この，灌漑水利計画にあたって，同氏は日本において農業土木学として体系化されている既存の灌漑水利計画を独学で正確に学び，アフガニスタン東部に最も適した水路設計，取水口設計に挑戦した．その科学技術面での業績を一言で言い表せば，現地で調達可能な資材，機材，技術，労力を用いて最も合理的で機能的な灌漑排水計画を実行したことである．具体的にいうと，①日本の筑後川において国指定史跡に指定されている山田堰の「斜め堰」という技術を適用したこと，②現地生活者が日常的に石を刻んで活用する技術に優れていることに目をつけ，日本伝統の蛇籠（じゃかご）技術と合体させ，最終的に堅固で見た目にも整然とした蛇籠工（布団籠）を実施したこと，③2010年2月に全長25.5 kmの用水路を完成・開通させ，約3000 haの灌漑面積を潤し，廃村がつぎつぎと復活して15万人以上が帰農したこと，などの成果をあげたのである．中村哲医師自らが執筆した著書『医者，用水路を拓く』（2007年）に対し，農業農村工学会賞「著作賞」が授与された．

6.4
農業工学の将来

6.4.1 ▶ 望ましい資質

　この分野に進むために望ましい資質，それは，
①生物資源の生産に関わる自然現象をおもしろく
　思う好奇心，
②人間の工夫によって問題を解決したいと思うこ
　と，「何とかしたい」と考える前向きな姿勢，
である．農業工学を学ぶ場合，この2つの資質を
もっていると，より大きく成長できる．

　第一の資質　　第一の，生物資源の生産に関わ
る自然現象をおもしろく思う好奇心について具体
的に例をあげよう．

　「地球規模で起きている気候変動は，自分の地
域ではどのような影響をもたらすだろうか？」「集
中豪雨で洪水を起こした河川堤防はなぜ決壊した
のだろうか？」「自分の農地はなぜ排水不良になっ
てしまったのか？」「この傾斜畑は，勾配が緩い
のになぜ斜面崩壊してしまったのだろうか？」「水
田の不等沈下はなぜ起きたのか？」「世界の砂漠
化はなぜ起こるのか？」「なぜ一部の水田だけが
放射能に汚染されたのだろうか？」など，現実の
なかにさまざまな「問い」がある．こうした，生
物生産に関わる自然現象を前にして，「なぜだろ
う？」と思う好奇心，不思議だと思う感性，こう
したものが資質として望ましい．農業工学の将来
を担う若者に期待されるのは，現実のなかに「問
い」を発見し，その答を自分の力で見出そうと
する情熱である．「問い」は，関係農家の側から
出る疑問であったり，土地改良事業に関与する行
政官や企業人からの問題提起であったり，自分自
身に湧き起こる疑問であったり，さまざまな形を
とるが，それらの問いは実にリアルなものである．
本で読むだけでなく，現場体験を通じて形成され
る問題意識が，この分野においては大切である．

　第二の資質　　第二の，「何とかしたい」とい
う解決力，工夫力について，具体的に考えてみよ
う．「世界各地で起きている砂漠化を防止したい」
「乾燥地で塩類集積した農地の復元に貢献したい」
「日本で老朽化した水田を蘇らせたい」「自然環境
と調和した農村を設計してみたい」「絶対に壊れ
ない傾斜農地を造成したい」「畑地の排水不良を
解消したい」「自然環境や景観を壊さないような
農地，水路，道路を設計したい」「日本の最新技
術を応用して超節水技術による植物工場を建設し
たい」「途上国でも使用できる長期食品保存施設
を作りたい」「ドローンを使って農地や森林のバ
イオマスを測定したい」「農業の無人化を世界に
先駆けて実現したい」など，人間の工夫によって
技術課題を解決したいと考える人材が期待され
る．こうした「何とかしたい」という積極姿勢は，
農業工学にとって最も歓迎すべき資質である．次
に述べるように，専門分野をより深く学ぶことに
よって，「何とかしたい」という解決力，工夫力
が拡大し，その質も向上するのである．

6.4.2 ▶ 推奨される勉強
A 農業工学を学ぶ前に

　農業工学では，まずは，農学の基礎的な知識を
身につけたい．たとえば，「人口と食糧」「生態系
の中の人類」「土壌圏の科学」「水の環境科学」「環
境と景観の生物学」「生物の多様性と進化」「環境
と生物の情報科学」「化合物の多様性と生理機能」
「地球環境とバイオマス利用」「食の安全科学」な
どの幅広い科目から，いくつかの科目を選択する
ことが推奨される．

　この基礎の上に，6.2.1で述べたような農業工
学の基礎と専門基礎に関する各種科目の習得を推
奨する．

　こうした農学の基礎，農業工学の基礎を学ぶこ
とは当然であるが，もう一つ忘れてはならない勉
強がある．それは，実習，あるいはフィールドワー
クといわれているものである．大学付属農場や演
習林，また，実際に農業を営んでいる現場の多く
を訪問し，その実態に触れることが非常に重要で

6.4　農業工学の将来　　*109*

ある．単なる座学（机にかじりついて行う勉強）だけでは，農業工学分野が必要としている十分な知識は得られないのである．そこで，大学なり専門学校など教育機関が用意している現地実習，フィールドワークには積極的に参加，出席することを推奨する．

B 基礎から応用，専門知識へ

さて，こうした基礎的な勉強の先には，農業工学の中で分かれている専門分野に進むための勉強が用意されている．いくつかを例示すれば，

- 農地に関する科目： 測量学，農地環境工学，農業基盤計画学など
- 水に関する科目： 水理学，水文学，農業造構学など
- 土に関する科目： 土壌保全学，土質力学，土壌物理学など
- 環境調節に関する科目： 農業気象学，生物環境工学など
- 機械に関する科目： 制御工学，機械設計・製図，生物機械設計工学など
- 生産物管理に関する科目： ポストハーベスト工学，生物プロセス工学など
- IT に関する科目： リモートセンシング，生体計測情報学，情報処理演習など

などの科目を選択し，専門分野における知識を養成する．これらの知識は，農学教育のなかにありながら，工学的な特徴を強く帯びているので，農学のなかでは特異な存在として知られている．しかし，農業工学の目標に照らせば，なぜ農学のなかに置かれているか，自明であろう．

6.4.3 農業工学の優れた技術者を育成するための取り組み JABEE とは

農業工学の教育においては，JABEE とよばれる機構が教育レベルの維持向上に貢献している．JABEE は Japan Accreditation Board for Engineering Education の 5 つの頭文字をつなげた略語で，「ジャビー」と発音し，日本技術者教育認定機構と和訳されている．

JABEE は，技術者教育の振興，国際的に通用する技術者の育成を目的として 1999 年に設立された．JABEE は，大学などの高等教育機関で実施されている技術者を育成する教育プログラムが社会の要求水準を満たしているかを国際的な同等性を持つ認定基準に基づいて認定する法人（第三者機関）である．

JABEE による技術者の定義を引用しよう．

「数理科学，自然科学および人工科学等の知識を駆使し，社会や環境に対する影響を予見しながら資源と自然力を経済的に活用し，人類の利益と安全に貢献するハード・ソフトの人工物やシステムを研究・開発・製造・運用・維持する専門職業に携わる専門職業人である．」

この文章から伝わるように，農業工学の目標や使命と JABEE が目指す方向とは大きな枠のなかで一致している．そのため，農業工学の教育プログラムを，できるだけ JABEE 認定を獲得できるものとするための努力が，各大学で払われている．目指す大学の専門分野が JABEE 認定を獲得しているかどうかを調べてみると，その大学や専攻を選択するかどうかの意思決定に役立つだろう．

2015 年 4 月時点で，農業工学の教育プログラムにおいて JABEE 認定を獲得している大学は，宇都宮大学，愛媛大学，岡山大学，北里大学，九州大学，高知大学，神戸大学，島根大学，東京農業大学，新潟大学，日本大学，弘前大学，三重大学，琉球大学，ボゴール農科大学（インドネシア），の 15 大学である．

6.4.4 関連分野，協力分野，近未来に拡大・発展しそうな分野

A 農学と工学の懸け橋としての農業工学

農業工学は，農業や農村の発展のために存在するという意味では，生物学や生命科学を中心とする各種農学分野（農業生物学，水産学，森林科学，農芸化学，農業経済学，獣医学，畜産学など）と，

同じ目標を共有する。この目標を達成するために，農地の土層改良と関連する土壌学，農地や中山間地を網羅する測量学，農村振興につながる農村計画学，貯蔵技術などと連動する食品管理，生物生産システムのための光，水，ガス環境制御学，環境要素に対する植物の光合成応答解析など，生物学や生命科学と隣り合わせ，もしくは共同で開発すべき研究分野を重視している。

　その一方で，農業工学は，多くの手法を工学に求めている。たとえば，農業工学のなかでも農業土木と称されるセクションでは，土木工学との共通分野が多く，ダムや水路の設計，耐震性解析，開水路や管水路中の水理学，斜面崩壊や地すべり防止など国土の開発や安全管理に欠かせない分野では，特に共通した手法をもつことが多い。地盤工学会という学会は，工学部の土木学と農学部の農業土木学が，その共通部分を発展させるために発足させて，今日に至っている。

　注意すべきなのは，農業地帯や農村には，自然環境の保全や農村社会の持続性など，特有の条件を考慮する必要があるから，こうした条件に配慮しながら工学的手法を適切に運用するためには，農学全般の枠組みのなかで工学的手法を適用することが大切だ，という点である。

B 地域環境を守り，創造する学としての農業工学

　農業工学は，どこか離れた土地の工場で製作したものを輸送して持ち込む技術ではなく，技術を必要としている地域において設計・施工・管理などを行う技術という性格が強い。これは，工学のなかにおいても独特な性格を有するものといえる。近年，「地方創生」「地域振興」「地域おこし」などの標語が目立つが，地域環境を守りながらさらに地域の機能を高めるような設計・施工・管理などを遂行するためには，農業工学の知識と技術が不可欠となる。

　具体的な例をあげれば，2011 年に巨大地震，巨大津波，原子力発電所事故，という三重の災害が東北地方を襲い，6 年を経過した現在でもなお，

そこからの復興は途上にある。こうした地域で，真っ先に必要とされた災害復旧のなかには，農業用水路，排水路，揚水機場などの修復，津波を受けた農地からの除塩，放射能汚染を受けた農地の除染，など，農業工学の貢献なくしては語れない項目が数多く存在し，実際，国の機関や自治体，建設関連企業，コンサルタント，大学，研究機関などの力を総動員してきた。

　そして，個々の復興事業は，地域住民の実情や現場の自然条件の実態をふまえた設計・施工・管理が必要であった。こうした実例の記録は，農林水産省のウェブサイトなどにも詳しく掲載され，農業工学の具体的な貢献を読み取ることができる。

C 自然環境科学と課題を共有する農業工学

　農業工学は，自然環境との調和を図りつつ，生物資源の生産と利用に必要な工学的手法を発展させることを使命としているので，自然環境をより深く理解し，どうしたら環境と調和できるか，どうしたら持続可能な社会の構築に貢献できるか，といった課題を掲げる。そういう特質から，環境諸科学との関連性が強まり，なかには「環境のことを知りたいから」という理由でこの分野を選ぶ学生も増えてきた。

　このことにより，「農業工学」という分野名自体も多くのバリエーションをもつようになり，現在では，農業工学の同義語として生物環境工学，生物環境科学，生物資源学，生物資源環境学，地域環境工学，地域環境科学，地域資源環境学，生産環境工学，生産環境科学，共生環境科学，環境管理工学などが使用されている。

　「環境」という文字が多用されていることがわかるだろう。

　農業工学が自然環境科学に接近したもう一つの理由は，この分野が水や大気や化学物質など物質の循環を扱う分野だ，ということにある。特に，大河川からダムや貯水池などを経由して末端の畑や水田に計画的に水を導入し，さらに余剰な水を

滞留なく排水して河川に戻すためには，優れた水路システムの設計・施工が要求される．このような技術が適切に使われるためには，地域の水循環に関する深い理解を必要とする．狭い地域から広域まで連続する水循環の特性を正しく把握することは，農業工学にとって必要なだけでなく，水循環を扱う環境分野の諸科学においても共通する事項である．

土壌汚染，大気汚染，水質汚染といった環境問題にも，農業工学の積極的な貢献が期待され，従来からそうした問題に取り組んできた都市工学や衛生工学といった分野との共通性も拡大している．さらには，農地や農業用水の管理のあり方が地球環境問題にも深く関わることがわかってきたので，地球環境を扱う大きな枠組みの学術分野との連携も生まれ始めた．農業工学分野の一部の研究者が，「地球惑星科学連合」の関連セクションでも一翼を担うようになってきているのは，その表れである．

このように，農業工学は，本来，環境科学と緊密な関係にあったが，今後，大きく取り上げられるであろう地球の気候変動問題にも対応するためには，ますます環境科学との連携が求められることも当然である．

D 未来につながる技術

最近のテクノロジー進歩は著しい．ひとたび新技術の有用性が認知されると，その広がりもまた急速かつグローバルである．

農業工学においても，新テクノロジーの導入，利活用は，生物資源生産のすべての面において必要不可欠である．衛星を用いた GPS 機能搭載の農業用機械が，世界のどこでも利用可能となった．ドローンを用いた画像情報の収集や活用の道も大いに議論されている．

こうした新しい技術の活用に対して，積極性，適応能力を発揮したい．新しいテクノロジーをどう活かすか，それに先鞭をつけ，分野の指導的役割を果たす人材の育成も，これからの時代に大い

に必要とされている．農業工学分野のなかの「生物環境情報工学」をはじめとする諸分野は，こうした新しい方向を切り開く使命と機運を有している．

6.4.5 執筆者自身の研究ならびに当該分野に関する夢など

A 農業工学の広い立場から学んだこと

ここでは，農業工学が「地域住民との対話」を重視する分野であることを述べてみよう．

筆者は，約 10 年間にわたり，ある県の公共事業評価委員（委員，副委員長，委員長を歴任）を務めてきた．この委員会では，毎年県によって計画される公共事業（道路事業，治水事業，急傾斜地崩壊対策事業，林道事業，砂防事業，街路事業，公園事業，下水道事業など）について，それが納税者と県民にとって適切な事業であるかどうかを事前評価し，同時に，現在進行中の公共事業を中間評価し，さらには，事業終了後 5 年を経過した過去の公共事業についても事後評価を行う，といった，徹底して県民側に立った審議を行う．

この経験を通し，農業工学が関わる公共事業には，「地域住民との対話」が重要な位置を占める，という大きな特徴があることを知った．農業工学が関わる公共事業には，農業農村整備事業（畑地帯総合整備事業，中山間地域総合整備事業など）のように大きな予算枠を要求するものが多い．そこで，毎回開催される公共事業評価委員会では，県の事業担当者から説明を受け，県民を代表する複数の評価委員が質問を投げかけて審議する．

農業工学が関わる公共事業の説明に際しては，生産者の意向や周辺住民の意向といった，生きた地域情報が重要な要素となり，それが事業実施の適格性の判断の根拠にもなる．その際，利害関係者（ステークホルダーともよぶ）との直接対話によって得られる現地情報が重視される．したがって，事業説明者がそうした地域情報を十分把握しているかどうかが重要な鍵になるが，評価委員としての経験で気づいたこととして，多くの事案に

ついて，県および自治体の担当者が，地域住民との対話をよく行っていることがある．

　もちろん，道路事業など他の多くの公共事業についても，地域住民との対話を通して地域住民の意向を反映した事業展開が求められることは当然であるが，事業実施者と利害関係者との距離が遠い場合も少なくない．居住者の少ない山間地の急傾斜地崩壊対策事業で地域住民と対話せよ，といっても，そういった場面は限られてしまうだろう．こうして，多くの公共事業が，工事に関する専門家に任された状態で進行する場合が多いのに比べ，農業工学が関わる公共事業においては地域住民の意見がより多く反映されているように感じとられた．

　ここから学んだことは，農業工学の技術は，「地域住民との対話」がより大きな比重を占める，という点である．こうした特徴は，担当者の個人的資質を越えて，農業工学分野が歴史的に積み重ねてきた文化的特性によるのではないかと考えている．実際，大学の農業工学分野を卒業して国や県の自治体など，公務員を選んだ人々の多くが，就職後に農業農村において，「地域住民との対話」経験を蓄積しているのであり，そこから事業判断や行政判断を下している，と理解できる．筆者10年間の公共事業評価委員の経験に照らすと，農業工学が関わる公共事業においては，「行政は良いシステムを堅持している」と評価せずにはいられない．

B **「環境地水学」という専門分野から学んだこと**

　ここでは，研究の喜びといったことを述べよう．筆者は「環境地水学」という専門分野で，40年以上の長きにわたり，研究・教育を行ってきた．この分野は，もともとは「農業地水学」と称しており，農地における土と水の問題を総合的に扱う基礎学，と位置づけられてきた．海外では Soil and Water という言い方で，やはり同じような研究分野が発展している．

　「環境地水学」の特徴は，まず現場で課題を発見し，その課題を研究室や実験室に持ち帰って，現場で起きた現象を再現したり現場で採取した試料の分析を行ったりして，現場の課題を構成しているすべての要素を明らかにすることである．各要素について基礎研究を積み重ね，問題の本質がどこにあるかを解明した後に，課題解決の道を追究して現場へ還元する．

　筆者が手掛けた『環境地水学』（東京大学出版会，2000）の研究の主なものは，

①温度勾配下の不飽和土壌水分移動に関する研究

②斜面における土壌水分移動と斜面崩壊に関する研究

③土壌の不均一性に関する研究

④土壌微生物が土壌中の物質移動に及ぼす影響に関する研究

に集約される．

①温度勾配下の不飽和土壌水分移動に関する研究

本研究においては，夏の晴天下において，夜間に地表面付近の土壌水分が上昇する，という現象に着目した．夏から秋にかけて，夜間の地表面温度が下がることは「放射冷却」現象としてよく知られている．この「放射冷却」現象によって地上物質に結露や降霜が発生することも知られているので，地表面の土壌水分が上昇するのも「放射冷却」に伴う結露の一種だろう，というのがそれまでの知識であった．

　この常識を疑い，実際のフィールド（静岡県浜岡砂丘地を選定した）において長時間連続測定を行い，ついにその原因を解明した．すなわち，夜間に地表面付近の土壌水分が上昇するのは，地表面下の土中で温度勾配が発生し，その温度勾配に比例して水蒸気が地下から地表面に上昇して地表面付近で結露する，というメカニズムが最も重要であることを突き止めた．つまり，確かに「放射冷却」による結露は発生するのであるが，その結露の水源は，大気ではなく土壌の下部であった，という結論に至ったのであり，この研究が「温度勾配下の不飽和土壌水分移動に関する研究」とし

て完成した次第である.

聞くところによると，本研究を引用して，砂漠で真水を捕集する技術への応用が検討されたことがあるという．砂漠の表面での「放射冷却」は，日本以上に激しいであろうから，地下に発生する温度勾配も日本より大きく，したがって地下から地表面に上昇する水蒸気を捉えれば，飲み水が獲得できるであろうという発想は，適切だと思う．

本研究業績に対し，農業土木学会（当時）から「土中の温度勾配が水分移動に与える影響に関する研究」という表題で研究奨励賞が授与された．

②**斜面における土壌水分移動と斜面崩壊に関する研究**　本研究においては，豪雨時の斜面崩壊現地調査を端緒に，境界面が傾斜した傾斜境界成層土の水移動を明らかにし，成層斜面における独特な水移動が斜面崩壊の原因であることを示した．また，傾斜境界部における浸透水流屈折の法則を独自の可視化実験により見出し，飽和・不飽和浸透流における屈折法則の理論値と実測値の一致を確認した（図6.4）.

さらに，キャピラリーバリヤーと部分流発生の理論化を行い，傾斜境界部における部分流発生の予測に成功した．浸透流屈折とキャピラリーバリヤーの可視化実験は国際的にもはじめてであり，その結果の一部は *Soil Science* 誌に掲載された．

成層斜面における水分移動の知識と傾斜境界面における屈折の原理は，身近に存在する成層土壌，すなわち，農地，路床，堤防などの成層土に応用することができ，この研究は現場の化学物質や水の移動の理解の深化，予測の精密化に大きく貢献した．また，古墳構造物に見られ，廃棄物貯蔵施設への利用が検討されるキャピラリーバリアを設計する際に部分流の知見は必須であり，農学を超えて歴史文化・実用面でも貢献度の高い研究成果を挙げた．

なお，本研究が海外の専門書出版社（Marcel Dekker, Inc.）に注目され，同社から *Water Flow in Soils*（初版1993年，第2版2006年）という

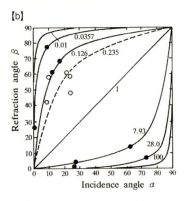

図6.4　境界部における屈折流の可視化実験（宮崎，2000）
（a）屈折流の可視化実験，（b）屈折流の理論値（線）と実測値（点）

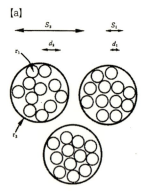
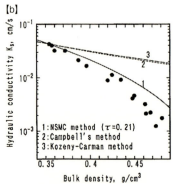

図6.5　土壌の非相似形モデルと，それを用いた土壌の透水性予測（宮崎，2000）

専門書を出版する運びとなった.

③**土壌の不均一性に関する研究**　本研究では,1960年代から広く用いられてきた相似形を仮定した土壌物理性予測理論に代わる非相似形モデル（図6.5a）を提案した. 相似形理論が間隙と土粒子がともに膨張収縮するという非現実的な仮定に基づいているのに対して,非相似形モデルは,乾燥密度の大小は,土中の間隙の大小のみに関わるという合理的な考え方に基づく画期的なものである. 図6.5b側の実線1は,非相似形モデルによる土壌透水性の予測値であり,他の既存理論（点線2,3）に比べ,実測値（プロット）とより良い一致を示した. これによって乾燥密度という入手容易な量を媒介に農業分野,環境保全分野において利用価値の高い透水係数,保水性の高精度面的予測が可能になった.

土壌の不均質性では,マクロポアの存在がよく知られている. 土壌のマクロポアは,粘性土壌の乾燥亀裂,植物根の腐朽後に残された根成孔隙,土壌動物の生活痕跡,暗渠施工や心土破砕など人為的な粗大孔隙などからなり,このマクロポアが雨水浸透の促進や不均一な浸透流発生の原因として知られてきた. しかし,埋没型のマクロポアが水分移動現象に対して重要な機能を有することを論証し,特に不飽和浸透領域ではマクロポアが浸透阻害要因となる原理について,理論的実験的な提示を行った.

本研究業績に対し,農業土木学会（当時）から「土壌の不均一性を考慮に入れた水分移動に関する一連の研究」という表題で学術賞が授与された.

④**土壌微生物が土壌中の物質移動に及ぼす影響に関する研究**　本研究では,2つの柱がある. 1つめは微生物活動が透水性に与える影響のモデル化である. 現場で見られる不可解な透水性の低下が微生物の活動に由来することを示し,さらに,微生物コロニーに大きさを仮定して上述の非相似形理論を援用し,微生物活動による透水性変化を定量的に予測することに成功した. これは,たとえば微生物を用いた土壌浄化や水質浄化における土の目詰まり,それに伴う浄化機能低下を予測するために重要な知見となった.

2つめは,湿地の物質循環における微生物活動の寄与の研究である. 湿地のゆっくりとした水・物質循環や農地開発に伴う数mにも及ぶ地盤沈下が土質力学的な検討では説明できないことを実証し,有機物である泥炭を分解する微生物活動の重要性を明らかにした. さらに,泥炭が分解された結果生じるメタンの気泡が泥炭の透水係数を決め,これによって制限される水の浸透が泥炭分解速度を決めるという泥炭分解の制御機構を見出した. また,湿地から発生する二酸化炭素,メタンは,温室効果ガスとして発生量の把握が求められる. 本研究では,封入気泡として泥炭中に存在するメタンガスに着目し,大気圧の変動や春の氷雪融解に伴って封入気泡由来の大きなメタン放出が生じることを世界ではじめて報告した. これは,定期的な観測を繰り返しても湿地から発生する温室効果ガス量を把握できないことを指摘し,温室効果ガスの連続測定という課題を提起したもので,温暖化予測・対応研究において非常に大きなインパクトを与えた.

本研究業績を含む全業績に対し,日本農学会から「土壌における多様な物質移動現象の理論化に関する研究」という表題で日本農学賞が授与され,同時に読売農学賞も授与された.

C 夢

私は,高校時代には農業工学という分野の存在を知らなかった. 大学に入学して,農学部のなかにも理工系の学科が存在することを知り,非常に嬉しかったことを覚えている. というのは,理工系が好きだったけれども,細分化された理工系のなかの1つだけを選ばなければならないという選択肢について,違和感をもっていたからである.

農業工学に進学して,初めて感激したことがある. それは,旅行したり写真で見たりして,何気なく眺めていた日本の「自然」とよばれる風景が,

6.4　農業工学の将来　　115

実は多くの人間が関わる技術によって創造された
ものだと知ったことである．小川も良い，緑も良
い，畑や水田と調和した農村風景も良い，飛行機
から眺める整然とした水田風景も良い．しかし，
それらがすべて人間の手で設計され施工され管理
されて存在していることを理解するには，かなり
の時間を必要とした．これは，農業工学という分
野に進んだ後で学び，知ったことである．

　こうして，今では農業工学という分野に進学し，
そのなかで基礎的な分野である「環境地水学」で
研究を続けてこられたことに感謝し，満足してい
る．しかし，農業工学という分野そのものの認知
度はきわめて低いので，周囲の人にこの分野の説
明をし，理解を求めることは，たいへん難しい．
ということは，高校生や大学入学直後の学生に対
しても，この分野のことがほとんど伝わっていな
いだろうと思う．

　私の夢は，日本の自然風景がもう一段高いレベ
ルに到達することである．スイスの自然風景に接
すると，山の斜面の隅々にまで人間の手が加わり，
遠くから見ても近くから見ても美しく，しかも何
か心の安らぎを覚えるのは，なぜだろうか？　ど
んな山奥に足を踏み入れても，日本で見聞きする
過疎や高齢化といった寂れた印象よりは，美しさ
や豊かさを実感する．この違いは何だろう，と思
う．おそらく，スイスでは国民のだれもが自国の
自然風景に自信と誇りをもち，また，それを維持
するための貢献を引き受けているのだろう．しか

し他国を羨んで自国をそれに近づけようとするの
は，先進国の模範的あり方とはいえない．したがっ
て，日本では日本独自の自然風景をもち，自信と
誇りを持ってこれを維持管理すべきだろう．そし
て，この項のはじめに述べたように，誇るべき日
本の自然風景が，実は多くの人間の努力，工夫，
貢献によって成り立っていることを胸に刻んでお
くことが大切だと思う．

　農業農村地帯を含む日本の自然風景が，もっと
美しく，もっと安全で，もっと持続可能になるた
めに，農業工学の貢献が必要とされている，と思っ
ている．　　　　　　　　　　　　　　　［宮﨑毅］

＊ 中村哲医師は，2019 年 12 月 4 日，アフガニスタンで銃撃され
命を絶たれた．誠に残念であり心から哀悼の意を表したい．

▷注 ────────────────
*1)　国土交通省「平成 28 年版 日本の水資源の現況」
　　http://www.mlit.go.jp/common/001049556.pdf

▶参考図書 ────────────
一ノ瀬正樹，正木春彦 編（2015）『東大ハチ公物語』
　　東京大学出版会.
中村哲（2007）『医者，用水路を拓く』石風社.
平野久美子（1998）『日台水の絆 水の優しい心情を
　　知る──鳥居信平の物語』屏東縣政府出版.
宮﨑毅（2000）『環境地水学』東京大学出版会.
Miyazaki, Tsuyoshi（2006）*Water Flow in Soils*,
　　Second Edition, Taylor & Francis Group.
Miyazaki, Tsuyoshi, Shuichi Hasegawa, Tatsuaki
　　Kasubuchi（1993）*Water Flow in Soils*, Marcel
　　Dekker.

第7章

森林科学（林学）

7.1 総合科学としての森林科学

7.1.1 森林科学とは

　森林科学とは森林および林業を対象とした学問分野で，自然科学，工学，社会科学の多くの学問領域を含む総合科学である（表7.1）．現在では古い名称の「林学」という言葉はあまり使われず，「森林科学」という名称が使われている．農学部のある大学すべてに森林科学を総合的に学べる学科が存在するわけではないが，各大学の農学部，理学部，環境関連の学部に特定の研究分野が存在する場合がある．森林科学科とか森林の環境，保全，利用などのキーワードで検索すると森林関連の研究室を見つけることができる．「林学」が使われた時代は森林の主目的が木材生産であったため，主に林業について研究教育が行われてきた．しかし，現在の森林科学という名称が使われだしてからは林業だけでなく森林のもつ多面的機能（表7.2）である木材生産等，水源涵養（かんよう），災害防止，生物多様性保全，地球環境保全，レクリエーション，快適環境形成，文化などや森林に生息する生物の基礎的な研究，木材のさまざまな利用などの，幅広い分野の教育研究が行われている（図7.1）．

　本章では森林科学の概略を述べ，近年，森林科学のなかで注目されている研究トピックをいくつか紹介する．

表7.1　森林科学の主な学問分野

研究の対象	学問分野名
生物	森林生態学，林木育種学，森林保護学，野生鳥獣管理学，特用林産学
環境	森林水文学，山地防災学
林業	森林計測学，育林学，森林利用学，路網整備学，林業機械学，林業経済学，森林経理学，林政学，森林風致学
木材	木材組織学，木材加工学，木材改良学，木材保存学，木材化学

表7.2　森林のもつ多面的機能（林業白書，2015）

機能	内容
物質生産	木材，食料，工業原料，工芸材料
生物多様性保全	生態系保全，生物種多様性保全，遺伝的多様性保全
地球環境保全	地球温暖化緩和，気候の安定化
土砂災害防止／土壌保全	表面侵食防止，表彰崩壊防止，雪崩防止，防風，防雪
水源涵養	洪水緩和，水資源貯留，水量調節，水質浄化
快適環境形成	気候緩和，大気浄化
保健・レクリエーション	療養，保養，行楽，スポーツ
文化	景観・風致，学習・教育，宗教・祭礼，芸術，伝統文化，地域の多様性

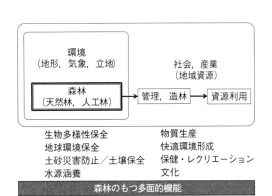

図7.1　森林科学の研究対象のイメージ図

7.1.2 森林と人間との関わり

森林とは広い範囲に樹木が密生している場所のことを指す. 自然にできたものを自然林(天然林), 人が植えたものを人工林とよぶ. 森林は古代から人間の生活に欠かせないものであった. 人々は森から山菜, きのこや木の実を食料として採取したり, 燃料として木を伐採してきた. 有史時代になると, 農地開拓や社寺仏閣, 都の建築用の木材のために大規模に森林が伐採され, 森林が荒廃していった. また人口増加に伴って木材の需要が高まり, 製鉄(たたら製鉄)や製塩のための燃料, 農地開拓, 建築用などに大面積の森林の伐採が行われてきた. 大規模な森林伐採は江戸時代まで続いたといわれている.

江戸時代, 幕府と諸大名は森林資源の確保のために, 保護林として「御林」や「留山」を設定し, 伐採を厳しく制限し, また積極的に植林を行った結果, 森林は回復していった.

明治以降は近代産業の発展により, 再び木材の需要が増え, 森林の伐採が大規模に行われた. そのため明治政府は「森林法」を制定し, 木材需要に対応できるようにしていった. しかしながらアジア太平洋戦争の勃発に伴って, 大量の木材が必要となり, 多くの森林が伐採されて再び荒廃していった.

戦後になり, 政府は森林を回復させるために荒廃している森林だけではなく, 奥山にも「拡大造林」と称して多くの人工林を造成していった.

1964年に外材の輸入が全面自由化されたため, 急激に木材の輸入が増加し, 1990年後半には木材の自給率は20%程度まで低下した. 戦後に大規模に植林された人工林が成熟し伐採の時期(伐期)になり, 政府の国産材の振興政策により, 現在では自給率は30%程度まで回復している. 政府は木材自給率50%以上を目指してさまざまな政策を立てている.

このようにわが国の森林は, 歴史やその時の経済状態に翻弄されてきた. 現在のわが国の森林は豊かになり豊富な森林資源を保有している. そのため今後は経済や国の状況に大きく左右されることなく, 持続的な林業および森林管理を目指すべきである.

7.1.3 林学教育の歴史

林学に関する教育は18世紀にドイツで始まっている. わが国では明治時代にドイツから林学教育が導入され, 政府が1882年(明治15年)に東京山林学校を設立し, 林学教育をスタートさせた. その後に駒場農学校と合併され, 東京農林学校となった. この学校は現在の東京大学農学部, 筑波大学生物資源学類, 東京農工大学農学部につながっている. また, この東京農林学校は1890年に帝国大学農科大学となり, 各地でも帝国大学農学部や高等農林学校が設置され林学教育が行われるようになった.

7.1.4 研究対象

森林科学が研究対象としている森林は天然林と人工林に大きく分けられる. 天然林はさらに人の手が入っていない原生林と人の手が入った二次林に分けられる. わが国の天然林はそのほとんどが過去になんらかの人為が入っているため, 二次林が多い. わが国の森林面積は約2500万haでそのうちの約半分が天然林である(表7.3).

人工林は天然林を皆伐した後に, 林業樹種であるスギ, ヒノキなどの単一樹種を植栽したもので, 木材の生産を行うための林である(表7.4).

表7.3 我が国の森林面積 (林業白書, 2015)

種別	面積 (万ha)	割合 (%)
森林面積	2508	66
その他	1271	34
国土面積	3779	100

種別	面積 (万ha)	割合 (%)
天然林	1343	54
人工林	1029	41
その他	136	5
森林面積	2508	100

表 7.4 人工林（1029 万 ha）の主要樹種別
構成面積割合（林業白書, 2015）

樹種	面積割合（%）
スギ	44
ヒノキ	25
カラマツ	10
その他	21
計	100

これらの森林に生息するすべての生物種，生物間相互作用，生態系，立地環境（土壌，気象，景観など）を研究対象とする．人工林の場合も前述の内容のほか，路網，伐採，集材，労働，経済，集落など林業を取り巻く環境や人間活動も研究対象である．また集材した木材の材としての利用，パルプ，抽出成分の利用も研究対象として重要である．

7.2
森林科学の下位分野

7.2.1 主に生物を対象とした学問分野

森林に生息する植物，動物，微生物などすべての生物の成り立ち，歴史などを理解する学問領域で，理学部生物学科と非常に近い研究を行っている．唯一異なる点は，研究結果を応用に結びつけ，比較的近い将来に役に立つ研究を行う点である．たとえば，森林内の生物種とその環境との相互作用を研究する学問分野は森林生態学とよばれ，人気のある学問分野である．森林に生息する植物，動物，微生物などの種組成，動態，繁殖，生理，遺伝など幅広い分野の研究を行う．特に遷移，更新，物質循環などの研究は森林の成立に関わる重要なテーマであり，多くの研究が行われている．また森林が生育する環境（気候，土壌）要因と森林の生物間の相互作用なども重要な研究課題となっている．

遷移については，まったく生物が存在しない火山被害地などからの一次遷移と，その後の二次遷移を含んだ研究が行われている．更新については

種子による実生更新，萌芽による萌芽更新や多雪地帯で枝が地面について発根する伏条更新がある．また天然林で起こるギャップ更新などもよく研究されている．また物質循環では森林で重要な窒素，炭素やミネラルの循環が研究対象となっている．

成長が良く，病害虫に抵抗性が高く，材質も良い個体を作るためにさまざまな育種法が取られている．この学問分野は林木育種学とよばれ，集団のなかから優良な個体を選んでいく選抜育種，優良な個体同士を交配していく交雑育種，倍数体を活用する倍数性育種，人為的に突然変異を誘発して優良な個体を選抜する突然変異育種，DNA などの分子的なツールを使った分子育種，組織培養や遺伝子組換えなどのバイオテクノロジーを用いた育種などの研究が行われている．これまでに精英樹と呼ばれる成長や材質が良い個体がスギ，ヒノキ，アカマツ，クロマツ，カラマツ，トドマツ，エゾマツなどの有用樹種で選抜されている（表7.5）．これらをもとにして育種が行われ，さらに成長や材質の良い個体の選抜が行われている．またこれらの精英樹をもとに採種園（図7.2）や採穂園が作成され，植林用の苗木の生産が行われている．また花粉を飛散させない雄性不稔の個体も選抜されており，無花粉スギの生産が始まっている．特別に成長や材質の良いエリートツリーも選抜され，今後の造林に使われようとしている．近年の DNA およびタンパク質の解析技術の発展により，今後の進展が期待される分野である．

樹木の病害や虫害の診断と防除の研究を行う分

表 7.5 主要造林樹種の精英樹数（林木育種協会, 2004）

樹種	選抜された精英樹数
スギ	3659
ヒノキ	1058
アカマツ	1019
クロマツ	527
カラマツ	530
トドマツ	782
エゾマツ	470

図 7.2　採種園
(a) 一般採種園，(b) ミニチュア採種園

野が森林保護学である．病害については宿主の感受性，病原の感染力と環境条件の関係で病気が発生するため，これらの関係が主な研究の対象となる．虫害については主に穿孔性害虫，食葉性害虫などによる害の原因や防除法の研究が行われている．これまでの重要な成果にはマツ枯れの原因のマツノザイセンチュウ（*Bursaphelenchus xylophilus*）の発見や，ナラ枯れがカシノナガキクイムシの媒介する通称ナラ菌（*Raffaelea quercivora*）によって引き起こされることの解明などがあげられる．どちらも比較的近年になってから問題となった樹病である．外国から輸入材と共にわが国に侵入してきたものや，人間生活の近代化により薪炭林としての利用が行われなくなったなどの森林管理が変化したことにより生じた病気である．この分野は，地球温暖化などや森林管理方法の変化で，これまでにない病害虫が頻発しているため，今後，いっそう重要になっていくであろう．

森林にはさまざまな野生の鳥獣が生息している．これらを資源とみなして適切に管理していくことを目的とする学問分野が野生鳥獣管理学である．野生鳥獣に最も影響力があるのが人間活動である．狩猟や駆除による直接的な影響と生息域の開発などの間接的な影響がある．気象要因やこれら人間活動の影響で生態系でのバランスが崩れてしまうと，集団サイズが増減する．これを適切に管理するための知識の集積や技術開発研究を行う．このため生息数の推定，生態，個体数の推移，農作物被害，希少種，管理計画などの研究が行われている．現在では後述するニホンジカの森林被害対策が最も大きな問題となっている．人間生活の近代化，過疎化などにより，近年，重要性の増大した学問分野となってきている．

木材を除く森林由来の有用な植物や菌類およびそれらの生産物を特用林産物とよび，これらの生産やそれぞれの生物としての基礎的な研究を行っているのが特用林産学である．対象には食用きのこ類（生しいたけ，ぶなしめじ，えのきたけ，まいたけ，エリンギ，なめこ，乾しいたけ），山菜，うるし，竹材，木炭などが含まれる．食用きのこの生産額は木材生産額に匹敵するほどの大きな産業である．きのこの人口栽培技術，優良な品種を作るための育種，有用な成分分析，生態，加工，利用などの幅広い研究が行われている．育種では高生産性や機能性成分の研究が行われている．また栽培技術としては培養条件や発生特性などを解明し，効率的な栽培技術の開発が行われている．この分野は，重要な産業に関連した研究分野である．

7.2.2　主に環境を対象とした学問分野

森林を取り囲む水環境についての学問分野は森

林水文学とよばれ，森林の成り立ちや機能を理解するうえで重要な分野である．たとえば，森林に降った雨がどのように降って，土壌にしみこみ，河川となって流れていくか，また森林全体の蒸発散などの研究を含めて，森林における水の質と量の動きを科学する．特に森林伐採に伴う河川流量の変化の研究が大規模な試験地を用いて行われている．また森林が土壌中に水を蓄え，河川に流入する水をある程度，制御する水源涵養機能の解明も行われている．また災害を少しでも軽減させるために気象，降水などを局地的に予測するモデルの開発も行われている．森林の土壌に関する研究を行うのが森林土壌学である．この分野では森林土壌の生成やそのプロセス，土壌タイプの分類，土壌の物理性や化学性，植物の生育と土壌との関連など広範囲の研究が行われている．また森林土壌は森林からの未分解の落葉落枝などの有機物を多く含んでいるため，近年では炭素の貯蔵庫としての重要性が着目され，その蓄積量調査も行われている．森林土壌学は，植物の生育と密接に関連する重要な学問分野である．

　山地における崩壊などの土砂災害のメカニズムを理解して，それらの災害を防ぐ防災や減災に役立てる研究を行っているのが山地防災学である．治山学，砂防学もこのなかに含まれる．近年，勃発している局所的な集中豪雨や地震などによる災害を少しでも軽減させるための研究もこの学問分野で行われている．火山地域，荒廃地，人工林，天然林などのさまざまな山地の流域の土砂移動のメカニズムの解明が行われている．また山地の崩壊や侵食などを防止するために，植生を主体とした山腹工や砂防堰堤を作る渓流工の研究などが行われている．地滑り，崖崩れ，雪崩などの発生メカニズムや対策などの研究もさかんに行われている．災害の多いわが国には特に重要な研究分野である．

7.2.3 ▶ 主に林業を対象とした学問分野

　良い人工林を作り上げていく作業工程，すなわち種子の採取方法から苗畑での育苗，山地での植林，下刈りや除伐，間伐といった保育作業などの研究を行うのが育林学である（図7.3）．苗の養成では実生苗だけでなく，挿し木，接ぎ木，取り木も取り扱う．スギの場合は西日本では挿し木苗が多いが，東日本では実生苗がよく使われる（図7.4）．特に挿し木は優良な個体を増殖するためには重要な技術となる．山地に植栽後の下刈り，つる切り，除伐，間伐も重要な育林作業である．また天然林を択伐や皆伐した場合の天然更新方法や針葉樹の不成績造林地の広葉樹林化なども重要な研究対象となる．近年では効率的な育林作業のためにコンテナ苗などの技術も導入されている．対象種は主要造林樹種である針葉樹のスギ，ヒノキ，アカマツ，クロマツ，カラマツ，トドマツである．広葉樹の育成も研究されているが，これは用材としてのものだけでなく，景観やレクリエーション，水源涵養林や野生動植物保護など多目的なことが多い．この分野は，森林を健全に育てるためになくてはならない研究分野である．

　樹木の樹冠の形態，伐採前の立っている木の材

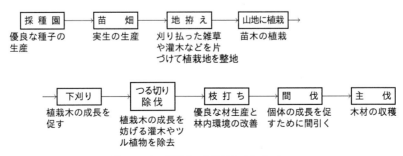

図7.3　人工林造成から伐採までのプロセス

図7.4 挿し木 (a) と実生 (b) 由来の人工林
挿し木由来の人工林はクローンであるため樹冠の形が均一である．

積，成長量を計測し，森林資源の量と質を正確に把握するための手法の開発の研究を行っているのが森林計測学である．現在ではレーダーや航空写真，衛星画像などからバイオマス量や材積量を推定する方法も研究されている．これらリモートセンシングによる森林資源やそのバイオマス量の推定の研究は今後，さらに活発になり，より精度が高くなっていくことが期待される．この分野は，バイオマス量の推定にはなくてはならない分野である．

森林資源を持続的に活用するために，その収穫のための技術やシステムの構築に関する研究を行っているのが森林利用学である．一般的にはスギやヒノキは植栽後40～50年で伐採されるが，これをたとえば植栽後80年以上にする長伐期の林業システムや除伐や間伐などのこれまで未利用だった森林資源の有効活用，森林環境に負荷の少ない機械化された伐採，集材，運材システムなどの研究も行われている．生産性を向上させるために，作業サイクル，システムの生産性などの効率性の検討も行われている．また林業機械や作業の安全性および林業労働の安全性も重要なテーマである．この分野は，木材生産に関わる重要な分野である．

森林（人工林）で効率的に木材を伐採し集材するための基盤となる林道を整備することが必要である．さまざまな地形に適切な密度で林道を整備および管理するための方法を研究するのが路網整備学である．近年では生物多様性に配慮した林道整備も行われている．森林利用学や林業機械学とも密接に関連する分野である．具体的には林道の計画，測量設計，施工，維持管理の方法が検討され，効率的な林業経営ができるような林道の整備を行うことがその目的である．この分野は，林業を効率的に行うには欠かせない分野である．

林業を効率的に行うためには機械化が重要となる．主に伐採，集材のための林業機械を研究する分野が林業機械学である．これまではチェンソー，トラクター，資材運搬用モノレール，自動枝打機などが研究されてきた．近年では高性能林業機械として木材の伐採機であるハーベスター，伐採した木材を積載して運ぶ車両であるフォワーダー，タワーのついた集材機で急傾斜地での集材に向いているタワヤーダなどの研究も行われている．伐採や集材で林地にダメージの少ない低負荷伐採および集材方法も考案されている．わが国の山地は急峻な地形が多いため，それにあった林業の機械化の研究が行われている．この分野は，今後，省力化や効率的な林業には不可欠な分野である．

林業，林産業，山村における人間の営みを研究する学問分野が林業経済学である．単に林業の木材生産に関する経済だけでなく，環境問題を含む

森林と林業および山村に関する経済を研究対象とする．木材需給率や樹木を伐採して丸太（素材）に加工する素材性産業，製材業，集成材業，合板工業などの生産状況や，木材流通の市場や問屋，小売業などの流通状況の調査も行われている．また木材貿易の動向や推移なども調査されており，わが国での木材の安定供給のために役立てられている．現在，最も重要なことは日本経済のなかで林業分野への資源配分が少ないことと，林業が産業としては持続的および効率的でないことである．これらの問題点が解決されていけば，魅力的な林業の活性化が行えるであろう．この分野は，林業を成り立たせるには欠くことのできない学問分野である．

森林には木材の供給のほか，水の蓄積と供給，動植物の生息域，二酸化炭素の吸収，山地災害の防止機能などの多面的な価値がある．これらの機能や価値を持続的に発揮させるための適切な管理技術や森林計画の策定が必要となる．いわゆる森林の公益的機能である．この計画や管理のための森林計測，成長量予測などについてリモートセンシング技術などを駆使しながら実践的な研究を行う学問分野が森林経理学である．森林計測学の技術も森林の材積推定に活用されている．

森林および林業を取りまく政策，経済や社会のあり方に関する研究分野で，過去の森林および林業の歴史的な経緯，現状分析，将来に向けた政策提言なども含む学問分野が林政学である．林業経済学とある程度の重複がある．わが国の林業振興に直結する造林や林道整備のための政策がとられ，森林の所有形態（国有林，公有林，私有林）ごとの経営や政策についても研究が行われている．また森林組合や地域の林業政策も研究の対象となっている．近年では環境保全や森林でのレクリエーションも重要な研究対象となっている．林業と社会を結びつける重要な学問分野である．

森林の自然環境や人為が加わった山村や里山などの景観，風景を研究し，豊かで快適な生活に役立てる研究分野が森林風致学である．この分野では森林の環境影響評価やその結果に基づく自然再生，環境緑化の計画や工法，植栽後の管理が研究の対象となる．森林風致学の内容は造園学，土木学，都市計画学などの自然科学的手法から心理学，地理学などの社会科学の手法を取り入れている．美しい森林風景を評価し，その保護と利用などを考えるほか，観光にも関連した学問分野である．

7.2.4 主に木材を対象とした学問分野

木材の構造，組織や性質について研究する分野が木材組織学である．木材での樹種分類や木材と成長との関連，広葉樹材と針葉樹材の違いや，傷害による木材の変化なども研究の対象となっている．木材だけでも樹種の識別がある程度可能なほど木材組織の研究が行われてきている．また木材の形成に関わる伸長成長と肥大成長，木部細胞の分化，細胞壁の形成，心材形成なども重要な研究となっている．木材の強度などの物理的特性や木材成分による化学的特性などもよく研究される．成分の違いによって材や樹種の分類をする研究も行われている．木材の基礎的な部分の研究を主に行う分野である．

木材を利用する上で必要な切削，乾燥，接着，注入，塗装，組み立てなどの木材の特性に応じた技術を開発する分野が木材加工学である．これにより木材の効率的な利用を考え，安全な木製品を加工する技術開発を行っている．加工プロセスは，原材料の性質，加工工具の特性，加工方法が相互に関連しているため，それぞれの木材の特質に応じた工具，加工方法の検討が必要となる．その木材の特性は木材組織学の知識を生かすことになる．有効に木材を利用するための学問である．

木材のさまざまな特性を活用して，化学的および物理的に改良し，より良い木材製品を作り出す研究分野が木材改良学である．合板類，集成材，パーティクルボード，ファイバーボードなどの木材の特性を利用した製品の研究も行われて

いる．近年では板の層を各層で互いに直交するように積層接着した厚型パネルで，CLT（cross laminated timber）とよばれる有力な集成材も開発されている．また間伐材などの未利用・低利用森林資源を有効に活用する目的で，ウッドブロックなどの開発が試みられている．これは，性能の高い製品を生み出す分野である．

木材を長く利用するための保存方法を研究する分野が木材保存学である．微生物による木材の分解やシロアリなどの虫害による木造建築物の被害を防ぐために，さまざまな保存剤を用いた木材の保存や耐久試験などが行われている．また木材建築物を燃えにくくするための難燃性付与の研究も行われている．環境に配慮した安全性が高い保存処理技術の開発，さらには耐震性などの構造信頼性を備えた木材や住宅の耐久化技術の確立などが重要な課題となっている．

木材の成分やその利用法に関する化学的研究を行う分野が木材化学である．木材は製紙用のパルプ原料としても多く活用されるので，効率的にパルプ繊維が取り出せるような研究もさかんである．また製紙化や目的に応じた紙の効率的な生産方法の研究も行われている．また紙のリサイクルも最近の重要なテーマの一つである．近年注目されているバイオマスエネルギーもこれからますますさかんになってくるであろう研究トピックである．木質バイオマスには，セルロース，ヘミセルロースとよばれる多糖類と芳香族天然高分子であるリグニンが存在するが，特にこれまで未利用だったリグニンの構造研究やその利用などが精力的に進められている．木質バイオマス内の20〜35%を占めるリグニンを用いて炭素繊維など高付加価値製品の開発などが行われている．

7.3 最近の森林科学でのトピック

7.3.1 主に生物を対象とした森林科学分野のトピック

■**広葉樹林化**　不成績造林地，手入れ不足の人工林，経済的に成り立たない人工林などを従来の健全な広葉樹の森に誘導し，育成していくことである．方法として①天然更新を促進し，更新を確実にする方法，②植栽による更新の新しい手法や考え方，③益的機能を維持向上させるための施業法やその評価方法などが提唱されている（森林総合研究所，2012）．

■**マツ枯れ抵抗性／耐性**　大量のマツ枯れの主原因となるマツノザイセンチュウは北米原産でマツノマダラカミキリを介して伝染していく．わが国では，この線虫によるマツ枯れは1970年に九州で初めて発見され，その後，北海道を除く全都道府県で被害が確認されている．日本をはじめアジアのマツ類の多くはこのマツノザイセンチュウに感受性であるため大きな被害が出ている．一方，原産地の北米ではマツ類がマツノザイセンチュウに耐性をもっているため，この線虫による甚大な被害はでていない．わが国での被害は1979年をピークに減少している．これは多くのマツ林がすでに枯れてしまったためだと考えられる．マツノザイセンチュウに抵抗性のアカマツおよびクロマツの品種の開発も進められている．それぞれの種で221，154の抵抗性個体が選抜されて，これらの個体は接ぎ木個体として1か所に集められて採種園が作られており，抵抗性個体の種苗生産が行われている．

■**ナラ枯れ**　1990年以降に日本各地でナラ類，シイ類，カシ類の樹木の大量枯死が発生するようになった．これは穿孔性昆虫のカシノナガキクイムシが媒介する菌類（*Raffaelea quercivora*）が原因であることが明らかになっている．この菌が侵入することで導管が目詰まりを起こし，樹液を上

部へ送ることができず枯死する. ナラ枯れは樹齢が40〜70年の比較的大きな個体にみられる. これらは放置された薪炭林に多く，人間の生活様式の変化により，里山でのナラ枯れの被害が大きくなったと考えられている. この対策として被害木の伐倒および処理，薬剤注入または散布，シートなどによる予防，大径木になる前の材の活用などが提案されている[*1].

■ニホンジカ被害対策　わが国の野生鳥獣被害面積のうち約7割がニホンジカによるものである. これは人間活動の変化などによる複合的な要因によって個体数が増加し，分布の拡大が起こったことによると考えられている. 被害は新植地の植栽された苗や餌の少ない冬場の樹皮，森林の下層植生などに及び，森林を衰退させたり，植物の多様性を極端に減少させたりする. この被害を減少させるために，効率的な捕獲方法，シカ柵の利用，樹皮剥ぎ被害対策としてテープ巻きなどの取り組みが行われているが，まだ解決には程遠い.

■遺伝的攪乱　生物多様性を保全するためには，それぞれの種の起源や歴史的な分布変遷を把握することも重要である. それぞれの種の現在の分布は長い歴史の産物である. 現在は自然再生のためや治山工事のための緑化がさかんに行われている. 特に東日本大震災の津波の被害があった沿岸部では積極的に緑化事業が行われている. 緑化は善意で行われることがほとんどである. 緑化によって緑が再生され，土砂流失防止につながり，樹木が成長すれば快適な森林が形成されレクリエーションの場として活用されたり，木材生産が行われたりして，人々に多くの恩恵を与えている. しかし，もし善意で行った緑化が，将来に在来の森林に悪影響を与えるとしたらどうだろう. 広域に分布する樹種では地域によってもっている遺伝子のタイプが大きく異なる場合がある. そのためそれぞれの地域に適応した樹木を植栽する必要がある. 現在までに樹木43種について種苗移動のための遺伝的ガイドラインが作成されている（津

村・陶山，2015).

■無花粉スギ　わが国では国民の3割がスギ花粉症を発症しているともいわれており，スギ花粉症が社会問題となっている. この問題解決のための一つの方策として無花粉スギの利用が考えられている. 1993年にスギの雄性不稔個体が発見されてから（平ほか，1993)，この個体の特徴や遺伝性が調査され，この雄性不稔は一対の核内劣性遺伝子で発現することが明らかとなった. その後も雄性不稔個体の探索が精力的に行われ，現在では4種類の雄性不稔遺伝子が発見されている[*2]. そのためこのスギを用いて無花粉スギの効率的な作成が試みられた. 富山県ではこのスギを用いて無花粉スギの品種「立山森の輝き」を開発し，精力的に苗木生産を行い，富山県内に植栽している[*3].

7.3.2 主に環境を対象とした森林科学分野のトピック

■地球温暖化防止　18世紀後半頃からの産業革命以降，化石燃料（石炭，石油など）の使用増大により温室効果ガスとよばれる二酸化炭素の大気中濃度が上昇し，それに伴って平均気温が上昇している. この温暖化の影響は多岐にわたり，自然環境や社会生活に多くの悪影響を与えることになる. そのための緩和策の一つとして森林を増やすことが考えられている. 森林では樹体内に炭素を固定できるため，植林地の増加，森林伐採の抑制などが有効と考えられている. また温暖化に伴って長期的には樹種の分布域が変化していくことが考えられる. このため将来の分布予測などの研究がさかんに行われている.

■森林と放射能　2011年の東京電力福島第一原子力発電所の事故による放射性セシウムの拡散により東日本の森林が広く汚染された. この実態について森林総合研究所が中心となり詳細な研究を行っている[*4]. これによると放射性物質は樹木の枝葉や樹皮，地表部の落葉層に多くが付着し

ており，常緑樹と落葉樹では放射性セシウムの付着の仕方が異なっていた．また樹皮の放射性セシウム濃度は高いが，樹木内部の濃度は低いという状況が続いていると報告されている．汚染地域の野生のきのこや山菜，シカなどの野生鳥獣肉については高い放射能が検出され複数の地域で出荷制限が行われている．このような状況を改善するために木材や森林生産物の効果的な除染方法の検討が行われている．

7.3.3 ▶ 主に林業を対象とした森林科学分野のトピック

■**低コスト化およびスマート林業**　7.1.2 で述べたようにわが国では，かなりの人工林が成熟期（伐期）を迎えつつある．人工林資源の持続的な利用のためには，伐採して，新たな植林および育林を行っていく循環が必要である．このためには森林育成から木材生産までの低コスト化に取り組むことが重要である．そのために地拵えの機械化，主伐と地拵えの一体化，コンテナ苗の活用，間伐方式の見直しおよび機械化，路網の整備，集材の機械化などの取り組みが行われている．ドローンや GIS（geographic information system）などの IT（information technology）を活用した材積量の測定や測量，高性能林業機械を活用した効率的な林業の技術的な改革と伐採から木材の加工，利用および製品化までの安定した供給システムが「スマート林業」とよばれるが，これを構築する社会的な改革を行うことが必要である．これにより林業が大きくシステム化され，低コスト化も可能になるだろう．

■**森林認証制度**　森林経営の持続性や環境保全への配慮など一定の基準に基づいて森林を評価し認証する制度のことである．認証された森林から産出する木材に表示をつけて，購入の際に消費者に選択できるようにしている．国際的な認証機関としては，北米で結成された「森林管理協議会（Forest Stewardship Council：FSC）」とヨーロッパが中心となって結成された「森林認証プログラム（Programme for the Endorsement of Forest Certification：PEFC）」の 2 つが存在する．わが国での取り組みは欧米に比べるとあまり進んでいない．

7.3.4 ▶ 主に木材を対象とした森林科学分野のトピック

■**CLT（cross laminated timber）**　7.2.4 で触れた CLT は 1990 年代半ばにオーストリアを中心に発展してきた構造用の木質材料で，ひき板を板の方向が層ごとに直交するように重ねて接着した大判のパネルである．この材料の特徴は寸法安定性の高さ・厚みのある製品であることから高い断熱・遮音・耐火性をもつことがあげられる．また強度が高くコンクリートに匹敵するため，梁や柱，壁材や床材の活用もできる．この材料を使うことによって高層建築も可能で，その工期もかなりの短縮が期待されている．わが国でも日本農林規格（JIS）が制定され，日本名は「直交集成材」とされ，今後の普及が期待されている．

■**木質バイオマスエネルギー**　戦後の拡大造林の結果，現在ではわが国の森林は世界でも有数の森林蓄積量を保有している．ほとんどを輸入に頼っている化石燃料に代わって，循環利用が可能なこれらの木質バイオマスの有効活用が期待される．利用法としては除伐や間伐で出る林地残材の発電用燃料としての利用，暖房用の木質ペレットの生産，木質バイオマスからバイオエタノールの生産などの研究が行われている．

7.4
日本の林業および森林に関する優れた点

■**豊かな森林生物資源**　わが国の森林は亜寒帯から亜熱帯までに及び多くの生物種が生息している．国土は狭いが世界的に見ても生物種の豊富な生物多様性のホットスポットとなっている．樹

木ではトウヒ属などの北方針葉樹林から，南方の
マングローブ林まで幅広い植生が存在している．

■里山　里山とは自然な環境と都市環境の中
間に位置し，集落，田畑および森林などから構成
されている．農山村の過疎や衰退のため里山も荒
廃してきたが，近年，里山の生物多様性や景観
の重要性が見直されて，里山の保全や活用が行
われている．日本初の概念として世界に向けて
「SATOYAMA イニシアティブ」として情報発信
が行われている*5)．

■砂防技術　日本は山国であるため山地災害
が多く発生してきた．このためさまざまな土砂災
害防止工事が行われてきた．砂防とは土砂が崩れ
たり，流れ出したりしないようにする工事のこと
である．わが国では優れた砂防技術が開発され，
海外技術協力などがさかんに行われている．その
ため海外でも "Sabo" の言葉が使われるほどに
なっている．

■挿し木林業　挿し木林業の歴史は古く，700
年前頃には挿し木が行われており，林業としては
16 世紀に九州地方で挿し木が行われている．こ
れは遺伝的に優れた個体を維持し将来の生産性を
保証するためである．林業の歴史の古い九州は特
に挿し木の在来品種が多数存在している．

■木造建築技術　わが国には世界最古の木造
建築が存在している．それは 7 世紀に創建された
法隆寺で，ユネスコの世界遺産（文化遺産）に登
録されている．これは材の耐久性だけではなく，
優れた建築技術が評価されたためである．

7.5
今後の森林科学

森林科学はこれまで述べてきたように広い学問
領域をカバーしている．近年では計測機器などの
技術開発が進み，正確で膨大なデータの取得が可
能となっている．そのためデータの解析や解釈に
かなりの時間が必要になる．これは各専門分野が

さらに細分化されていくことを示している．本章
で紹介した森林科学関連の個々の学問を学べる大
学は多いが，総合的に学べるところは少なくなっ
てきている．これはわが国の林業が木材輸入自由
化により衰退して，木材価格も低迷し，木材自給
率が 30% 程度と低いこともその一因である．わ
が国は世界でも有数の森林国であるため，森林科
学の学問領域を今後も発展させていき，世界の見
本となるような森林の管理および林業施業体系を
構築していく必要がある．そのためには森林科学
の周辺の学問や先進的な技術を積極的に取り込ん
で活気ある学問領域にすべきである．

現在では戦後に植林した人工林の多くが伐期を
迎えようとしている．これら国産材を有効に活用
して山に資金を戻していく仕組みを作っていくこ
とが重要である．また生物多様性の保全や災害の
多いわが国での防災への取り組み，森林資源の循
環利用なども重要な課題である．このためには以
下のような森林科学の方向性があるだろう．

7.5.1 ▶ 生産性の高い持続的林業

前述の通り，戦後に拡大造林された多くの人工
林が伐期を迎えようとしている．現状では木材価
格の低迷からふつうに伐採しても多くの収益は望
めない．しかし，林内に十分な密度の林道があり，
高機能林業機械を用いた伐採，集材を行うことが
できれば短期間で人件費を抑えた林業が可能とな
る．このためには特に民有林では補助金の利用や
森林組合などの協力が不可欠となる．また 7.3.3
で述べた地拵えの機械化，主伐と地拵えの一体化，
コンテナ苗の活用などの低コスト林業を実施すれ
ば，収益はさらに増加するであろう．これはまさ
に林業生産システム学の研究分野で前述のスマー
ト林業が実践されると，持続的で効率的な林業が
展開されることになる．

7.5.2 ▶ 環境防災

近年，地球規模の気候変動で，集中豪雨や多雪

7.5　今後の森林科学　　*127*

が頻発するようになってきた．わが国は急峻な山岳地域が多いため，日本各地で大きな被害が出ている．これらの被害を少しでも低減させることが必要である．しかも環境にも配慮した取り組みが重要となる．被害が生じるメカニズムを解明し，ハザードマップを作成し，危険地域をモニタリングする体制の確立が急務である．これも観測体制をIT化して自動計測を行い，緊急の場合の警報システムを構築していく必要がある．林業白書の「森林と生活に関する世論調査」でも「山崩れや洪水などの災害を防止する働き」が森林に最も期待される役割であるため重要な課題となる．

7.5.3 ▶ 生物多様性保全

生物多様性の保全は将来の遺伝資源やその活用を考えるうえでも重要である．わが国は保護林として森林生態系保護地域，森林生物遺伝資源保存林，林木遺伝資源保存林，植物群落保護林，特定動物生息地保護林，特定地理等保護林などが国によって指定されている．またこれらを結ぶ「緑の回廊」を設置して野生生物の保護を行っている．しかし，人間活動の変化や森林の管理が十分でないと，7.3.1で述べたナラ枯れ，ニホンジカ被害などの新たな問題が生じる．ただ保護林を指定するだけなでなく，人間の積極的な関与が必要となる．特定の希少植物は野焼きなどの人間活動によって維持されてきたものも少なくない．このため生物多様性保全には生態系の多様性，種の多様性，遺伝的多様性のすべてのレベルで人間が関与した適切な管理が求められていくであろう．

7.5.4 ▶ 森林資源の循環利用

これを将来にわたって持続的に利用していくためには，一度に多くを伐採するのではなく適切な森林管理のもとに伐採，植栽の計画を立てることが重要である．林野庁が推進している「植える→育てる→使う→植える」を適切に行うことで森林資源の循環ができ，将来にわたって木材が利用可能となる．また森林資源を有効に活用するには，原木の各部位を，製材用，合板用，チップ用などに無駄なく効率的に使い，それらで得られた資金を森林に戻し，森林管理が十分に行えるような体制を築いていくことが不可欠である．

7.6 今後の森林および林業の課題

現在，わが国の森林は十分の蓄積量があるにもかかわらず，木材の約70%が輸入材で賄われている．わが国の森林の約30%を占める国有林をかつては営林署が管理し伐採や造林を行っていた．しかし，現在では国有林管理は保全に主体が移行しており，営林署という名前も業務にあった森林管理署となっている．また拡大造林はかなりの山奥まで行われたために，現在では経済性を考えると活用が難しい森林も多くある．また今後のわが国の持続的林業，森林資源の循環利用を考えるうえで最低限必要な面積を算出して，森林のゾーニング（区分け）を行う必要がある．ゾーニングは，木材を生産する生産林と生物多様性保全，水源涵養，治山，レクリエーションなどのための保護林の大きく2つに分け，そのなかをさらに細分化していくことが有効かもしれない．

生産林は持続的で効率的な林業経営のための路網の整備を行っていき，高性能林業機械が十分に活用できるようにしていくことが必要であろう．また，成長が早く形質が優れた個体を植栽し育てていくことや，花粉症対策として無花粉スギを積極的に植栽することも重要である．生産林は木材を収穫することが目的であるため，花粉をつけないスギでもまったく問題はない．むしろスギの人工林から天然林への花粉の移入がなくなるため，遺伝子攪乱問題も生じないこととなる．

ゾーニングされて保護林と指定された山の奥地の人工林は，在来の樹種への転換を図っていく．いわゆる広葉樹林化のための施行を行い，在来植

生へ戻していく必要がある．また保護林はその目的に応じて，これまで指定されている保安林（水源かん養保安林，土砂流出防備保安林，土砂崩壊防備保安林など）のような区分を行い，適切に管理を行っていくことが必要であろう．　[津村義彦]

▷注 ─────────

*1) 日本森林技術協会（2015）「ナラ枯れ被害対策マニュアル改訂版」http://www.rinya.maff.go.jp/j/hogo/higai/pdf/naragaremanyual2.pdf

*2) 森林総合研究所（2011）「無花粉（雄性不稔）スギのデータベース」http://www.ffpri.affrc.go.jp/labs/mukahunsugi/mukahunsugi.pdf

*3) 富山県（2014）「優良無花粉スギ「立山森の輝き」普及推進事業」http://www.pref.toyama.jp/sections/1603/moridukuri/jigyou/mukafun.html

*4) 森林総合研究所「森林と放射能」http://www.ffpri.affrc.go.jp/rad/

*5) 環境省自然環境局「里地里山の保全・活用」http://www.env.go.jp/nature/satoyama/top.html

▶参考図書 ─────────

国立環境研究所「侵入生物データベース」https://www.nies.go.jp/biodiversity/invasive/

森林総合研究所（2012）『広葉樹林化ハンドブック2012 ── 人工林を広葉樹林へと誘導するために』森林総合研究所.

森林総合研究所（2013）「遺伝子組換えによりスギ花粉形成を抑制する技術を開発」https://www.ffpri.affrc.go.jp/press/2013/documents/20130321sugi.pdf

森林総合研究所 REDD 研究開発センター，http://www.ffpri.affrc.go.jp/redd-rdc/ja/redd/basics.html

平英彰・寺西秀豊・劔田幸子（1993）「スギの雄性不稔個体について」『日本林学会誌』Vol. 75, pp. 377-379.

津村義彦・陶山佳久 編（2015）『地図でわかる樹木の種苗移動ガイドライン』文一総合出版.

林木育種協会（2004）『林木育種のプロジェクト ──品種改良半世紀の道のりと優良品種あすへの活用』林木育種協会.

第8章

水　産　学

8.1
水産学概説

8.1.1 水産学とはどんな学問分野か

　日本は四方を海に囲まれているということもあり，古くから水産研究がさかんである．後述するように，海産魚やクルマエビを卵から出荷サイズまで育てる技術を確立したのは日本人であるし，かまぼこなどの原料となるすり身は日本発の"Surimi"として世界に知られている．水産は漁業・増養殖・加工から流通経済まで含まれる産業である．水産学はこれらの実学的研究だけでなく，水圏の基礎生産を支える植物・動物プランクトンの研究も含み，また，食用としないカイメンなどの海洋生物の抽出物からは医薬品のもとになる物質の探索研究もある．すなわち，水産学は，河川，湖沼から浅海，深海まで，ほぼすべての水域に起こる事象や，そこに生息する生物を対象にして，応用研究だけでなく，基礎学問として生物学，化学，物理学から経済学まで，きわめて幅広い分野を包含した総合科学である．

8.1.2 食品としての水産物

　人類は先史以来，魚介類を漁獲・利用し続けてきた．日本人は動物性タンパク質の約40%を魚介類から得ていて，世界平均の16.6%（2009年，FAOによる）と比べると，その割合は韓国と並んで最も高い．魚介類は健康機能性成分を多く含むことが注目されている．重要なタンパク源とい

うだけでなく，魚介類の摂取は生命と健康の維持のためにもますます重要になっている．

　日本人ほど多種多様な水産物を食べている国民もいない．魚類，エビ・カニの甲殻類，貝類・イカ・タコの軟体動物はもちろん，ウニなどの棘皮動物，ホヤなどの脊索動物から海藻類に至る生き物が食卓に上る．鰹節に含まれるイノシン酸や昆布のグルタミン酸は和食のうま味の基本を構成している．加工品も多様で，現在の寿司の原型といわれる，飯とともにフナを発酵させた「ふなずし」，アジなどを発酵液に漬けた干物の「くさや」，サバなどの魚を糠漬けにした「へしこ」など，伝統的水産食品にみられる創意工夫は枚挙にいとまがない．今，和食ブームといわれるが，水産食品は日本人の「舌」を作ってきたのである．

　一方で，100%安全な食品は存在しない．魚介類やその加工品も同様である．ではどのような問題があるのだろうか？　この点も水産学の研究分野である．まず，魚類，エビ，カニ，貝などの魚介類に対し，アレルギーを起こす人が少なからず存在する．最近は患者数が増える傾向にあり，生活習慣の変化が一因とされるが，詳細は必ずしも明らかでない．アレルギー体質の人は，どんな魚介類にアレルギー反応を示すか，よく知ったうえで，摂食を避けなければならない．天然魚の水銀やダイオキシン汚染も知られている．いずれも過剰な摂取は問題だが，現在の日本人の魚介類の摂取量では健康への悪影響を心配する必要はないとされている．一部の魚介類は有毒なので注意が必

要である．フグ毒テトロドトキシンが有名である
が，フグの種類や食べる部位，魚齢，季節によっ
ても無毒から猛毒まで，毒の量が異なる．長く毒
の由来が不明であったが，一部の細菌によって作
られ，それが食物連鎖によって餌の貝などの無脊
椎動物からフグに移行して蓄積されたものである
ことが明らかになった．フグの調理には免許が必
要で，一般の人がフグをさばくのはきわめて危険
である．フグ以外の魚やカニなどにもテトロドト
キシンをもった動物が知られている．食用貝も毒
化して出荷停止になることがある．これは植物プ
ランクトンが産生する下痢や麻痺を起こす毒を貝
が摂り込んだためである．最近はカキの生食によ
るノロウイルス中毒の発生も多い．アレルギーや
食中毒のリスクをなくし，水産食品の安全性を担
保するため，水産物の原料や原産地の表示が義務
づけられている一方，産地偽装などの不正を防止
するため，DNA 検査によって正しく表示されて
いるかを確認する研究も進んでいる．このように，
水産学はわれわれ日本人の食生活や健康と密接に
関係している．

8.1.3 ▶ 日本における水産学研究と教育

　日本の水産学の研究・教育は，1897 年に農商
務省が水産講習所を開設した頃から本格的に始
まった．日本のような水産学に特化した研究機関
や大学は欧米には存在しない．中国の水産の研究・
教育は日本の水産講習所で教育を受け，触発され
た人たちによって始められた．韓国でも水産講習
所にならって水産教育が行われた．こうしてみる
と，水産学を広く体系づけしたのは日本人であり，
水産学は日本が発祥の学問分野といってよい．

　1929 年には国に農林省水産試験場が，また主
要な県に水産試験場が設置され，研究が全国展開
した．日本の海を8つの海区に分けたことにより，
1949 年に農林省水産試験場は 8 つの水産研究所
に改組された．現在は水産研究・教育機構として，
傘下に9つの水産研究所を擁した組織となってい

る．1932 年には日本水産学会が創立されている．

　大学の水産教育の始まりは1907 年で，札幌農
学校（後に北海道大学に編入）に水産学科が，また，
東京大学（当時は東京帝国大学農科大学）に水産
学の 4 講座が設置された．水産講習所は 1949 年
に東京水産大学（現在の東京海洋大学）に改組さ
れた．現在は，北海道から沖縄まで，水産学部や
それに類する学部，学科を有する大学は国公立，
私立を含め 20 校ほどある．また，全国に 50 校ほ
どの水産に関する学科を有する高等学校が存在す
る．やはり漁業がさかんな北日本，日本海沿岸，
四国九州に多い傾向にある．

8.2
漁　業　学

8.2.1 ▶ 漁業学の概要

　ひとくちに農林水産業というが，農業と水産業
は陸と海という場の違いだけではなく，ほかにも
かなり異なる点がある．その違いを見るために，
スーパーの生鮮食品売り場を見てみよう．並べら
れている農畜産物，すなわちコメ，野菜，果物，
食肉はほぼすべて栽培，飼育されたものである．
水産物はどうかというと，およそ半分は天然もの
である．すなわち，多くは自然の水域で漁獲され
た物なのである．漁業学は，天然水産資源の漁獲
に関する研究を扱い，漁網や集魚灯・魚群探知機
といった漁具・漁法や漁船の構造や運用が含まれ
る．漁獲が過剰になると，資源が枯渇する恐れが
ある．このことは日本だけの問題ではない．現に，
世界的にも乱獲が問題視され，2000 年を境に漁
獲量の減少の兆しが見えてきた（図8.1）．そこで，
水産資源の管理や資源予測を扱う水産資源学が重
要な研究分野となっている．

　漁業生産は漁獲漁業と養殖生産に分けられる．
漁獲漁業は，陸地からの距離によって，沿岸漁業，
沖合漁業，遠洋漁業に分けられる．ここで 200 海
里（370 km に相当する）という概念が重要である．

8.2　漁　業　学　　*131*

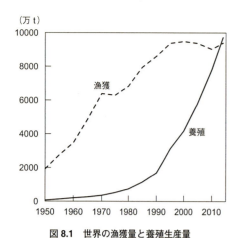

図 8.1 世界の漁獲量と養殖生産量

国連海洋法条約に基づき，沿岸国は自国の陸地から200海里の範囲内を排他的経済水域に設定することができ，水域内の水産資源などを排他的に利用する権利を保障されている．陸地から200海里以上離れた水域を公海とよぶ．日本の排他的経済水域は国土の11.8倍の447万 km^2 に及ぶ．遠洋漁業は公海上あるいは外国の200海里内で，沖合漁業は主として日本の200海里内で，沿岸漁業は日帰りで行ける程度の沿岸域内で行う漁業を指す．

8.2.2 漁業学・水産資源学の研究

水産業は漁業，増養殖，利用・加工から流通まで，幅広い産業を含んでいる．そのうちの漁業は天然資源を収穫するということで，農業とは大きく異なる．陸上では狩猟から農耕へ移行したのに対し，海面では依然として食糧の半分を「狩猟」によって得ていることになる．漁獲漁業の維持・発展を目的とした研究分野が漁業学と水産資源学である．当然，ほかの農学にはない，特殊な学問分野ということもできる．身近なイワシ（カタクチイワシとマイワシ；図8.2）を例にとって見てみよう．

魚介類の種類や成長段階によって，また，季節や地域によって，さまざまな漁具や漁法が開発されてきた．たとえば，カタクチイワシは主に春先に孵化後1～2か月，体長数cmの仔魚を沿岸域で1艘または2艘の船で網を曳いて漁獲する曳き網漁，1歳魚以上になると，沿岸の曳き網や定置網によって，さらに，沖合でまき網によっても漁獲される．

漁業を長年にわたって安定的に続けるためには，さまざまな要因によって変動する資源量を正確に推定し，適切に管理しなければならない．魚は卵から孵化した仔魚が稚魚になり，未成魚に成長して，やがて成熟し，産卵するという生活史を繰り返す．この過程で，自然死亡があったり，あるサイズ以上になると漁獲されて，資源量は減少する．産卵量は膨大で，マイワシでは1尾が数万個，多い場合は十万個の卵を産む．しかし，卵から仔魚までの間の死亡（初期減耗とよぶ）率は99.9%以上ときわめて高い．一方で，マイワシは成長して，1年で漁獲対象となり，7年以上の寿命がある．生まれ年が同じ魚をまとめて年級群とよぶが，資源量は魚の種類ごと，年級群ごとの死亡，成長，産卵数など，生活史の各段階で変動し，また，毎年の海況や気候状況によっても変動する．

図 8.2 カタクチイワシ（a シラス，b 煮干し）とマイワシ（c）

漁業を持続的に行うには，漁獲だけでなく，こうした自然現象に対応した資源の現存量や変動を知る必要がある．各魚種を構成する独立した単位を系群といい，遺伝子，形態，生態などのデータを比較して，各魚種の系群構造が調べられている．カタクチイワシでは太平洋系群，瀬戸内海系群，対馬暖流系群の3系群からなる．一方，マイワシは太平洋と対馬暖流の2つの群が互いにゆるくつながっているが，資源管理の便宜上2つの系群として分けている．資源管理は系群が単位となるため，系群ごとに成長，生残，成熟，産卵数など再生産に関連する項目を算定し，資源量を推定する．

最近は，資源変動に関して，10年から数十年サイクルで繰り返される気候変動と，それに伴う魚種の交代が注目されている．レジームシフト（生態系の体制変化）とよばれる．たとえば，今よりも海水温が低かった1980年代にはマイワシ資源が豊富で，1988年には450万tが漁獲された．それが，近年の海水温の上昇傾向に伴って，2005年には漁獲は2万8000tにまで激減した（図8.3）．一方，温暖性のカタクチイワシはマイワシとは逆の資源変動を示した（図8.3）．こうした長期的気候変動は魚だけでなく，魚の餌料となる動物プランクトンの組成にも影響を与えた．最近のカタクチイワシ資源の増加はカタクチイワシが好む大型のプランクトンの資源増加が原因になっているという説もある．このように，系群ごとに漁獲量と自然増加量やレジームシフトにかかわる要素を組み込む．最後はコンピュータを駆使して最適数学モデルを選択し，それによって資源量を推定し，具体的漁獲戦略を組み立てることになる．

水産資源を漁獲するのにルールがなければ，早く獲ったもの勝ち，いわゆる「先取り競争」になってしまう．その結果，乱獲による資源の枯渇を招く恐れが出てくる．それを防ぐために，漁業者は休漁，体長制限，操業期間・区域の制限などさまざまに自主的な資源管理を行っている．また，都道府県や国によって，魚種ごとに，地域ごとに漁法，漁獲量の制限が設けられている．たとえば，カタクチイワシの曳き網漁や定置網漁は県知事によって，沖合のまき網漁は農林水産大臣による許可を受けた漁業者だけが操業できる．県や国が資源量を推定し，それを維持するために漁業者が自主的に操業日数など，漁獲を制限している．また，漁獲量が多く，重要な資源であるサンマ，マアジ，サバ類，マイワシ，スルメイカ，スケトウダラ，ズワイガニの7魚種に対し，漁獲可能量制度（TAC）によって漁獲量を決め，漁法ごとに，都道府県ごとに漁獲可能量が配分されている．このように，さまざまな制度を設けて資源管理が図られている．

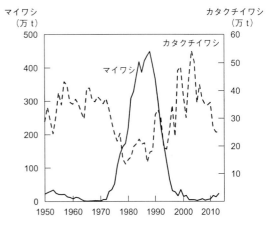

図8.3 マイワシとカタクチイワシの漁獲量の経年変化

8.2.3 漁業学・水産資源学の事績

水産講習所が開設された当時は，水産業は漁業中心の産業であったので，研究の始まりは漁業学であった．当時は漁船がようやく動力化し，遠洋に漁業が展開されるようになった時代であった．1920年代までには漁具・網地の改良に加えて，魚の行動特性の研究成果をもとに操業試験などが行われた．さまざまな漁法が改良・開発されたのもこの時期である．漁船の動力化はさらに進み，船団を組んでの遠洋進出が進んだ．戦後は，植物繊維製の漁網は，丈夫で腐食のない化学繊維製に置き換わっていった．現在行われているサンマや

スルメイカ漁は光に集まるサンマやイカの習性を利用した漁法として開発された．漁法の効率化も進んだ．日本の民間企業によって開発された魚群探知機は，魚群を定量的に測定できる計量魚群探知機に改良されて，資源調査にも使われている．漁労作業も機械によって大幅に省力化された．また，コンピュータや情報通信技術を使って，漁況や海況情報が容易に入手できるようになってきている．

古くから，年齢を査定して資源量の推定や資源変動の予測が行われてきた．年齢査定に用いられる部位は，対象となる動物によって異なるが，魚類では鱗や耳石（じせき）が使われることが多い．耳石は内耳の中に形成される微小な硬組織のことである．鱗と耳石では，ふつう，1年に1本の同心円状の輪紋構造，すなわち年輪が形成できるという性質を利用したものである．耳石については，日輪の形成も確認されていて，仔稚魚（しちぎょ）期の成長などの解析にも応用されている．また，耳石に取り込まれた環境水中の微量元素を電子顕微鏡，X線アナライザー，質量分析計などの機器を駆使して，その個体の生活履歴を追跡することもできるようになった．

漁獲努力を高めるほど漁獲量は増すが，次第に乱獲に陥って，ついに漁獲量は減少に転じる．水産資源学の分野では，数理モデルをたてて，漁獲尾数と漁獲努力量といった漁獲統計値を解析し，資源量を推定する．持続的に漁業を行いつつ最大の漁獲量を得るための最適努力量なども計算する．また，魚体にマークや標識をつけて放流した魚を標識していない天然魚とともに採捕して，標識魚と非標識魚を比較することによっても，資源量推定が行われてきた．標識法は，放流した系群の資源量だけでなく，回遊や移動範囲，成長・生残などの調査にも，古くから用いられている方法である．水温や水深などのデータを記録するメモリを内蔵したアーカイバルタグ（記録型標識）もある．採捕されるまでに標識放流魚がどこをどの

ように泳いでいたかが把握できるようになった．最近では，設定日時に自動的に魚体から切り離されて浮上し，衛星を介して浮上した位置やそれまで蓄えたデータを送る機能をつけた，ポップアップ式標識も開発されている．標識が魚体に負担をかける場合もある．標識魚が弱ったり死んだりすると，正確な資源量推定が困難となるため，魚体への影響の少ない標識法が考案されてきた．今では，新素材の標識の開発によって，推定の精度が向上している．

8.2.4 ▶ 漁業学・水産資源学の展望

漁業の機械化・効率化が進み，魚の行動特性も漁獲に応用され，魚群を「一網打尽」にすることも可能になってきた．こうした技術の進歩のなか，天然資源を持続的に利用していくためには，資源量を適正に評価して乱獲を防ぐ，資源保全型の漁業への転換が迫られている．

エルニーニョや地球温暖化など，数か月から数十年単位で起こる地球規模の環境変化が顕在化している．前述のレジームシフトも海洋環境の変動の例だろう．海洋環境の中長期的変動がどのように水圏の生態系に影響を及ぼしていくのかを解析することは，漁業の将来にとっての重大課題である．環境変動を予測することは困難と思われるが，長周期で変動する資源については，保全型漁業を念頭にした漁獲目標値の設定が必要であろう．

課題への新たな取り組みも見られる．一つは，放棄されたり，漁場から流出してしまった漁具材料の存在である．現在は，生物分解性のある，環境にやさしい素材の漁具を開発することによって，漁具による環境汚染への対策がとられている．また，漁獲対象とならない幼稚魚の混獲問題もある．そこで，必要なものだけを選択的に捕獲する漁具や漁法の開発も進められている．

遠洋漁業の衰退に伴い，今後は沿岸漁業の重要性は高まると予想される．沿岸域については，漁獲のうちの約半分は，漁獲制限，棲み場の造成，

134　第8章 水　産　学

種苗放流といった増殖努力によって維持されている。今後も安定した漁獲を持続させていくためには，水産資源の適正管理とともに，積極的に資源の増殖も図っていかなければならない。

　世界的に漁獲量は頭打ちになってきたが，それでは水産資源は開発しつくされてしまっただろうか？　答えは否で，まだ可能性は残されている。一つはハダカイワシなどの深海魚の資源で，資源量は豊富にあると推定されている。問題は生息密度が低く，効率的に漁獲しにくいことにある。もう一つの資源として，南極のオキアミがある。魚やクジラの重要な餌になっている小型のエビで，これも人間が直接利用できれば，莫大な資源となる。食品としての利用が進んでいないことが問題とされている。

8.3
増養殖学

8.3.1　増養殖学の概要

　水産学において「増殖」は特別な意味で使われ，天然の水産動植物資源を増やすために，さまざまな手段によって，その繁殖を保護したり助長したりすることをいう。繁殖保護のために，漁獲制限を設けたり，親となる魚や生まれた稚仔を保護する。繁殖助長のために，漁礁を設置したり，藻場や干潟を造成して棲み場の拡充を図る。競合する動物を排除する。人工生産した種苗を移植したり放流することも増殖活動に含まれる。ここで，増殖という行為は河川や湖沼，海では沿岸部でのみ実施されていることに留意したい。広大な海洋の沖合や遠洋ではこうした行為による魚の増殖効果は期待できないからである。陸の里山と同様，沿岸の海を「里海」と考えて，里海を構成する生物の多様性を保つことによって沿岸漁業資源の維持・増大を図る取り組みもある。これも広い意味の増殖のための活動といってよい。

　栽培漁業という言葉がよく使われる。資源を維持・増大する必要性の高い有用水産動植物について，大量に生産した種苗（人工的に生産された稚仔）を放流して育成し，漁獲することを意味する。増殖のうちの繁殖助長の範疇に属する。「獲る漁業から作る漁業へ」というキャッチフレーズもよく使われる。栽培漁業は1960年代後半に始まった事業で，背景には戦後，沿岸域の開発によって，水産動物の産卵場や稚仔の成育場が失われてきたという現実がある。放流の対象は，当初は漁獲して回収される可能性の高い貝類やシロザケなどの回遊魚が中心であったが，現在では魚類，甲殻類，軟体類，棘皮動物など，合わせて80種を超える水産動物に広がっている。この過程で，種苗生産技術，すなわち魚介類を人工的に繁殖させ，稚仔を育てる技術が大きく進歩した。放流技術も進歩している。代表的な放流魚種であるマダイでは，当初，体長数cmで放流した場合，生残率は20%程度であったが，10cmまで育ててから放流することによって，約半数が生き残るようになった。かつては目標設定した尾数を放流することが重要であったが，現在は，病原体をもたない，放流後の生残率の高い種苗を生産することや種苗生産コストに対する漁獲収入の割合，いわゆる費用対効果が重視されるようになってきている。また，親魚は放流水域の個体群から選別するなど，遺伝的多様性を損なわないように注意が払われている。増殖学ではいかに有用水産生物を増やすか，を主眼としてさまざまなアプローチから研究が行われている。

　天然資源の増殖とは別に，販売を目的として水産動植物を私有物として育てることを養殖という。前節では，漁獲漁業は世界的には頭打ちになりつつあると説明したが，世界の養殖は最近10年で生産量を4倍に伸ばし，2013年にはついに天然漁獲量を上回るまでになった（図8.1参照）。

　日本では淡水魚約20種，海水魚約30種，甲殻類としてクルマエビ，貝類ではマガキ，ホタテガイなど，棘皮動物のウニやナマコ類，藻類はスサ

8.3　増養殖学　　*135*

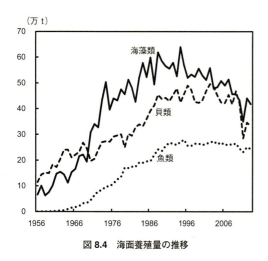

図 8.4　海面養殖量の推移

ビノリ（食用にしている海苔の種類），ワカメ，コンブなど，その他にマボヤやスッポンも養殖されている．日本では明治時代のノリ，ニジマス，ウナギ養殖を皮切りに，産業的な養殖業が始まった．その後，1960年代以降，後述する網生け簀養殖の普及により，海産魚類の養殖量は急増し，1990年以降の海産魚の養殖生産量は年間約25万トンで推移している（図8.4）．ノリの養殖量は年間30万tほどで，養殖量としては日本で最も多い．次いで，カキ，ホタテガイ（殻付）のそれぞれおよそ16～20万t，魚ではブリが10万t程度となっている．

まず，これら水産生物を人工的に飼育，増やすための方法についてみてみよう．昔から，魚を育てるには3つの条件がそろうことが必要とされている．これを養魚の三要素という．それは，水，餌，たね（＝種苗）である．これら3条件は魚に限らず，他の水産生物にも共通することである．

A 水

水生生物にとって水環境は命である．養殖では，対象とする生物のそれぞれの生理，生態的特性に合わせた飼育法をとる必要がある．魚類養殖は水の利用法によって，止水式，流水式，網生け簀式，循環式に区分される．止水式は池に魚を放養するもので，かつてはコイやウナギ養殖に用いられていたが，残餌や排泄物が蓄積し，水質が悪化しやすいため集約的に養殖できず，現在はほとんど使われていない．流水式は新鮮な水を掛け流して飼育する方法で，ニジマス，アユ，ヒラメの養殖に用いられている．この方式では用水からつねに酸素が供給され，残餌や排泄物も外へ排出されるので，止水式より収容密度をはるかに高くすることができる．現在のウナギ養殖は，冬の間は飼育水を加温して，用水の添加と排出を最小限に抑えたハウス式とよばれる循環式が採用されている．飼育水は飼育水槽と沈澱槽の間で循環させ，残餌は沈澱槽で除去する．循環式はまた，用水の入手が困難なところでも養殖できるという利点がある．最近話題となっている，山のなかでエビ，ヒラメやトラフグを養殖することも可能だが，設備投資とランニングコストの問題がある．現在，ほとんどの海水魚は波浪の影響が少ない沿岸域に設置した生け簀網を用いて養殖されている．多くは一辺が10m程度の角型の化学繊維製の網が使われている．生け簀網には発泡スチロールなどの浮子をつけ，アンカーで固定する．クロマグロの養殖では直径が30m以上の大型円形網生け簀が用いられる．その他，湖に設置した網生け簀で淡水魚を養殖する例もある．

クルマエビは沿岸を堤防で仕切った大池のなかで粗放的に養殖したり，沿岸に設置した水槽に海水を導入して集約的に養殖する方法がある．クルマエビは潜砂性があるので，いずれの方式においても10～20cmの厚さに砂を敷く．マガキやホタテガイは垂下式とよばれる方法で養殖が行われる．マガキでは夏に採取した稚貝を翌春まで潮間帯に置いて成長を抑制させて環境変化に対し耐性をつける．その後，筏に垂下して成長させ，秋から冬に出荷する．ホタテガイでは夏に採取した稚貝を翌春から垂下して1～2年後に収穫する．食卓で目にするスサビノリやワカメはほぼすべて養殖されたもので，ノリでは種苗を付着させた網を，ワカメでは種苗の付着した種糸をロープに結びつけて養成する．コンブでは約4割が養殖され

たもので，種苗糸を挟み込んだロープを垂下して養成する．いずれの場合も，それぞれの養殖対象に適した水質環境が必要であるため，養殖は比較的限られた地域で行われる場合が多い．

B 餌

魚類や甲殻類では給餌養殖といって，餌を与えて飼育する．一方，マガキやホタテガイは海水中の微小生物や有機懸濁物を，藻類では海水中の栄養塩を吸収して成長するため，餌を与える必要がない．これは無給餌養殖とよばれる．養殖は限られた水域内で高密度飼育するため，残餌や排泄物によって環境が汚染される．かつて海水魚の餌にはもっぱら生魚や冷凍魚が使われていて，内湾に深刻な汚染が進行した．その後，乾燥魚粉を固め，ペレット化した餌が主体となり，汚染は目に見えて軽減されてきている．ひと昔前の養殖魚は「臭い」といわれていた．これは餌にしていた新鮮でないイワシなどの臭いが魚肉に吸着してしまうからだといわれている．しかし，近年の養殖用飼料の進歩は目覚ましい．配合飼料の開発によって臭いは格段に減ったばかりか，さらに餌にハーブやオリーブオイルを混合したり，養殖魚の産地に合わせた柑橘類など果物の成分を混ぜる「フルーツ魚」など，逆に天然魚では得られない香りを帯びた養殖魚も生まれている．魚は種類によって必要な栄養の組成や量が異なる．たとえば身に脂がのっているブリにはマダイよりも脂肪分が多い餌が必要となる．養殖する魚種が多様化するなか，それぞれに適した飼料の開発研究が進んでいる．海産魚の養殖では餌料代は養殖コストの6割を占めるといわれる．養殖魚の価格が低迷している現在，餌料費用をいかに減らすかが経営の鍵となっており，安価でありながら魚を健康に育成できる餌の開発が急務となっている．

サケなど，孵化仔魚が比較的大きな魚種では餌を食べるようになるとすぐに配合飼料を与えるが，多くの海産魚の初期飼育（仔稚魚の飼育）では生物餌料が使われている．一般的な海産魚の餌料系列についてマダイを例にとってみよう．卵は2〜3日で孵化し，仔魚は3日目くらいから口が開き餌を食べ始める．そこでまず与えるのがシオミズツボワムシ（ワムシ）とよばれる小型の動物プランクトンである（図8.5）．ワムシは飼育施設で培養しており，仔魚の健康促進のため，魚に与える前に藻類から抽出した栄養強化剤を食わせる．孵化後20日目ごろからはワムシに加えて，ブラインシュリンプ（ホウネンエビの仲間；アルテミアともよばれる）を与え始める（図8.6）．

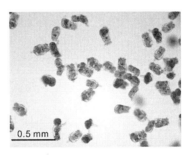

図8.5 海産魚の仔魚の餌に使われるシオミズツボワムシ

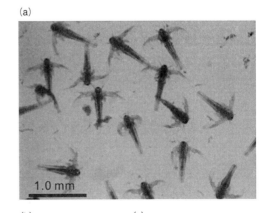

図8.6 ブラインシュリンプ（アルテミア）
(a) ノープリウス幼生，(b, c) 乾燥卵の缶詰

図 8.7　配合飼料

ブラインシュリンプは乾燥卵が缶詰となって売られており，海水に入れると翌日に孵化する．ブラインシュリンプにも栄養強化する場合が多い．その後，すべての仔魚の口が大きくなったらブラインシュリンプだけに切り替え，徐々に配合飼料に慣らしていく．配合飼料は仔魚用の微粒子状のものから，マグロの親に与える大型のものまで大きさ，形状，栄養組成が異なるものが市販されており，成長段階に合わせて切り替えていく（図 8.7）．しかし，魚種によっては孵化仔魚の口が小さく通常のワムシを食えない場合もあるし，クロマグロのように与えた餌より仲間を共食いしてしまう魚種もいるため，現在でも海産魚の初期飼育方法については試行錯誤の研究が続けられている．

C 種　　苗

魚類の養殖はふつう，卵から育てることを意味しない．餌（配合飼料）を与えて育てられるようになった稚魚，すなわち種苗から飼育を始める．一方，貝類や藻類の養殖では，養殖場で育成を始める前の採苗の工程も含めることが多い．すなわち，マガキでは浮遊幼生を，ノリでは胞子を集める作業から養殖に含める．養殖に用いられる種苗はその由来によって，天然種苗・人工種苗，あるいは国産種苗・輸入種苗というように区分される．ウナギでは，まだ人工種苗が大量には作出できないため，種苗は冬から春にかけて河口付近に集まるシラスウナギ（まだ黒色色素胞が発達していない無色透明のウナギ）の採捕に依存している．シラスウナギの量は近年激減していて，1 尾 500 円以上にまで価格が高騰する場合もある．ブリ養殖では，人工種苗生産は可能であるが，安価で，奇形もみられないモジャコとよばれるブリ稚魚約 4000 万尾が毎年採捕されて種苗として使われている．コイやニジマスなどの淡水魚，マダイ，トラフグ，ヒラメなどの初期飼育技術が確立している海産魚は人工種苗を用いるが，アユやクロマグロのように天然種苗と人工種苗の両方が使われる魚種もある．クロマグロは絶滅危惧種に指定され，種苗に使う幼魚の採捕が制限されたことから，人工種苗生産をさらに普及させる必要がある．ブリに近縁のカンパチは，ほとんどすべてが中国産の天然種苗で，毎年 1000 万～2000 万尾が輸入されている．外国産種苗の輸入には，日本に存在しなかった病原体を持ち込むリスクがあり，人工種苗生産が奨励されるが，まだ生産尾数は限られている．現在は天然資源に頼らない養殖に向けて，質の高い人工種苗を安定的に生産する技術の開発に力が注がれている．

8.3.2　増養殖学の事績
A 増養殖の歴史

増殖の歴史は古く，飛鳥時代に天武天皇が未成魚の捕獲を禁じ，魚の繁殖を保護したという記録が残されている．ただし，当時の禁漁は，仏教の殺生禁断と結びついたもので，今日の増殖の概念とは異なるという考えもある．江戸時代にはサケやアコヤガイ（真珠貝）の繁殖保護が行われた．この時代には種々の魚介類の移植や投石による人工漁礁の造成も行われた．サケの人工孵化放流が明治時代にすでに始まったことは特筆される．その後，国に水産講習所が組織され，水産の研究と教育の素地ができた．県には水産試験場が設置され，各地で有用な水産資源の増殖が組織的に展開されるようになった．大正時代には，増殖事業に対して国の補助金が交付されるようになり，対象となる種類も徐々に増えていった．このころに繁殖保護と繁殖助長が増殖事業として体系化されたといえる．昭和初期にはクルマエビの人工種苗生

産に，また，天然のホタテガイから稚貝を採苗することにも成功している．明治から昭和にかけて外国からニジマス，ソウギョ，アメリカザリガニなどが輸入され，各地に移植された．これらのなかにはブラックバスのように，現在，在来種を脅かす有害種とされるものも含まれている．

戦後になると，1962年に瀬戸内海栽培漁業センターが設立され，人工種苗生産と種苗放流が本格化した．クルマエビについては，藤永元作によって，稚エビの成長段階に合わせて，植物プランクトン，次いで小型甲殻類のブラインシュリンプを与えることによって，いち早く量産が可能となっていた．アメリカの塩湖に棲息し，耐久性のある卵を産むブラインシュリンプは，休眠卵の缶詰が市販されている．それを孵化させて，大量にノープリウス幼生（図8.6参照）を餌として与えることができたのである．一方，海水魚については稚仔に与える餌としてはブラインシュリンプは大きすぎた．その問題を解決したのが，微小プランクトンのシオミズツボワムシの大量培養であった．シオミズツボワムシを初期餌料に使うことによって，マダイを始め，多くの海水魚で人工種苗の大量生産が可能になった．サケでは，稚魚に餌を与えて，少し大きくしてから放流したところ，回帰率が向上することがわかった．現在は16億尾ほどが放流され，そのうちの3〜4%が回帰している．水産生物の成育場や漁場を造成するため，人工漁礁，藻場・海中林，干潟の耕耘，害敵生物の駆除などが国の事業として積極的に行われた．一方で，戦後は各地で工業化に伴い，工場排水による水質汚濁や赤潮の発生，沿岸の埋め立てが進んだ．これによって，水産生物の産卵場や稚仔の育成場が失われることとなった．種苗放流は水産生物の産卵場や稚仔の育成場の喪失を補完する役割も担っている．

養殖に関しては，明治以前にコイやマガキを養殖したという記録がある．明治に入って，ウナギ，アユ，ニジマスといった淡水魚，昭和に入って，ブリ，マダイといった海水魚の養殖が始まった．この頃までは，天然の稚魚や稚貝を育てることが主流であった．1960年代以降には栽培漁業の分野で人工種苗生産の技術が確立されていった．現在では，その技術を使ってウナギを除く淡水魚やマダイ，ヒラメ，トラフグなどの海水魚の養殖に人工種苗が使われている．それに伴い，養殖種の多様化が進んでいる．

B クルマエビ養殖の歴史

藤永元作は高級であったクルマエビを安く食膳に提供しようと考えていた．彼は夢を実現するためにクルマエビ養殖に挑み，試行錯誤を繰り返した．とうとう，クルマエビが成長に伴って，まず植物プランクトン，次いで動物プランクトン（供試餌料としては，ブラインシュリンプのノープリウス幼生）へと食性を変えることを発見し，成長段階に合わせた餌料の系列を考案することによって，卵から育てることに世界で初めて成功した．この発見によってクルマエビの量産化が確立し，養殖生産は年間3000tに達した．この技術は稚エビを大量生産して放流する事業にもつながり，天然資源の維持，増加につながった．現在，店頭に並ぶエビはクルマエビではなく，その近縁種のウシエビ（通称ブラックタイガー）のほうが多い．それは，日本でクルマエビ養殖の技術を学んだ台湾の廖一久によるところが大きい．廖は台湾に帰国後，ウシエビ養殖を開始した．ウシエビはクルマエビよりはるかに養殖しやすく，1980年代にはおよそ8万tを生産するまでになった．その後，原因不明の病気の流行によって生産は激減したが，拠点は東南アジアに移り，養殖産業は成長を続け，クルマエビ類の大衆化が実現した．

C 海面養殖の歴史

現在世界中で行われている海面養殖は日本が発祥である．広大な海で魚を集約的に飼うためには，「入れ物」が必要となるが，海面養殖では「生け簀」とよばれる巨大な網カゴを海に浮かべ，魚を飼育している．この網生け簀養殖法は1950年代に和

8.3 増養殖学　　139

歌山県の白浜町で原田輝雄によって開発された．

現在，日本で最も養殖量が多いブリ（ハマチ）は，市場価値が高く，比較的飼育しやすいうえ，天然稚魚が大量に採れるという，養殖対象としての3大要素を満たしており，早くから目をつけられていた．1928年には築堤式と呼ばれる自然の入り江を区切った養殖池に稚魚を放して飼育する，初の養殖事業が香川県引田で野網和三郎によって始められ，当地は「ブリ養殖発祥の地」となっている．しかし当時，養殖技術に関する研究はほとんどなされていなかった．

原田は築堤式や網仕切式養殖では，測定の際に魚を取り上げるのが重労働であること，小規模な比較試験などが困難であることに限界を感じ，1954年，竹で作った枠組みにフロート（浮き子）としてコールタールを塗った木樽を取り付け，シュロ製の網を吊した「小割式生け簀」を開発し，ブリを稚魚から数年間飼育することに成功した．「生け簀養殖」の誕生である（図8.8）．その後，網や枠組みの材質などに改良が加えられたが，基本的な生け簀の構造は変わらず，現在まで海面養殖の主流となっている．

原田がブリ養殖の研究を始めて間もなく問題となったのが，ハダムシ（*Benedenia seriolae*）という寄生虫による病気である．ハダムシはその名のとおり魚の体表に寄生し，表皮を食べる．寄生された魚は体表が傷つき，餌を食べなくなって成長不良となるだけでなく，傷から細菌感染を起こし，死亡する（図8.9）．ハダムシは天然の魚ではほとんど見られないが，養殖場では爆発的に増える．その理由は虫卵にある．ハダムシ虫卵には長い糸状の構造物がついており，生け簀網にからまりやすい（図8.10）．生け簀網の上でふ化した仔虫はすぐに生け簀内の魚に寄生できるため，養殖場はハダムシにとって天国，というわけだ．

網生け簀養殖開始と同時にハダムシ問題が深刻化し，軌道に乗り始めたブリ養殖の障害となっていた．そんな折，学生寮の食事用にと取り上げた

ブリを普通なら海水で洗うべきところを，水道水で洗ってしまった．それを見ていた職員は体表のハダムシが白濁しぽろぽろと落ちていることに気がついた．ハダムシは真水に弱いのではないか？ここから，研究がはじまり，魚を数分間真水に漬けてハダムシを駆虫する「淡水浴」が開発された．この方法は簡便で安価な寄生虫対処法として現在でも世界中で使われている．

ハダムシなどの問題もあるが，網生け簀養殖は

図8.8 竹製の7m小割生け簀でブリを飼育する原田輝雄 1963年頃（近畿大学水産研究所提供）

図8.9 ハダムシに寄生されたブリ
体表に白く見えるのが真水で死んだハダムシ

図8.10 網に絡まっているハダムシの卵
糸状のフィラメントにより絡まりやすい性質がある．

魚の取り上げが容易である，設置場所を選ばない，環境が悪化した際に移動できる，さまざまな魚種に応用できるなど，利点が多い．また，初期設備投資が少なく，小規模経営体でも参入しやすいため，網生け簀養殖は急速に普及し，海面養殖産業は一気に加速した．その後，1980年代以降は諸費用の高騰から小規模養殖業者は経営が圧迫され，大企業による大型の網生け簀を使った，効率的な養殖にシフトしている．現在では世界各地でサケ，マグロ等，さまざまな魚が，場合によっては直径50 mといった大型の網生け簀で飼育されており，回転寿司に並ぶ魚の多くが「網生け簀育ち」となっている．

8.3.3 その後の増養殖研究

増養殖学の研究は魚を作り，育てる技術の開発から，いかに効率良く，そして自然環境にやさしく，魚を育て増やすか，をテーマにした研究に移りつつある．ここでは，新しいアプローチの増養殖学分野の研究について，いくつか紹介したい．

A 完全養殖

最近「完全養殖」という言葉がメディアで取り上げられている．これは，卵から親に育てた魚から再び卵を得て親にする，すべての繁殖サイクルを飼育下で行う養殖技術を指す（図8.11）．完全養殖は天然資源に頼らずに魚を生産できるため，自然にやさしい，持続的な養殖法として注目を浴びている．

海産養殖で，産業的な完全養殖技術が確立したのは，マダイが初めてだと思われる．1960年代に，天然マダイ幼魚を養成した親魚から採卵し，稚魚を育てる技術の研究が行われた．このマダイ稚魚が親となって産卵したのが1968年頃のことである．次いで，ヒラメ，フグなどで完全養殖の産業化に成功しており，現在これらの養殖ではほとんどすべてが人工飼育した種苗が使われている．しかし，完全養殖が難しい魚もある．クロマグロ，ウナギ，イセエビは三大難種苗生産魚種として知

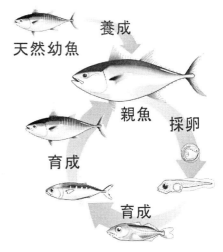

図8.11 クロマグロの完全養殖サイクル

られ，長らく完全養殖が望まれてきた．しかし，どのように産卵するのか，生まれたての子供は何を食べるのか，といった基礎的な生態についても不明な点が多く，特に発育初期の飼育の難しさが大量生産の大きなハードルとなっている．

クロマグロについては，2002年に近畿大学が完全養殖に成功し，大きな話題となった．一般的な海産養殖魚では，仔稚魚の餌にはワムシとブラインシュリンプを用いる．しかし，クロマグロの稚魚は魚食性が強く，成長が速くて大小差が出やすいため，共食いによる減耗が激しい．そこで，ほかの魚（たとえばイシダイ）の孵化仔魚を与えて共食いを減らす工夫がなされている．すなわち，マグロの餌用に別の魚の仔魚を作るわけである．また，マグロは大きな体に似合わず，大変臆病でストレスに弱い．車のヘッドライトの光に驚いて，水槽壁面や生け簀網に突進して衝突死してしまうほどである．そこで，夜間も電灯を照らして，なるべく刺激を与えないような飼育法が開発された．さらに，ほかの養殖魚に比べて消化能力が低いマグロ用に，特別な配合飼料も開発された．これらの研究開発の結果，飼育技術が格段に飛躍し，現在では年間数十万尾のクロマグロ稚魚を生産するまでになっている（図8.12）．しかし依然として稚魚期の死亡率は高く，孵化してから養殖

図 8.12 新しく開発された配合飼料を食べる完全養殖クロマグロの稚魚

原魚となる 30 cm ほどまで生き残るのは 1% 以下と，量産化への課題はまだまだ多い．ちなみにマダイでは順調であれば 80% 以上が生き残る．

ウナギは 2010 年に独立行政法人水産総合研究センターが完全養殖を達成している．しかし，小型水槽内での試験的なもので，未だ量産化には成功していない．ウナギの産卵生態については長らく不明であったが，2006 年に東京大学のチームによって産卵場所がグアム島近辺であることが突き止められ，ニュースを賑わせた．また，天然の仔魚やレプトケファルス幼生が採取され，これまで初期飼育の障害であった餌についても，消化管内容物の遺伝子解析などによって情報が得られている．飼育下のレプトケファルスはサメの卵を原料とした餌を食べることが判明した．しかし，水質が悪化しやすい，餌の大量生産が難しいなどの障害があり，いまだウナギ種苗を量産するまでには至ってはいない．そのため，天然シラスウナギの採捕量が減っている近年では，ウナギの蒲焼きの値段は「うなぎ上り」で，ウナギ味のナマズといった代替物まで登場している．

イセエビについては，100 年を超す研究がなされているが，完全養殖達成には至っていない．幼生はフィロソーマとよばれ，親エビとはまったく異なる，平たい蜘蛛のような形をしている．フィロソーマは数十回も脱皮を繰り返し，稚エビとなるが，この期間が 300 日ほどと長く，適切な餌もわかっていない．最近，フィロソーマはクラゲに乗って海中を旅している，「クラゲライダー」であることがわかってきた．クラゲを餌にした飼育研究もなされており，そう遠くない将来にイセエビの完全養殖が成功するかもしれない．

B 育種研究

ウシ，ブタなどの畜産物はすべて人工的に繁殖させたものを飼育している．しかし，魚に関しては，未だ多くが天然から採った稚魚を育てる天然資源依存型の養殖が主流である．その理由は単純に，数多くの魚を卵から育てるのは技術的に難しく，費用がかかるからである．しかし，天然種苗に頼った養殖は稚魚が安定して採れなければ成り立たないし，種苗の質にもばらつきがある．そこで，前述の完全養殖が脚光を浴びているが，完全養殖のもう一つの利点として品種改良がしやすい点があげられる．

現在，われわれが食べている牛肉や豚肉は長年の品種改良のたまもので，成長が速く，病気に強く，美味しい家畜が作られている．しかし，魚の品種改良は遅れている．観賞用の金魚や錦鯉では古代中国時代から姿形の良い品種が作り出されてきたし，ヨーロッパでも肉が食べられない聖職者によって鱗が少なく，成長が速い食用コイが作られた歴史がある．一方，海産魚の品種改良の歴史は浅い．理由は前述の通り，種苗生産技術が未だ発展途上だからである．

マダイの完全養殖が軌道に乗ったのが 1970 年代で，この頃から成長，体色，体型の良いマダイを選んで飼育する選抜育種の取り組みが始まった．毎年成長の良いマダイを選び，親に育て上げることを繰り返した結果，天然マダイでは商品サイズの 1 kg に達するまで 1000 日以上かかっていたものが，6 世代目では 700 日程度に短縮された．現在ではさらに世代を繰り返し，天然マダイに比べ，ほぼ半分の期間で出荷できるまでになっている．現在日本の養殖で使われているマダイの大部分がこの選抜育種されたマダイの子孫である．

交配を繰り返すと，遺伝子の多様性が少なくなり，形態異常が出現しやすくなる，などの問題もなくはない．しかし，育種技術を用いれば成長が速いだけでなく，病気に強く，味が良い魚の作出も可能である．最近ではハダムシに強いブリを作る試みもなされており，一定の成果が出ている．特に分子生物学の技術が進んだ現在では，特定の形質に関与する遺伝子を特定することも可能となっている．育種研究は今後大きな発展が期待される分野である．

人工的に魚を作るには親から卵を採らねばならない．魚から受精卵を得るには2通りあり，一つは水槽や生け簀で自然に産卵・授精した卵を集める方法，もう一つは卵と精子を人の手によって採取し，授精させる人工授精である（図8.13）．後の方法では好みの雌と雄を選べるため，特定の形質を持った個体を選べるし，場合によっては違う魚種を掛け合わせて新しい魚（交雑種）を作り出すこともできる．実際にブリとヒラマサの交雑魚であるブリヒラなどが商品化されている．人工授精は育種には都合が良い方法であり，研究や生産に広く用いられている．しかし，マグロのように巨大な魚で親を傷つけないように，卵や精子を採取するのはきわめて難しい．そこで，代理親魚，別名「借り腹」という方法が東京海洋大学の研究グループによって考え出された．これは，たとえばマグロから卵のもとになる細胞を採り，サバに移植すると，サバがマグロの卵を産む，という技術である．この方法を使えば，飼育管理のしやすい魚を代理親魚として使うことができる．まだ発展途上の技術であるが，これまでにヤマメにニジマスの卵を産ませることに成功しており，今後の育種研究に寄与することが期待されている．

C 無魚粉飼料の開発

水産業は自然の海や川を対象としているため，自然破壊や資源乱獲と隣り合わせである．完全養殖によって，天然稚魚に依存しない養殖が増えつつあるが，養殖魚に与える餌は天然の魚が原料となっている．養殖が始まった当初は，冷凍のイワシ，サバなどを刻んだりミンチにしたりしたものを与えていた．しかし，魚を解凍する際に大量の血などの汁（ドリップ）が出て，海の汚染につながった．当時の養殖は海を汚し，赤潮を引き起こす産業として，漁業者から白い目で見られていた．しかしその後，清潔な配合飼料の研究開発が進んだ結果，一時のような汚染はなくなり，養殖も環境に配慮した産業となってきている．

配合飼料の主原料は魚粉とよばれる，魚を乾燥粉砕したものである．主に南米やヨーロッパで大量に採れるアジやイワシといった安価な魚を使っているが，近年，魚粉原料の魚が採れなくなってきている．そこで，魚粉の代わりに，大豆やトウモロコシなどの植物タンパクを使った餌の研究開発が進んでいる．すでにマダイでは大部分の魚粉を大豆タンパクに代替した餌でも飼育できるとの研究結果がでている．魚は種によって栄養要求が異なるため，それぞれの魚種に適した餌料を作る必要があるが，無魚粉飼料の開発は養殖の効率化の大きな鍵となっている．

8.4 水産学の将来

8.4.1 水産学に進むには

水産学は生物学，化学，工学，経済学など，幅

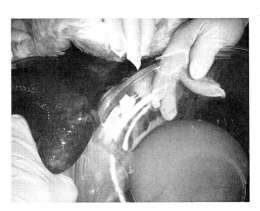

図8.13 人工授精用にクエの親魚から採卵している様子
（中田久氏提供）

広い学問分野を含んでいるため，比較的自分の興味や資質に合った大学や研究室を選びやすい学問であるかもしれない．主に魚介類を対象としているイメージがあるが，藻類やプランクトンからクジラまで幅広い水生生物を取り扱っているし，分野によってはまったく生き物に触れずに研究する場合もある．水産学に進む学生が必ずしも生き物好きである必要はないが，全体的には水生生物に興味がある，海や川などの自然のフィールドで研究がしたい，水産物を食べるのが好き，といった人が水産学を専攻する傾向が高いようである．

特に必須ではないが，野外調査や乗船作業などの研究活動が多い分野では，健康が重要であるし，ある程度の体力も必要となる．魚など生き物の飼育が必要となる場合も多いため，責任感は重要な資質である．生き物を見る「観察力」に優れた人物は新しい発見をしやすく，人とは違った発想で成果を残せる可能性が高いと思う．また，漁業や養殖業といった水産業についての理解や知識があると，研究の目的がより明確となるので，自分が行っている研究活動の「意義」を実感しやすく，楽しみも増すだろう．

勉強については，特別水産学に必要不可欠，といったものはないが，ほかの農学分野と同様に英語や数学などの基礎は必要であろう．上述のとおり，幅広い研究分野があるが，大学進学時に詳細な専攻分野を決めておく必要はなく，学部1，2年時に講義や先輩からできるだけ多くの情報を得て，自分が進む道を選べばよいと思う．もちろん，早いうちに興味ある研究分野や対象生物が決まっているのであれば，専門はある程度絞られるので，大学を選ぶ助けとなるだろう．

8.4.2 ▶ 今後の水産学

水産学は世界的にみても日本が先進国である．最近の和食ブームや健康志向から，水産物の需要は世界的に増加しており，水産業は今後さらに発展することが予想される．それに伴い，水産学分野の研究もよりいっそう重要性が高まると思われる．日本は水産大国として世界の手本となるような，水産学研究を続けていくことが期待される．

水産業自体は採る漁業から作る漁業へとシフトしつつある．日本は一大消費国として世界中から水産物を輸入しているが，養殖技術は世界で最も進んでいる．今後の養殖は日本で作られた安全で質の高い魚介類を世界に向けて輸出する，新しい産業となることが予想されるため，グローバル産業をサポートする国際的な人材育成が必要となるのは間違いない．

一方，国内では魚介類の消費が落ち込んでいる．魚を模した「ゆるキャラ」による魚食推進や，魚介類のブランド化といった消費を増やす努力がなされているが，若者の魚離れは止まらない．消費を増やすマーケティング戦略の構築や，漁業や養殖経営を改善するにはどうすべきか，といった研究は水産経済学分野のテーマである．この分野は課題が多いにもかかわらず，比較的専門家も少ないため，今後優秀な人材の育成が望まれている．

漁業については資源管理がますます大きな問題となるだろう．水産資源量の把握や予測に関する研究は，温暖化やレジームシフトなどの環境変動とも関連しており，地球規模での研究が重要となる．また，水産資源は国間での争奪も激しく，自国資源の維持管理が重要となっている．遺伝子による系群判別やモデリングといった技術を応用し，正確かつ継続的に水産資源を管理できれば，今後の食糧問題にも大きく寄与するだろう．

畜産業・農業と比べて遅れている水産養殖業についてはまだまだ発展の余地が多く，研究課題も数多く残されている．魚類養殖では種苗生産技術が確立していない魚は多く，初期飼育についてはこれまで培った技術に新しいアプローチを加えた研究が期待される．そのためにも今後は分野の垣根を越えた研究がさらに重要になる．ウナギを例にとっても，自然界での生態調査から得た知見から，産卵水温や幼生の餌を工夫して，飼育技術の

確立を目指している．バイオロギングやテレメトリーといった新しい技術によってこれまで知られていなかった水生動物の生態が明らかにされつつある．今後はこのような新しい技術から得られた情報を応用して飼育技術を開発するといった，分野の垣根を越えた共同研究が多くなるだろう．

魚を作り育てる，という技術は一種職人技的な部分があり，担当者が代わると生産量が低下する，という話をよく耳にする．今後は科学的な視点で魚介類を飼う方法を解析し，技術普及につながるような研究も重要になる．

養殖の増加に伴って問題となるのが疾病である．新しいウイルス，細菌，寄生虫などによる感染症は次から次へと出てくる．最も養殖生産量の多いブリ類（ブリやカンパチ）では30を超える病原体が報告されている．昭和の時代には，養殖魚は薬漬けで，危険だとの話がまことしやかにささやかれ，現在でもその印象が根強く残っている．しかし，食の安全性が叫ばれている現在では，できるだけ薬剤を使わない養殖がなされている．これからは病気の治療よりも，予防に向けた研究が大きなウェイトを占めるようになるだろう．寄生虫病についてもワクチン研究や寄生虫の生態を利用した防除技術の開発等がなされ始めている．病気に強い魚を，病気にかかりにくい環境で，病原体に負けないような方法で飼うことが目標である．また，遺伝子工学を利用した育種も今後ますます発展するだろう．最近，遺伝子組換えによって成長を速くしたサケが米食品医薬品局（FDA）によって認可された．これは植物以外で初めての遺伝子組換え食品となる．野菜や穀物ではとうの昔に実現しているが，遺伝子組換えや新しい育種技術によって成長が速く，病気に強く，見た目，味が良い魚介類を大量生産する日はそう遠くない．耐病性育種，飼育環境の研究，病原体の生態調査といった異分野の研究成果を統合して，魚，人，環境にやさしく作られた魚介類が世界中の食卓に並ぶのが理想である．

水産加工物の需要はますます大きく，日本が開発した「カニカマ」は世界中のスーパーで売られている．このような食品加工技術開発に加え，海外への長距離輸送後も美味しい刺身が食べられるように，魚介類を新鮮なまま保存する方法の開発，藻類やプランクトンから有用な成分を抽出して医学分野に応用する研究などは水産化学分野の課題として今後も成果が出ることだろう．

水産学の分野でも分子生物学的手法を用いた研究が席巻しつつあるが，逆に生き物そのものを見る研究が少なくなってきている気がしている．やはり，生物を対象としている限り，実際に生きている姿を見て，感じることは重要である．決して分子生物学的研究を否定しているわけでなく，とても便利で多くの研究に不可欠な技術であることは間違いない．しかし，何事でも一方に偏りすぎると，大きな視点で物事が見えなくなる．生き物と産業，この2つをきちんと見据えて研究を遂行できる人材が育つのを熱望している．

[小川和夫・白樫正]

▶参考図書

會田勝美編『水圏生物科学入門』(2009) 恒星社厚生閣．

第9章

獣医畜産学

9.1
獣医畜産学とは

　獣医学と畜産学は脊椎動物のうち，主に哺乳類や鳥類，一部は魚類を対象として基礎研究と応用研究，そして教育を行っている農学の一分野である．獣医学はその名前どおり動物に関する医学であり，家畜やペット，一部の野生動物に関する基礎科学のうえに病気の予防・診断・治療に役立つ研究，教育に主眼が置かれている．畜産学は畜産業（ウシ・ウマ・ニワトリなど家畜・家禽を扱う産業）についての学問で，家畜に関する基礎科学のほか，乳，肉，卵などの畜産物の量的，質的な向上に関する研究，教育と，それらの畜産物を素材にした新しい食品や医薬品などの研究，教育に力を注いでいる．獣医学と畜産学はその対象・手法・目標において，部分的に重なり，部分的に異なっているが，こと食料生産という観点ではともに共通の目標があり，互いに車の両輪のような関係にある．

　獣医学における基礎科学には解剖学（形態学，組織学），生理学，薬理学，微生物学，病理学などがあり，畜産学における基礎科学には解剖学（形態学，組織学），生理学，栄養学，遺伝学，繁殖学などがある．獣医学では獣医臨床学が，畜産学では畜産食品工学や畜産経済学などが応用分野として設けられている．以下に獣医学および畜産学分野のそれぞれについて主な教育，研究内容と特徴を述べる．

9.1.1 ▶ 色々な動物をみて比較する楽しさ

　獣医学や畜産学では多くの動物種について形態学や生理学を学ぶ．たとえば指や頭などの骨格の形は，いうまでもなく動物種によって大きく異なっている．骨格の研究は動物進化の過程や家畜化される過程の研究などに役立っている．胃や腸といった消化器も動物種によって異なっている．ウシ，ヤギ，ヒツジといった反芻動物は胃袋が4個あり，最初の第一胃が最も大きく発達している．この第一胃の中ではさまざまな微生物が繁殖しており，食べた餌の中のセルロースなどを消化しやすいように分解する．ウマではヒトやイヌと同様に胃は1つであるが，ウマが食べた餌は大腸の一部が特別に発達した巨大な盲腸や結腸の中でやはり微生物の力によって分解される．空を飛ぶ鳥では呼吸器の一部（気嚢）が骨のなかにまで達するなど特殊に発達した呼吸器をもっている．このように，獣医畜産学では多種類の動物の特徴を知り，比較することのおもしろさを学ぶことができる．

9.2
獣医学が扱う動物や目的

　獣医学は，家畜やペット動物などの動物の健康と，動物が関係する公衆衛生に関する真理を追究することで人間社会の福祉に役立つことを目的とする学問分野といえる．獣医学が対象とする動物は家畜（ウシ，ウマ，ヒツジ，ヤギ，ブタなど），家禽（ニワトリ，ウズラ，アヒル，シチメンチョ

ウなど），一般的な伴侶動物（イヌ，ネコなど），魚類，エキゾチックアニマル（一部の外来種など）および野生動物である．獣医学は，これらの動物の疾患の予防，診断，治療のほか，人の健康に影響を及ぼす人獣共通感染症（動物由来感染症）などの公衆衛生分野の研究や人と動物の共生に関する研究を通じて社会に役立っている．

9.2.1 医学に役立つ研究

ヒトや家畜，ペット動物の病気を治すための研究には動物や細胞を用いた実験が欠かせない．実験用動物としては，マウス，ラット，モルモット，ハムスター，ウサギなどが知られているが，近年では特にマウスが多く使われている．ある特定の遺伝子をもたないマウスや，ヒトの遺伝子が組み入れられたマウスなど，さまざまなマウスが存在している．また，ヒトや家畜，ペットの治療のために用いられる薬は，実際の医療現場で用いられる前に薬としての有効性と安全性（副作用の有無）をしっかりと調べておく必要がある．そのために実験用動物や細胞を使った綿密な試験（前臨床試験とよばれる）が行われている．試験には先天的に高血圧や糖尿病，肥満，免疫不全などの特徴をもったマウスやラット（病態モデル動物）なども用いられている．これらの動物を用いて新しい薬の開発研究や移植技術の研究などが行われている．また，細胞を用いた実験では医薬品や食品の遺伝毒性や発ガン性に関する試験が研究されている．細胞のなかで生じている現象は，生化学的な観察方法や免疫組織化学的方法などによって詳しく調べることができる．たとえば細胞内のミトコンドリアによる好気的呼吸や活性酸素の発生状況，細胞内での遺伝子発現の様子などを正確に測定することが可能になっている．

9.2.2 臨床獣医学

家畜やペット動物にはさまざまな病気が生じる．ヒトと同じようにガン（悪性腫瘍）もある．

ウシでは濃厚飼料の過食による胃腸障害，ウシ・ブタ・ウマなどの有蹄類における蹄の病気（蹄病），寄生虫や衛生昆虫による皮膚病も多く発生する．激しい運動を行う競走馬では骨折や筋肉，腱の障害が多く発生する．近年は家庭で飼育するイヌやネコの寿命が以前よりも長くなり，加齢による循環器疾患の増加やヒトの認知症に似た疾患も多く見られるようになった．またイヌやネコでは皮膚や消化器のアレルギー疾患も多く発生している．さらには糖尿病や肥満など，ヒトの生活習慣病に似た疾患も増えている．

近年，獣医外科学の分野においては，マイクロサージャリーの技術が進歩し，脊椎疾患や眼疾患などの治療に応用されている．また関節疾患などに対する置換手術や再生医療の試みがなされている．獣医内科学の分野では，画像診断技術の進歩，動物用医薬品の開発と応用，感染症や免疫疾患の診断手法の進歩などによって動物の疾患予防と治療が飛躍的に向上している．2015 年にノーベル生理学・医学賞を受賞した大村智博士が発見したイベルメクチンは家畜の寄生虫を排除する駆虫薬として日本をはじめとして世界中で広範囲に使用され，優れた治療効果を上げている．イヌやネコでは腎臓疾患や尿石症，胃腸障害も多く出現するため，このような疾患の治療を補う特別食としてペット用の療法食が獣医師の指導のもとに使用されている．獣医師はペット動物の診療のほかに，ウシ，ブタ，ウマ，ニワトリなどの産業動物の疾患の予防と制圧のために協力しなければならない社会的責務があり，家畜伝染病予防法で定められた方法によって，市町村，県，国の家畜保健衛生機関と連携しながら感染症による被害の拡大防止に努めている．

9.2.3 国際獣疫と人獣共通感染症

わが国では，明治の初頭から牛疫，炭疽，鼻疽，狂犬病などの重大な疾患が頻繁に発生，蔓延するようになり，家畜疾病予防の国家的必要性か

9.2 獣医学が扱う動物や目的　*147*

ら，現在の家畜伝染病予防法の原型となる疫牛処分仮条例（1876年，明治9年）や獣類伝染病予防規則（1886年，明治19年）が制定された．また，家畜の伝染病予防の研究の必要性が高まり，農学系の学会としては最も早く日本獣医学会が1884年（明治17年）に創立された．

近年，新興感染症や再興感染症とよばれる疾患がヒトや家畜に大流行し，甚大な危害が発生している．新興感染症は最近になって新しく認識された感染症であり，ヒトではエイズ，エボラ出血熱，高病原性鳥インフルエンザ，重症急性呼吸器症候群（SARS）などがあげられる．また，再興感染症は，ある地域や国において長い間発生がみられなかった感染症が再び勃発するようになった感染症のことで，わが国では家畜の口蹄疫が該当する．また国内外でヒトの結核やデング熱も再び問題になってきている．ヒトや動物，物が国境や地域を越えて広範，かつ頻繁に行き通うようになり，また野生動物とヒトとの接触の機会が増えたことなどが新興感染症や再興感染症が増えた主な原因と考えられている．国境を越えての家畜感染症の感染経路には，卵や生きた鳥の輸入による場合，航空機や船舶とともに移動してきた昆虫（媒介昆虫）による場合，渡り鳥による場合，輸入肉の未調理の残りかすを豚の餌に混ぜた場合などがある．近年は，以前には日本国内ではペットとして飼われていなかったフェレット，チンチラ，プレーリードッグ，ハムスター，アライグマなどの動物が増え，それらの多くは海外からの輸入動物であるため，さまざまな感染を伝播する可能性があり，新たな対策が必要となっている．またヒトの移動が感染に関与することも考えられ，たとえばヒトの呼吸器（鼻粘膜）に付着した病原体が飛沫や接触などの経路で家畜に感染する可能性も指摘されている．

新興感染症や再興感染症は大流行する傾向があり，地域や国の公衆衛生上大きな脅威となり，国際的に迅速な対応が必要な重要な感染症である．

また，異常プリオンの感染による牛海綿状脳症（BSE）はレンダリングとよばれる家畜由来原料のリサイクル飼料が原因で流行したと考えられている．こうした感染症の多くは人獣共通感染症あるいは動物由来感染症といって野生動物や家畜が保有していた病原体がヒトにも感染するものである（口蹄疫はヒトには感染しない）．

新興感染症や再興感染症の予防や撲滅は一地域や一国のみの努力では難しく，世界的な協力体制が必要である．このため世界的な視野で感染症の流行を防止するために，世界保健機関（WHO），国際獣疫事務局（OIE）や国連食糧農業機関（FAO）が大きな役割を担っている．特に人獣共通感染症など動物衛生に関しては国際獣疫事務局が世界保健機関などと協力して大切な任務を担っている．国際獣疫事務局は1924年に発足した世界の動物衛生の向上を目指す機関であり，現在，日本を含む約180の国・地域が加盟している．アジア太平洋地域事務所は東京（東京大学構内）に置かれ，動物疾病情報の収集と提供，獣医学的知見の提供，家畜生産物の国際貿易に関する衛生基準の作成などの任務にあたっている．獣医師でもある小澤義博博士は国際獣疫事務局の発展と社会的貢献に大きな功績を残している．

人獣共通感染症は，世界保健機関と食料農業機関によって，「脊椎動物からヒトに感染する病気，あるいはヒトと脊椎動物に共通する感染症」と定義されている．病理学の基礎を築いたルドルフ・ウイルヒョウ（ドイツの病理学者，1821〜1902）は，人獣共通感染症のもとになる「ズーノーシス」という言葉を考案した．ズーは動物，ノーシスは病気という意味があり，当時から獣医学と医学は一緒になって進められるべきという意味が込められている．わが国では人獣共通感染症をヒトの側からみて動物由来感染症とよぶことも多い．ヒトの感染症1415種のうち868種（約61%）は人獣共通感染症であることが知られている．この数字からみても，ヒトの感染症のかなりの部分が動物と

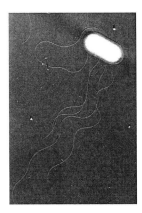

図9.1 腸管出血性大腸菌 O157：H7 の電子顕微鏡写真
大澤朗・島田俊雄両氏提供，日本細菌学会（2013）より．菌体の周囲には運動性器官である多数の鞭毛（周毛）がみられる．菌体からはベロ毒素と呼ばれる毒素が作られ，菌体表層にはO抗原が存在する．致死率が高い食中毒原因菌である．

共通していることがわかる．多くは動物からヒトへの感染であるが，結核や赤痢のようにヒトから動物（サル類）にかかる病気もある．感染している動物の間では一見して症状がみられない（不顕性感染）が，同じ病原体がヒトに感染すると甚大な健康被害を起こすことがしばしば生じている．O157（図9.1）のような腸管出血性大腸菌やサルモネラ菌などは家畜や家禽の消化管などに常在する菌であるが，動物には症状がみられなくてもひとたびヒトに感染すると命取りになる重篤な症状をもたらす．コウモリが自然宿主と考えられるエボラ出血熱，重症急性呼吸器症候群などは，コウモリからほかの野生動物への感染を介してヒトに感染する．高病原性鳥インフルエンザや口蹄疫は，前者では家禽類（ニワトリやウズラなど），後者ではウシやブタなどの偶蹄目の家畜に感染するとまたたく間に感染が広がり非常に大きな被害をもたらす．口蹄疫は人獣共通感染症ではないが，高病原性鳥インフルエンザはニワトリを介してヒトにも感染することがあり，感染者は死亡に至ることも少なくない．

9.2.4 獣医学のなかから生まれた日和見感染の考え

ロベルト・コッホ（1843〜1910）は，ヤーコプ・ヘンレ（1809〜1885）の教えをもとに，コッホの原則とよばれる感染症の基本的な理論を確立した．その理論は，①ある一定の病気には一定の微生物が見出されること，②その微生物を分離できること，③分離した微生物を感受性のある動物に感染させて同じ病気を起こせること，④そしてその病巣部から同じ微生物が分離されること，として表されている．この考え方は感染症が成立するための因果関係を明確にしたもので，人類の脅威となっている伝染病を科学的な観点で研究するための大きな礎となった．この理論のおかげでさまざまな感染症を引き起こす病原体がつぎつぎに発見され，ワクチンの発明につながるなど，微生物学の発展に多大な貢献がなされた．このような研究の大部分は，炭疽（炭疽菌），牛痘（ぎゅうとう）（牛痘ウイルス），結核（結核菌），口蹄疫（口蹄疫ウイルス），ペスト（ペスト菌）など，家畜や野生動物に感染する病原体の研究を通じて行われてきた．

日本の獣医学研究や農学の発展，さらには学術全体の発展に大きく貢献した越智勇一博士（1902〜1992）は若い頃から，感染家畜および健康家畜から分離した菌の細菌学的観察（同定や分類）などの研究を通じて，感染症の発症の有無は動物側の条件によって大きく左右されることを明らかにして，「自発性伝染病」（自然発生感染説）という新しい考え方を提唱した．この考え方はコッホの原則が必ずしも当てはまらない事例が多く存在することを自身の多数の研究結果に基づいて初めて世の中に広めたものであった．この考え方は「日和見感染」ともよばれ，現在では世界中で広く認められている概念になっている．病原体を生体（宿主）に移植しても感染が成立しない例や，感染しても発症しない例が数多く存在することが認められており，その要因として宿主の免疫抵抗性や病原体との親和性が関係することが知られている．日和見感染が生じやすい病原体として，トキソプラズマ症（原虫），クリプトスポリジウム症（原虫），ヘルペス感染症（ウイルス），レジオネラ症

（細菌），パスツレラ症（細菌），サルモネラ感染症（細菌），マイコプラズマ感染症（細菌）など多くの種類が知られている．家畜や家禽では，呼吸器や消化器などの体内にさまざまな病原微生物が存在しているが，生体側に備わっている免疫抵抗力の作用によって，発症が抑えられている．しかし生体に強いストレスが加わった際に，免疫細胞のはたらきが弱まることなどが原因となって生体の抵抗力（抗病性）が低下し，発症しやすくなる．免疫細胞の機能が低下する要因として，ストレス時にはコルチゾールとよばれるホルモンが血液中に増加することなどが関係することが知られている．家畜では，暑熱，輸送，過密飼育，除角・去勢操作，栄養不足，急激な飼料内容の変化などがストレスとなって，呼吸器や消化器などに異常が生じることが多い．

9.2.5 食の安全

食品の安全性に関する研究も獣医学や畜産学の重要な分野である．食品を介した健康被害は一般に食中毒とよばれる．食中毒の原因には，自然毒，病原体の混入，有害化学物質の混入，食品成分の変性や変敗があげられる．自然毒ではフグ毒などの魚介類に起因する毒素（動物毒），キノコ毒，ジャガイモに含まれるソラニンなどの植物毒がある．また，カドミウムやヒ素などの鉱物毒もある．

病原体では細菌とウイルスが主となる．細菌としてサルモネラ菌，病原性大腸菌，黄色ブドウ球菌，赤痢菌，カンピロバクター，リステリア菌，コレラ菌，ウェルシュ菌，腸炎ビブリオ菌など種類が多い．近年，輸入鶏肉などでは複数の抗生物質が効かない多剤耐性のサルモネラ菌がみられるようになり，食品衛生や環境衛生の面で問題となっている．ウイルスでは，近年猛威を振るっているノロウイルス（図9.2），またブタやイノシシへの感染率が高いE型肝炎ウイルスが知られている．ウイルスは基本的に生きた生体組織で増殖する性質があるため，細菌に比べて食中毒の原

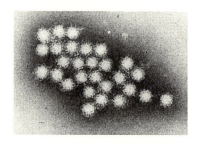

図9.2　ノロウイルスの電子顕微鏡写真
谷口孝喜氏提供，日本細菌学会（2013）より．直径が35 nm前後の小型ウイルスで乾燥に強く，冬季に感染が多発する．集団食中毒の原因となる一方，飛沫感染や接触感染によっても多くの患者が発生する．

因となる種類は少ない．原虫としては，クリプトスポリジウム，寄生虫としては住肉胞子虫，粘液胞子虫などがある．このような病原体のうちサルモネラ菌，病原性大腸菌，黄色ブドウ球菌，赤痢菌，カンピロバクター，リステリア菌，コレラ菌などの細菌は家畜や野生動物の消化管内に常在しており，ふん便中の病原体が環境中に拡散することによって食品を汚染する．ノロウイルスはヒトの消化管内で増殖し，ふん便中のノロウイルスが環境中に拡散して再びヒトに感染するが，特に二枚貝の体内でウイルスが濃縮される．

近年，世界的に穀類のカビ毒汚染が注目されている．カビ毒は真菌が作る毒素であり，自然毒に属す．カビ毒には非常に多くの種類が存在するが，ヒトの健康影響の上で特に問題となる毒素として，アフラトキシンやオクラトキシン（いずれも発ガン性あり），トリコテセン（免疫機能の低下や嘔吐など），フモニシン（神経系の発生異常など）があげられる．これらのカビ毒はトウモロコシや麦類などを汚染し，ヒトの主要な食品の汚染源となるために公衆衛生上，重視されている．わが国では食品中の総アフラトキシン濃度が基準値以下になるよう，輸入食品も含めて厳しい検査が行われている．またほかのカビ毒についても食品や飼料中の残留規制値が設けられているか，あるいは規制に向けての方策が検討されている．

農薬は農作物の収穫量の減少や品質低下の原因となる真菌や植物病原体の発生を抑制し，有害昆

虫などによる悪影響を予防するために使用されるもので,安定した農業生産には必要なものである.わが国では厳しい基準の安全性試験に基づく審査に合格した農薬や食品添加物のみが使用を認められている.また,動物用医薬品や飼料添加物の食肉中の残留検査も行われている.このような分野では,安全性試験(毒性試験)に関係する詳しい研究が実験動物や細胞を用いて行われており,獣医学が取り扱う重要な一分野となっている.

牛海綿状脳症(BSE)は,スクレイピーとよばれるヒツジの病気の病原体(異常プリオン)がウシに感染するようになったと考えられており,英国などヨーロッパのウシに感染が広がった.感染経路は経口感染であり,異常プリオン(タンパク質の一種)が混入した飼料をウシが食べることで感染する.症状が現れるまでの潜伏期間が5〜7年と長いことや異常プリオンが通常の加熱処理や消毒では死滅しにくいといった特徴がある.また,変異型クロイツフェルト・ヤコブ病というヒトの中枢神経系の病気が英国やフランスで10代〜30代の若年層を中心に1996年から2008年頃にかけて集中的に発生した.この病気の患者の臨床症状および脳病変がBSEによく似ており,罹患牛の処分,肉骨粉の飼料への使用禁止や特定危険部位の除去などBSEの撲滅対策が施行されて以降は,患者の発生数も減少したことから,変異型クロイツフェルト・ヤコブ病の原因はBSEである可能性が高いとされる.日本では,2001年に最初のBSE感染牛が発見され,2009年までに発症牛および検査結果が陽性であったウシを含め36頭がBSEと診断された.ちなみに英国では1988年から2008年までに18万4614頭ものウシがBSEに罹患した.わが国ではBSE感染牛は2009年を最後に認められなくなり,2013年には国際獣疫事務局(OIE)から実質的にBSEの清浄国になった認定を受けた.

BSEの問題は日本国内においても大きな社会的問題となり,食の安全に対する国民の関心が従来にも増して高まった.このような社会的背景の中で2003年に内閣府に食品安全委員会が設立され,食品の安全性評価や安全性基準の設定,国民への情報提供と意見交換(リスクコミュニケーション)といった重要な役割を担うことになった.獣医学分野の多くの専門家がこの食品安全委員会のメンバーを務めて貢献している.

9.3 畜産学の主な分野と畜産の歴史

人間の生存や暮らしに有用な動物性資源(家畜や家禽)の生産と加工,家畜や家禽の遺伝資源の開発と保護,栄養や給餌などの飼養衛生,家畜の習性や行動などの管理衛生,家畜・家禽の生命活動とそれらを取りまく環境との相互作用,人と動物の共生などに関する真理を追究することで人間社会の福祉に役立つことを目的とする学問分野である.

人類はその歴史のなかで長い間,食料源を狩猟採集による獲得に頼る生活を営んでいた.食料である野生動物をはじめ果実などの植物や魚介類を獲得することは季節や天候に左右されやすく,またさまざまな危険を伴うものであった.そのため,当時の人類はつねに不安定な食料の供給と向き合っていた.人類は今からおよそ8000年〜1万年前にヒツジ,ヤギ,ウシ,ブタを,次いで約5500〜6000年前にウマを家畜化した.このような社会変化は麦などの植物の栽培と並行して発生した.野生動物を家畜化し,野生植物を栽培することは,狩猟採集に比べて食料をより安定的に得やすく,生活の安定に大きな貢献があった.家畜は肉や乳などの食料を,また日常生活に有益なさまざまな生活資材(毛皮,羽毛,武器,祭祀の道具,工具,装飾具など)を人類にもたらした.一方で,家畜化や栽培は人類に富や権力の差が生まれやすい環境をもたらした.家畜化された牛馬は荷駄の運搬,移動に役立つほか,ウマは兵器とし

9.3 畜産学の主な分野と畜産の歴史　*151*

ても重用され，文明の発展や国家の盛衰に大きな役割を果たした．

家畜化に成功した人類は，長い年月の間に用途に応じたさまざまな品種を作り出した．ウシ，ヒツジ，ヤギでは，肉を多く作る肉用種，ミルクを多く作る乳用種，衣類や敷物などに使われる優れた繊維を作る毛用種などを作ってきた．ニワトリでは肉量が多い肉用鶏，産卵量が多い産卵鶏も生まれた．衣食住に直接関わる家畜種のほかに，牧羊犬のように放牧場でヒツジやウシの管理を容易にする品種の作出，娯楽のための闘牛や闘鶏，スポーツを楽しむ競技馬も作られてきた．

9.3.1 ▶ 和牛開発の歴史

現在のわが国では畜産技術が進歩したおかげで高品質で特色のあるさまざまな畜産物を生産することが可能になっている．しかし，優秀な畜産物は一朝一夕にして作られるものではなく，その完成までには長い歴史がかかっている．その代表的な例として「和牛」があげられる．江戸時代までの国内のウシはもっぱら農業や地域の産業に用いられる役用牛が大部分であった．江戸時代末期（1830年代以降）には，蔓牛（つるうし）とよばれる優良なウシの系統が岡山県，島根県，広島県，兵庫県で作られていた．これらのウシは当時の人々の経験と観察に基づき，体型や使用目的に応じた資質，繁殖力などが優れているものを選抜，交配して作られていた．

明治維新後は国内に居留する欧米人が増えたこともあり，牛乳や牛肉への需要が起こったが，明治時代の初期は役用牛の一部が乳用や肉用に転用されている範囲に限られていた．使役の役目を終えた老廃牛が肉用に使われることが多く，供給量は少なく肉質も悪かった．1884～1885年（明治17～18年）頃になると，富国強兵策のなかで軍隊での食料需要（缶詰など）が高まり，牛肉の生産性も向上させる必要性が出てきた．そのため，役用牛の転用ではなく最初から肉用あるいは乳用

として供給されるウシが作られるようになった．1900～1912年（明治33～45年）にかけて海外から，ホルスタイン種（原産地：オランダ），ブラウン・スイス種（スイス），ショートホーン種（英国），デボン種（英国），シンメンタール種（スイス），エアシャー種（英国），韓牛（韓国）といったウシ品種がつぎつぎに輸入されて，兵庫，岡山，広島，熊本，大分，島根，山口などの国内各県で飼育され和牛の改良に用いられるようになった．当初は海外から輸入されたこれらのウシを単純に血統維持することも行われたが，気候や飼養環境などが輸入牛の体質に合わないために，これらのウシの本来の特性をうまく引き出すことができなかった．そこで日本の風土に適したウシを作出するために，日本古来のウシと交雑することがさかんになった．当初は，改良目標がばらばらであったこともあり，かえって肉質や肉量の低下を招いたが，1919年（大正8年）から，全国の各県でそれぞれ標準体型などの明確な目標をもった品種の開発，固定を行う努力がなされた．1937年頃からは全国的に統一された審査基準によるウシの審査と登録事業が開始された．以前から各県で進められてきたウシの改良努力が実を結び，最終的に日本固有の4種類の肉用種が完成した．それらは「黒毛和種」「褐毛和種（あかげ）」「無角和種」「日本短角種」であり，一般に「和牛」とよばれるものはこれらのウシを指す．1948年には全国和牛登録協会が設立され，品種の斉一性と品質のいっそうの向上が図られるようになった．第二次世界大戦直後の日本は食糧難の時代を経験したが，その後高度経済成長時代を迎えると，日本人の食生活が西洋風へとかたむくようになり，栄養源としてタンパク質や脂質への需要が急速に高まった．第二次世界大戦後の日本人の体格の向上と平均寿命の延長には，畜産物に含まれるタンパク質や脂質などの栄養成分の摂取量増加が大きな役割を果たした．

優秀な肉用牛を多く供給するためには，子孫をつくるためのもとになる優秀な雄牛（種雄牛（しゅゆうぎゅう））

と雌牛（育種基礎雌牛）が必要である．肉牛が優れているかどうかの評価は産肉能力（肉量，脂肪交雑）と繁殖のために用いられる繁殖牛の成績（分娩間隔，種付け率など）に基づいて行われる．優秀な雄牛は飼料利用性や肉質が優れている個体群のなかから候補が選ばれる．飼料利用性とは与えられた餌の量に対する産肉量の程度（産肉に役立たなかった餌の量から計算）や脂肪交雑（脂肪組織が筋肉の中に沈着している度合い．細かく複雑に入り込んでいるほど良く，脂肪交雑の良い肉がいわゆる「霜降り」）の入り方などの程度を示すものである．さらに，これらの候補雄牛が生んだ子孫のウシの肉量（枝肉量）や肉質の評価を行い，最も優秀なウシが最終的な種雄牛として選ばれる．和牛の遺伝学的研究，飼養・栄養学的研究や品質検定法など，さまざまな観点からの研究が肉用牛研究会や公益社団法人日本畜産学会などの研究組織で進められ，また公益社団法人全国和牛登録協会はそうした研究の推進と生産者とをつなぐ中核としての役目を果たしている．現在，日本各地にはいわゆる「ブランド牛」が数多く生産され，わが国の食文化の一つになってきている．

現在，和牛の改良には，最新のさまざまな遺伝学的知識に基づいた方法が取り入れられている．また，「おいしさと健康」の観点から，牛肉内脂肪の脂肪酸組成，特に不飽和脂肪酸の含有量の改良に関する研究が，DNA マーカーの開発などとともに推し進められている．

▐9.3.2▌ 日本における食肉需要と食肉の生産性

第二次世界大戦後のわが国では，国民の食生活が次第に欧米化するようになり，タンパク源として従来の魚介類中心の食生活から牛肉，豚肉，鶏肉，牛乳，鶏卵といった畜産食品（加工品を含む）への嗜好性と需要が著しく高まった．国民1人あたり，1年間に供給された量を1965年（昭和40年）と2014年（平成26年）とで比較すると，肉

類（牛肉，豚肉，鶏肉）は 9.2 kg から 30.2 kg に，鶏卵は 11.3 kg から 16.7 kg に，牛乳・乳製品は 37.5 kg から 89.6 kg へと大幅に増加した．また昭和 30〜40 年代は畜産食品ではないが，鯨肉の消費量が多かった時代があり，戦後不足がちであった日本人のタンパク源を補ううえで重要な役割を果たした．畜産食品にはタンパク質のほか，脂質，ミネラル，ビタミンなどの栄養成分も豊富に含まれており，安定した畜産食品の供給は戦後の日本人の体格向上や平均寿命の延長に大きく寄与した．このような畜産食品への需要の高まりは牛肉，豚肉，鶏肉，牛乳および鶏卵の国内生産の増加とそれらの海外からの輸入量の増加によって支えられている．家畜は当然のことながら，餌を食べることによって成長するが，その餌のもとは粗飼料と濃厚飼料である．粗飼料は牧草やわらなどであり，濃厚飼料はダイズ，麦類，トウモロコシ，ふすま，魚粉などを加工して混合したものである．

日本における畜産業の最大の特徴は，これらの飼料の自給率が非常に低いことであり，粗飼料と濃厚飼料を合わせた全体の自給率は 2014 年（平成 26 年）では 27%，濃厚飼料に関してはわずかに 14% という低さである．このように飼料の大部分を海外からの輸入に頼っているのが実情である．飼料のもとになる材料の収穫量は干ばつ，水害，冷害などの気象条件の変化によって影響を受けるため，年によって飼料価格が変動しやすく，飼料の価格が畜産経営に直接大きな影響を与えることになる．そのため，畜産農家では，省力化など少しでも効率の良い家畜生産を余儀なくされ，小規模経営よりも大規模経営をめざす傾向が強くなっている．特に養豚と養鶏では大規模化が進んでおり，養豚では農家1戸あたりの平均飼養頭数は約 1800 頭（昭和 40 年は 5.7 頭），養鶏のうち採卵鶏では農家1戸あたりの平均飼養羽数は約 5 万 2000 羽（昭和 40 年は 27 羽）である．大規模経営は経営的には利点が多いものの，個体管理が難しいことや，口蹄疫や鳥インフルエンザのよう

9.3 畜産学の主な分野と畜産の歴史 *153*

な感染症が起こった場合には殺処分などによる損失が甚大なものとなる危険性がある.

9.3.3 畜産食品と健康有効成分

食料不足の時代と高度経済成長時代をとおして畜産物の生産性を高めるための研究に関心が集まっていたが,近年では生産性のみでなく,栄養価や風味などに特徴をもたせた畜産食品,あるいは肉や骨,卵などに含まれる有効成分の探索と食品や医薬品への利用に関する研究が意欲的に行われている.

畜産食品の一種である卵（鶏卵）を例にとると,卵白や卵黄には多種類のペプチドや脂質などが豊富に含まれており,それらの多くはなんらかの健康作用効果をもっていることが明らかになっている.たとえば,卵黄中のカロテノイド色素はヒトの視力の維持に,卵黄中に大量に存在するレシチンは脳など神経系の発育に有益であり,また卵白中のアミノ酸やペプチドは筋肉の増加や内蔵脂肪の低下,抗疲労効果があり,さらにアミノ酸のうちメチオニンは肝臓のはたらきを高める,卵白中のリゾチームには殺菌効果がある.卵には必須アミノ酸がバランス良く含まれ,ビタミン類や鉄,カルシウム,セレン,亜鉛などの無機物が豊富に含まれている.卵殻膜にもコラーゲン,ニワトリのとさかにはヒアルロン酸など多くの有効成分が含まれている.肉や骨にも抗酸化作用や血圧低下作用などさまざまな健康有効成分が認められており,高齢者や患者に有益な新機能食品の研究が進められている.このように卵や筋肉,骨,乳などの畜産物には多種多様な有益物質が含まれていることから,これらを素材にした新しい食品や医薬品の開発がさかんに進められている.

9.4
レギュラトリーサイエンスへの道

さまざまな研究も最終的には国民や世界の人々にとって利益になることが望まれる.特に医薬品や食品のように多数の人々が日常的に影響を受ける物については,それらの有益性と安全性が保証されていることが大切である.そのためには医薬品や食品分野などにおける科学的な研究を正しい方法で,また精度の高い方法で進める必要がある.さらに得られた研究結果を科学的に評価することが求められる.近年,このような分野は「レギュラトリーサイエンス」とよばれるようになった.レギュラトリーは規制の意味がある.一方で,研究成果を真に役立てさせるためには,個人や個体レベルでの有効性と有害性の評価のほかに,国全体あるいは世界全体としての有益性や損失を総合的に判断することが求められる.つまり,科学的な研究結果を国などの施策に役立たせるためには,社会的なさまざまな要因を考慮する必要がある.たとえば,食品中に残留する農薬や添加物などの残留基準を決める場合には,科学的な理論に基づく健康影響評価を行うとともに,残留基準を定めることによる社会経済的効果なども含めて総合的な判断が必要になる.わが国では,ともすれば細分化された専門分野だけの成果が注目される傾向があるが,他方では国全体としての利益や損失に関する研究や啓発も重要である.獣医畜産学の分野などで専門性を身につけたうえで,さらにこうした社会的貢献を目指す人材が求められている.

[局博一]

▶参考図書 ────

小澤義博・佐々木正雄（2006）『国際獣医学の潮流』帯広畜産大学.

全国和牛登録協会（2012）『これからの和牛の育種と改良』（改訂版）,全国和牛登録協会.

日本細菌学会（2013）「細菌学教育用映像素材集」.

肉用牛研究会 刊行,入江正和・木村信熙 監修（2015）『肉用牛の科学』養賢堂.

吉川泰弘（2015）『生物進化の謎と感染症（NHKカルチャーラジオ「科学と人間」）』NHK出版.

第10章

農 業 経 済 学

10.1
農業経済学のイメージ

10.1.1 幅広い文系学科としての農業経済学

農学は農業・林業・漁業などの第一次産業を対象とした総合学で，だから理系，文系という分け方はほんとうはなじまない．しかし，この本の第1章の総説から前章の獣医畜産学までの各章を読めば，農学は総合学だといってもほぼ完全に理系だと感じたことだろう．そんな農学のなかにあって，農業経済学は明確に文系である．実に理系的であるほかの学科に加えて，文系的な農業経済学が合わさってこそ，農学の総合学としての面目が立つのだ．農業経済学がなければ農学は総合学たりえない．

農業経済学は農学のなかで異端的な文系なのだが，だからこそ不可欠な存在なのだ．文系志向の人はもちろんだが，理系志向の人も，農学の道に進むなら一度は文系の農業経済学と向き合ってほしい．農業経済学は幅広く，理系の人が学んでも結構おもしろい．

ところで経済学は文系のなかでは理系的な分野だとされている．理論の組み立ての基礎には数学が重要な位置を占め，論理の説明でも数式や数学的なモデル図が使われることが多い．そんなこともあってか大学の教養課程で学ぶ「経済学」にも近寄りにくいと感じている学生も少なくない．経済学部の専門科目のシラバスなどをみると，たしかに学生たちのこうした印象も勘違いとはいえな

いような気もしてくる．

しかし，農学部で学ぶ農業経済学は，経済学部などで学ぶ一般経済学とは様子がかなり違っている．もちろん数学を駆使した理系的なアプローチを得意とする農業経済学もあるが，それは農業経済学のなかの一つの分野で，むしろ，文化や社会や地域や生活などの身近なさまざまな問題に多様な手法で複合的に切り込んでいく文系的分野も多く含まれている．

その意味で「農業経済学」という名称は必ずしも実像を適切には示していない．むしろ農業社会学，あるいは農業社会経済学と総称し，そのなかに経済学も含まれるとしたほうが事実に近いようにも思う．

だから数学が得意でそれを駆使するような経済学に関心のある人はもちろんだが，社会には関心があるが，数学は苦手という人も，ここでは活躍できる場面はたくさんある．ぜひたくさんの人に関心をもってもらいたい．

10.1.2 出発点は現実の社会問題への関心

農業も林業も漁業も，社会におけるとても大切な営みだから，それを存立の基盤とした農業経済学が対象とする社会問題，社会事象の範囲は当然にたいへん広い．農業経済学へのアプローチは社会問題，社会事象への関心が，まずはじめの出発点となる．

たとえば食の問題も農業経済学の大事な対象である．環境の問題も重要だ．生活や地域の問題も

農業経済学の大きな対象である．世界に視野を広げて，途上国の開発問題，途上国と先進国の相互関係なども重要分野だ．また，文化や歴史の側面も見落とすことはできない．産業としての農業，林業，漁業に直接的に関連する諸問題だけでなく，農業経済学が重要なこととして取り上げる諸テーマには，食，環境，地域，生活，文化などとも深く関係する諸問題も幅広くある．最近では，農業においても特許権などの先端的な知的財産にかかわる問題が派生しつつあり，技術開発や法律がらみのそんな問題も農業経済学の特論テーマとなってきている．

▶10.1.3◀ 農業経済学は雑学重視

繰り返しになるが農学は農業・林業・漁業などを対象とする総合学で，それらの第一次産業は人類の長い歴史のなかで続いてきた基礎的営みである．だから，広くみれば世界の，また身近にみれば日々の日常生活のさまざまなことと農学は深く関連している．雨が降っても，風が吹いても，晴れが続いても，それは農業・林業・漁業に影響していく．外国での災害も戦争も，芸術文化の優れた業績にもこの分野に関連する事柄は多い．これらの日常のさまざまなニュースや出来事は，農業経済学を学ぶうえでも大切な糸口になる．いろいろな出来事を糸口にして，それと農業・林業・漁業との関連を探り，その背景を調べ，そこにどんな筋道が見えてくるか．そんなアプローチが農業経済学の大切な一つの方法なのだ．

たとえば毎日食べるご飯．炊きたてのご飯は何より美味しい．しかし，毎日食べている日本のお米は日本独特のもので，東南アジアに行けば，もっと長細い粒のお米が普通で，パサパサしていて，それをつまんでスープなどを添えて食べるととても美味しい．日本ではお正月にお餅を美味しく食べるが，アジアの山岳地帯に行くと，毎食お餅やモチ米のおこわご飯を食べている民族と出会うこともある．そしてそのお餅やおこわご飯もとても美味しい．

ヨーロッパに行ってみると，いろいろなパンがあって，それぞれとても美味しい．ドイツでは黒パン，フランスではフランスパン，イギリスでは食パン，南に行ってアラブあたりではこんがりと焼いたナンが美味しい．イタリアではパスタやマカロニだ．これらはみんな原料の麦の種類や加工法が違っている．その違いはそれぞれの国や地域の気候風土や文化の歴史に由来している．それぞれの麦とパンの，だからそれぞれの地域の農業と食産業が結びあった独特な社会や経済が成立している．そこから黒パンには黒パンに則した農業経済学が生まれ，フランスパンにはフランスパンの農業経済学が成立してくるのだ．

関連してたとえば日本でも人気の高いフランスの画家にミレーという人がいる．彼の絵は明治維新の頃のパリ郊外の農村風景を描いたものがほとんどだ．「種播く人」「晩鐘」「落ち穂拾い」．どれも日本人にもなじみの深い名画だ．そこには当時のフランス農業の独特なあり方が実に鮮明に描かれている．

こんなことをとりとめもなく考えていくことも農業経済学を学ぶうえでとても大切なセンスになる．農業経済学はこうした雑学を基礎としており，だから誰にもなじみやすく，学びやすい分野なのだ．

▶10.1.4◀ 学科名はさまざまに

農業経済学を学ぶ学科は，半世紀くらい前までは，ほぼどの大学でも「農業経済学」と称していた．なかには「農村経済学」「農林経済学」「園芸経済学」などと称した大学もあったが，内容としては大きな違いではなかった．それがその後，社会の大きな変化，農業・林業・漁業の社会的地位の低下，環境問題，資源問題等の重大化などの新しい状況に適応すべく，学科名はさまざまに変化してきた．

「資源環境経済学」（東北大学），「農業・資源経

済学」(東京大学),「食料・環境経済学」(京都大学)などなど.これからもいろいろな学科名,コース名が工夫されていくだろう.

こうした新しい学科名への名称変更には,それぞれ独特の意図があるので,その独自性や違いを探ることもおもしろくはあるが,まずは一応,あまり大きな違いではないと考えておいてもよいだろう.

大学によっては農業経済学科が作られていないところもある.そういう大学では,多くの場合,農業生産学的な,あるいは生物生産学的な学科内に,農業経済学のコースなどが設けられている.こういう大学の場合には,理系の農学部,理系の学科に入学し,卒業の時には文系の農業経済学分野で,というあり方になる.見方によればそれも魅力的なうまみでもある.

10.1.5 さまざまな専門学会

進路選択の参考にするには,まずは大学農学部のホームページを閲覧するのが一番だが,あわせて専門学会のホームページにアクセスしてみるのも一つの方法だ.そこに将来の道を探るヒントと出会えるかもしれない.農業経済学に関係の深い専門学会には次のようなものがある.
- 日本農業経済学会
- 林業経済学会
- 漁業経済学会
- 日本農業経営学会
- 日本農業市場学会
- 日本村落研究学会
- 日本フードシステム学会
- 地域農林経済学会
- 環境社会学会
- 日本国際地域開発学会
- 日本農村計画学会
- 日本農村生活学会
- 政治経済学・経済史学会
- 日本農業史学会

- 日本有機農業学会

それぞれの学会は,研究雑誌を刊行し,毎年研究発表会を開催している.研究発表の題目はネットで閲覧できる.関心のもてそうな学会のホームページにアクセスすれば,具体的にいまどんな研究が進みつつあるかを知ることができるだろう.

10.2
農業・農村についての法律と施策

以上を前置きとして,これから本論に入るが,筆者は農業が専門で,林業,漁業については詳しくないので,林業や漁業について知りたい人には申し訳ないが,以下ではもっぱら農業や農村に関連して述べることにしたい.

10.2.1 食料・農業・農村白書

農業や農村といってもあまりなじみのない人が少なくないだろう.そんな人が全体像を手軽に知るには,対象を日本に限定してみれば,農林水産省が毎年公表している『食料・農業・農村白書』が都合良い.「白書」というといかめしく感じるかもしれないが,この白書は実例の紹介,豊富なイラスト,わかりやすい図表やチャートなど,編集に工夫が凝らされており,とても読みやすい.また,これは農林水産省のウェブサイトから簡単にダウンロードできるから,その点でもとても便利だ.

農業経済学へのアプローチの手始めとしてはまず『食料・農業・農村白書』を読むことをおすすめしたい.

10.2.2 農業基本法から食料・農業・農村基本法へ

国は,1999年にそれまでの「農業基本法」を廃止し,新たに「食料・農業・農村基本法」を制定した.いま紹介した白書は,この法律に基づいて国会に対する報告書として編集,刊行されてい

10.2 農業・農村についての法律と施策　　*157*

る.

　法律も白書もタイトルは「食料・農業・農村」となっている. 農業にかかわる諸政策をこの3つの単語を並列することで表現するようになったのはこの法律からである. 当初はこの併記はややくどいという印象があったが, 食料をトップに掲げ, 環境視点が大切とされる農村も特記したことは, 農業問題の現代的広がりを意識したものとして評価できる.

　法律の第一章総則では, 法制定の趣旨として①食料の安定供給, ②多面的機能の発揮, ③農業の持続的発展, ④農村の振興, ⑤水産業, 林業への配慮を掲げている.

　「多面的機能」とは, 「国土保全」「水源かん養」「自然環境の保全」「良好な景観形成」「文化の伝承」など農業生産の展開に付随しておのずから生まれてくる社会的な価値形成のことで, それを農政の中心的課題として明確に掲げたのはこの基本法が初めてだった.

　「農業の持続的発展」とは「効率的な望ましい農業生産活動が確立されるとともに, 自然界の自然循環機能（農業生産活動が自然界における生物を介在する物質の循環に依存し, かつ, これを促進する機能）が維持増進される」ことと定義されている.

　農業についての基本法は, じつは1961年に「農業基本法」として最初の制定があった. 1999年の基本法は, それまでの基本法を廃止して新しく制定されたもので, 一般には「新基本法」とも呼称されている. 新旧2つの基本法を並べてみると, その内容が大きく変化していることに驚かされる.

　農業基本法（旧基本法）の制定趣旨はその前文に記されている. そこでは農業は「長い歴史の試練を受けながら, 国民食糧その他の農産物の供給, 資源の有効利用, 国土の保全, 国内市場の拡大等国民経済の発展と国民生活の向上に寄与してきた」, しかし, その後の「近時, 経済の著しい発展に伴って農業と他産業との間において生産性及び従事者の生活水準の格差が拡大」してしまっている, そこでこのような格差是正が必要だ. 「農業の自然的経済的社会的制約による不利を補正し, 農業従事者の自由な意志と創意工夫を尊重しつつ, 農業の近代化と合理化を図って, 農業従事者が他の国民各層と均衡する健康で文化的な生活を営むことができるようにすること」が法制定の目的だとしている.

　旧基本法の立法趣旨は農業と工業等の他産業との所得格差の是正と農業従事者の地位向上だとされている. そしてこの課題を解決するためには, 農業生産の選択的拡大, 農業技術の向上（技術の近代化）, 農業経営の近代化, 農産物価格の安定等を政策的に推進するとしている.

■10.2.3▶ 「選択的拡大」という言葉

　旧基本法の施策の最初に掲げられた「農業生産の選択的拡大」は若い読者にはわかりにくいと思うので少し解説しておこう.

　日本は1945年の敗戦後, 深刻な食糧危機にみまわれた. いま, 一部の途上国でみられる「飢餓」と同様な危機に落ち込んでいた. それへの対策の基本は農業再興だったが, それだけでは社会的危機における急場の対策としては間に合わない. その時, アメリカなどからの食糧援助に助けられた. しかし, その危機も農業生産の驚異的回復によって, 幸いに3〜5年でおおよそ解消した. そこで宙に浮きそうになったのが援助食糧だった.

　じつは, その頃アメリカは豊作が続き, 農産物過剰が深刻な社会問題になろうとしていた. 日本への食糧援助は, 人道的なものだったが, 裏面からみればアメリカにおける農産物の過剰在庫整理という強い意味もあった. アメリカは在庫過剰のもとでも, 生産増強策を続けていたから, 日本の食糧事情が改善し, 援助を必要としなくなっても, アメリカとしては日本への食糧輸出を止めるわけにはいかなかった.

援助食糧として日本に持ち込まれたのは，小麦，脱脂ミルク，飼料用のトウモロコシやコウリャンなどで，いずれも日本では消費の習慣のないものだった．食糧危機の状況下では，それでも助けにはなったのだが，危機が過ぎれば，もう積極的な消費が見込まれないものがほとんどだった．しかし，アメリカとしては在庫整理の必要は切迫しており，日本の「もういらない」という事情に従うこともできなかった．

そこでかなり強引に図られた施策が，アメリカの余剰農産物を大量に消費する新しい仕組みを日本に創設するというものだった．麦は日本でも昔から重要な穀物だったが，それは主にうどん用の小麦と麦飯用の大麦だった．ところがアメリカから持ち込まれていたのはパン用の小麦．日本では当時，庶民の食としてパンを食べる習慣がなかった．街角にはパン屋はなかった．また当時の日本の畜産は小規模でエサは里山の草などが主体だったので，アメリカからの大量のトウモロコシやコウリャンは使い道がなかった．となれば普通なら援助を感謝して，ここで話は終わるのだが，当時の強いアメリカは，なんと日本に新しい食習慣の形成普及とアメリカからのエサをたくさん食べる新しい畜産の創設を強く求めた．アメリカの余剰農産物のはけ口として日本が受け入れ続ける策を日本に要求したのである．

1954 年に法制化された学校給食制度や輸入穀物をエサとする畜産の創設が，そこで考えられた新制度だった．学校給食はその後大きく改善され，現在では日本人の健全な食生活を支える重要な仕組みとなっているが，当初は，アメリカからの輸入小麦のパンとやはりアメリカからの脱脂ミルク（これはアメリカでは家畜のエサ用のものだった），「パンとミルク」の献立以外は認めないというかなりおかしな制度だった．

先に「大量のトウモロコシやコウリャンは使い道がない」と書いたが，それでも日本の畑作地帯では，家畜のエサにも使われる穀類が作付けられ

ていた．そこへアメリカの穀物が大量に継続的に流入し，日本の畑作は一気に壊滅していく．

こうした過程を経て，1961 年の農業基本法制定時には，アメリカからの穀物輸入を前提として，それに対応し，また，それと棲み分ける農業の構築，誘導が，重要な政策課題となっていた．アメリカからのエサをたくさん食べる，従来からの日本畜産とは異なったタイプの大規模畜産の振興．麦やエサなどの畑作はアメリカに譲り，代わって野菜などを振興．こうした政策が「選択的拡大」とよばれる政策だったのである．

振り返ってみても，合理的とは言いがたい強引さが目立つ過程だが，こんなことを解き明かしていくことも農業経済学の重要な仕事なのである．

▌10.2.4▐ 法制度の変化とその背景

さて少し横道に逸れてしまったが，旧基本法と新基本法では，制定趣旨はかなり違っている．旧基本法における格差補正，そのための近代化という経済成長重視の課題から新基本法での農業の多面的機能に注目した環境シフトの農業論へと政策基調は大きくシフトしている．折からの地球環境問題などへの関心の高まりがその背景にあった．

最近のことを付け加えれば，2015 年 10 月には環太平洋経済連携協定（TPP）が大筋合意した．環太平洋の 12 か国が協定し，自由経済市場を一気に広げるという協定だが，農業分野では，主な相手はここでも押しの強いアメリカで，農産物のいっそうの輸入拡大が予測されている（アメリカでのトランプ大統領就任で TPP は暗礁に乗り上げる様相だが）．それに対応するために国内政策としては，アメリカなどに負けない強い農業づくり，和食ブームに乗って海外輸出の拡大など，グローバル化の下での新しい経済成長主義が打ち出されている．本格的展開はこれからになるが，1999 年の新基本法の政策トーンとはかなりの変化があるものと予測されている．

こうした農政の大きな変化は，経済や社会，そ

10.2　農業・農村についての法律と施策　　*159*

して政治の時代的変化と対応のなかで生じてきたものだった. 上にも書いたように, そんなところを, 事実に即して多面的に解明していくことも農業経済学の大切な仕事なのである. こうしたことを学んでいく専門分野を農政学とよんでいる.

10.3
食料問題 —— 飢餓と飽食

そろそろ各論に移ろう.

最初は食料問題である. いつの時代でも, どこの国でも, 食料の安定確保, 安定供給は重要な課題だった. 引き続く人口増加や地球環境の変動などが予測されるこれからの時代においても, この課題の重要性はますます大きくなっている.

いま世界的視野でこの問題を考えたとき, その特質を端的に示すのは「人口増加と食料問題」「飢餓と飽食の併存」の2つだろう.

10.3.1 世界の人口増加と食料問題

2015年現在の世界人口は73億人と推計されている. 2000年が61億人, 1970年が37億人, 1960年が30億人, 1950年が25億人なので, 第二次世界大戦以降の70年で約3倍の増加である. このすさまじい人口増加が今後も継続するかどうかという予測については諸説がある. 引き続き人口は急増するという予測もあるが, 人口増加は21世紀中頃までで, それ以降は, 世界人口は減少していくだろうという予測もある. 人口増加は単なる自然現象ではなく, 社会現象なので, 今後の予測については, 世界各国での人口対策がどのように組み立てられ, その効果がどのように現れるかの判断で, 予測カーブは大きく異なってくる.

人口増加が著しいのは発展途上国で, それらの国の世情は不安定で, 地域紛争が激発している. 世情安定, 紛争の鎮静化, 経済安定が人口増加の抑制に重要な意味をもつことは経験的に明らかである. だから人口問題は実は世界的な政治・経済・文化が複雑に絡み合った問題なのである.

農業は普通に考えれば食料生産なので, 農業国で食料問題が生じるというのは, 理屈に合わないことのようにも見える. ところが食料問題が深刻化しているのは農業国の途上国なのである. このあたりのことを, 各国の具体的状況に則して解明していくことも農業経済学ならではの課題となっている.

世界人口のすさまじい増加は, 遠い昔からのことではなく, 上に紹介したように, 主として戦後のことである. 1800年には10億人ほどで, 20億人を超えたのは1920年頃だったとされている. 今日的な意味での人口増加は産業革命以降の, したがって近代という時代の出来事で, ことに近年の世界人口激増は経済成長が著しく進展した戦後現代の時代の出来事なのである.

いま, 人口問題と並列する世界の大問題に, 温暖化などの地球環境問題がある. これについては国連のIPCC(地球温暖化に関する政府間パネル)の詳細な報告書がある. その第5次評価報告書(2015年)では次のように記されている. ここで「可能性は極めて高い」という評価は95〜100%の確率だとされている.

「人為起源の温室効果ガスの排出は, 工業化以降増加しており, これは主に人口増加からもたらされている. そして, 今やその排出量は史上最高となった. このような排出によって, 二酸化炭素, メタン, 一酸化二窒素の大気中濃度は, 少なくとも過去80万年間で前例のない水準にまで増加した. それらの効果は, 他の人為的要因と併せ, 気候システム全体にわたって検出されており, 20世紀半ば以降に観測された温暖化の支配的な原因であった可能性が極めて高い.」(第5次評価報告書「政策決定者向け要約」)

社会的諸問題への対処においては「実現可能性」という判断は重要だが, 同時に社会科学的には, 本質的要因とその構造をふまえた「根本的な解決方法」という視点も重要である. だから取り組み

可能な個別的な政策についてだけでなく，人口増加や気候変動問題への科学的アプローチにおいては，これらの出来事は産業革命以降のことで，なかでも第二次世界大戦後の70年間でのことだという「95～100%」の確実性という歴史的事実から目を逸らすことはできない．特に次に述べる食料と農業という問題の解明においてはその視点は外せない．

■10.3.2▶ 途上国での飢餓問題と農業

　国連は2000年に「ミレニアム開発目標」を定めた．そこでは特に飢餓問題への抜本的対処が強調され，目標の第一に「極度の貧困と飢餓の撲滅」が掲げられた．

　この目標では基準年が1990年とされ，その頃の世界の飢餓人口は10億人と推定されていた．それが2015年には8億人に減ったと報告されている．目標は人口比率での半減としており，途上国では1990年頃は飢餓人口比率は23%，2015年には13%となったという．人口実数で約2億人が飢餓から免れえたとされている．大きな減少である．国連の計画は成果を生んでいるようだ．

　ミレニアム開発目標の重要な要点は「極度の貧困と飢餓の撲滅」として，貧困と飢餓を連結した社会問題としてとらえ，その両者を関連させて撲滅するとしている点である．貧困の指標としては「1日1ドル未満」の生活を掲げた．1990年頃はその人口は19億人ほどで，それが2015年には8億人余まで減少したとされている．これもほぼ半減である．この15年間で国連が提唱した取り組みは，貧困克服，飢餓の脱却に顕著な効果を示したようである．

　ところで地球環境問題については，1992年にブラジルのリオデジャネイロで地球環境サミット（リオ地球サミット）が開催され，国際連携による環境問題解決への取り組みが広がった．ここでも「貧困問題」が大きく取り上げられた．ただそこでの認識の枠組みはほぼ10年後のミレニアム開発目標とはかなり違っていた．

　地球サミットでの基本認識は「開発が貧困を作り出し，それが環境の劣化を招いている」というもので，対策においては「開発の抑制」が強く意識されていた．しかし，ミレニアム開発目標では「貧困が飢餓を拡大している」として「経済開発」の推進が強調されたのである．

　貧困や飢餓のもう一つの深刻な大きな原因には紛争，内乱があり，平和の実現がこの課題の解決に不可欠なのだが，国連関係では紛争解決，平和実現は，国連本体での中心的取り組み課題とされ，貧困，環境などの特別の課題についての特別方針においては明確には位置づけられていない．そうした棲み分けは国連という組織においてはやむをえないことだが，社会科学の認識としてはそれらをバラバラに扱うことはできない．地域紛争も含めて農業経済学はこれらの問題を総合的に扱うことになるので，この点は留意しておかなくてはならない．

　ここで農業経済学という視点から考えてみてほしい問題を1つ提起してみよう．

　それは「1日1ドル未満」で暮らしている人々には，市場経済にあまり巻き込まれることなく自給的な伝統的な暮らし方を守っている人々が少なからず含まれているという事実である．そして，それらの自給的で伝統的な暮らしを続けている人々は，貧しくもないし，飢餓でもないという事実だ．また，付け加えて言えば，そうした平和で穏やかな暮らしをしていた人々が，紛争や開発によって故郷で暮らせなくなり，すなわち自然に依存した平和な暮らしの条件を奪われて，難民キャンプや都市のスラムにやむなく流入し，結果として極度の貧困と飢餓の状況に陥っていくという例が決して少なくないのだ．

　前にも書いたように極度の貧困と飢餓に苦しむ途上国はおおむね農業国である．そこで自然依存の伝統的な農業が否定され，農業の近代化が進み始めるのは，植民地の時代に，ゴム，カカオ，バ

10.3　食料問題—飢餓と飽食　*161*

ナナ，コーヒー，チャなどの宗主国（植民地を支配する先進国）向けの農産物を生産するプランテーション大農場が作られてからだった．植民地からの独立が果たされてからも，外貨獲得のために，輸出仕向けの農業ばかりが奨励され，自分たちの食べものを生産する農業は遅れた農業形態とされて衰退が続いてきた．

その頃に国際貿易の経済理論としてリカードの比較優位説がさかんに語られた．リカードは18世紀から19世紀にかけてイギリスで活躍した経済学者で，農業経済学の分野でも大きな業績を残した．彼は産業革命後の強いイギリスを背景として，イギリスは織物などの工業製品の生産と輸出に専念し，工業力がない国の産業は，得意な農業に特化させ，イギリスの工業製品と農業国の農産物をやりとりする国際貿易の推進が一番合理的だと説いた．このリカードの考え方は，その後，「国際分業論」「自由貿易論」として現在も現実を支配する有力な学説となっている．

戦後の世界経済を牽引してきた世界銀行や国際通貨基金（IMF）は，リカードの学説を継承し，それを現代的に変形しつつ，途上国の食料，農業問題について，次のように主張し，施策を進めてきた．

「途上国は農業生産力が低い．食料の中心になる麦などの穀物生産は機械化や化学化が進んだ先進諸国の方が適している．途上国は，気候風土に適した輸出向けの特産品の生産について高い生産力を有している．そうした現実を踏まえて，途上国は特産品を生産輸出し，それで得た外貨で先進国が生産する安い穀物を輸入するのが合理的である．」

ここには途上国における食料自給や食の風土性，伝統的な農村の保全という発想が欠落している．たとえば現在，飢餓に苦悩するアフリカ諸国の伝統的な主食はミレットと総称される小粒の穀物（日本語では雑穀と総称）で，カナダやアメリカの小麦ではない．安定したミレット生産をして

いた農村が壊されて，伝統的な生活様式から切りはなされて飢餓に陥れられた人々が，経済合理性の理屈から輸入の小麦食を強いられるのは，前に紹介した戦後日本のアメリカからの余剰穀物の押しつけととてもよく似ている．

10.3.3 緑の革命

飢餓と農業の関係については，もう一つ「緑の革命」についても述べておかなくてはならない．

飢餓や貧困から抜け出すためには，農業における増産が鍵を握るというアイデアはごく普通のものだ．近代農学では増産の決め手は施肥にあるとされてきた．たしかに，ほどほどの施肥は効果てきめんなのだが，肥料をやりすぎると，作物は伸びすぎて倒れたり病害虫の被害が大きくなり，かえって減収してしまうという問題もよく知られている．ここに農業技術の難しい隘路（あいろ）があるとされてきた．

「緑の革命」は，この隘路を品種改良によって乗り越えることを提唱した．具体的には水稲，小麦，トウモロコシなどで，施肥をしても背丈が伸びにくい品種を育種し，それによってたくさんの化学肥料の施用を可能にして増産を図るという技術提案である．水稲については，フィリピンに創設された国際稲研究所（IRRI）で，小麦とトウモロコシについてはメキシコに設立された国際トウモロコシ・コムギ改良センター（CIMMYT）で新品種が育成され，1960年代，70年代にそれを使った大プロジェクトが途上国各国で推進された．これらの研究所の設立はアメリカのロックフェラー財団やフォード財団の出資によるもので，そこでの品種改良の業績で世界の食糧問題の解決に貢献したとしてアメリカの農学者ノーマン・ボーローグは1970年にノーベル平和賞を受賞した．

たしかにこの取り組みで増産が進んだ地域もあったが，よく見るとそんなに簡単なことではなかった．まず，化学肥料多肥は病虫害の多発を招

き，必然的に農薬使用が増加し，各地で農薬中毒事故が多発し，環境汚染も拡大してしまった．また，化学肥料や農薬の使用にはお金がかかり，お金のない農民は参加できず，その点での新しい格差も作り出してしまった．また，途上国では，ワラは大切な副産物で，農業や生活の各所でていねいに利用されてきたが，改良品種は背丈が短くワラ生産は大きく後退してしまった．さらに，途上国では種子の自家採種，自給自足がふつうだったが，改良品種の種苗会社からの購入が奨励され，伝統的な種子資源の保全体制が崩壊していった．こうした「緑の革命」の負の側面についてはインドの農業，環境，伝統文化を研究する哲学者ヴァンダナ・シヴァらによって強く批判されている．

▆ 10.3.4 ▶ 先進国での飽食問題

このような途上国における飢餓問題と並行して先進諸国での飽食問題の存在が現代社会の象徴的姿となっている．

飽食問題ではアメリカの実情が衝撃的である．それは現代アメリカの食料供給熱量が 3750 kcal/日・人だという数値に象徴されている．

日本の若者たちにはカロリーコントロールはなじみのことだが適切な目安はどのくらいに考えているだろうか．性別，体重別，そして個々人の考え方で違っているだろうが，おおよそ 2000 kcal/日・人あたりを上限としたいというのが普通だろう．それと比べてアメリカの 3750 kcal/日・人という数値は明らかに異常だ．アメリカ人の体格が大きいことを考慮してもたいへんな数値だ．日本でも食べ過ぎ，飽食は深刻な問題になろうとしているが，それにしてもアメリカの状況はすごい．

アメリカでは過食が過剰栄養となり，深刻な国民的健康問題となっている．このようなカロリー数の高さは，食品としては砂糖，脂肪，動物性タンパク質の過剰摂取の結果である．こうしたなかで，野菜，魚の日本食はヘルシー食としてアメリカで静かなブームとなっているという．

要するにステーキとケーキに象徴されるような過剰な肉食，脂肪食ということなのだが，近代畜産の特色は穀物飼料の多給にあり，それが客観的には世界の食料資源の浪費となっている．牛肉 1 kg の生産には穀物 11 kg，豚肉 1 kg の生産には穀物 7 kg，鶏肉 1 kg の生産には穀物 4 kg がエサとして投与されていると推計されている．家畜のエサとなる穀物は，生産，流通，消費の少しの変更をすれば，人間の食料への変換は可能なので，アメリカを筆頭とする現代の先進諸国の肉食は，飢餓が克服されていない世界という視点から見れば，食料資源利用と分配の不公正を指弾されても仕方ない構造の上に成立している．

さらに先進国でも食の格差の問題が深刻化している．市場経済的競争原理が徹底しているアメリカ社会では，社会の富の約半分は上位 10% の富裕層が握っているとされている．富の格差は食の格差となって現れ，飽食のアメリカでの飢餓的場面も確実に継続されている．そこから，無駄にする食べものは貧しき人々へという訴えが支持を広げ，フードバンク運動なども広がっている．

この項では農業と食という枠組みで語ってきたが，先進諸国での食の問題には，農と食の間に食品産業が介在し，それが国民の食のあり方に大きな影響を及ぼすようになっている．かつては農産物がそのまま消費者に届けられ，消費者は素材の農産物を調理して食べるというルートが支配的だったが，現在では食の過半は食品産業の製品でまかなわれるという状況になっている．食品産業の業種は実にさまざまで，その経営戦略も多岐にわたっているが，そのなかにファーストフードという先端的業態がある．マクドナルドやケンタッキーといったなじみの企業群の世界である．これらの企業群の特色は，巨大なグローバル多国籍企業で，生産，流通，加工，消費に独特な先導力をもっているという点である．生産も，流通・加工も，消費形態もファーストフード的なのである．これは現代社会の一つの生活様式とまでなろうとして

10.3　食料問題—飢餓と飽食　　*163*

いる.

しかし，他方ではこうしたあり方は明らかに行きすぎで，暮らしはもっとローカルでスローであるべきだというスローフード運動（イタリアから発信された）という流れも広がっている.

こうした流通を含む食品産業は，農業経済学科卒業生の有力な就職先ともなっている.

10.4
農業問題 —— 土地と農民，企業的農業の展開としぶとく生きる伝統的な農業

10.4.1 農業とはなにか?

さて食の領域の解説が少し長くなってしまったが，農業経済学の本来の中心的な活躍場面はいうまでもなく農業である.

偏屈でしかしたいへん人気のある農業論者に守田志郎（1924～1977）という人がいた. この人は若い頃は実に堅実な農業史研究家だったが，後半生には農家向けの農業論の本をたくさん書くようになり，農業の復権を提唱した. 後半生の著作の始まりは『農業は農業である』(1971)という変わった題名の，実に痛快な本だった. 農学に関心を寄せる本書の読者にもおすすめの一書である. 一般には農業は産業の一部門で，第一次産業の一つとされているが，守田はこの本で，農業は単なる産業ではない，農業は社会にとってもっと本源的なもので，だから「農業は農業だ」としか言いようがないのだとよびかけている. この設問を聞いて読者のみなさんは何を考えるだろうか.

農業史学ではこの問いに「農業は人類が歴史的に獲得した普遍的な食べものの取得様式で，長い歴史のなかで社会はそのことを基礎に成立してきた」と説明し，農業経済学はこの問いにまずは「農業は土地を利用した生物生産だ」との説明から始める. 農業が生物生産だということは，高校生のみなさんにもすぐに納得できることと思うが，農業は土地がもつ生産力に強く依存する「土地生産」

なのだと言われると，ちょっと考えてしまうかもしれない.

大学の経済学部にも農業経済学という専攻分野はあるが，それはかなりマイナーなもので，そこで農業は一般経済とはちょっと違った独特な側面をもつ小さな産業だと扱われる場合が多い. その独特性の一つとして生産手段として土地が不可欠な位置を占めると解説されている. この解説も間違いとはいえないが，農学部の農業経済学では土地はもっと重く大きく扱われる.

10.4.2 農地という存在

土地は自然のものであって，人造物ではない. 人々はある土地に定住し，そこで生きていくために，食を恒常的に得ていくために，土地を選び，それに手を加えて田や畑として，試行錯誤のなかでその土地にあった農業を編み出していった. 農地を拓き，それを維持する仕事は個人ではできないので，農業は必ず地域の仲間たちの協力を前提として展開していった. その仲間たちの地域組織は「ムラ」とよばれた. そして最初に「ムラ」を拓いた人たちのことを「草分け」とよぶ.

遠い昔，はじめの頃は，田畑が拓かれていない未墾の土地は多く残されていたが，時代とともに土地は有限の資源となり，地域の人口は，田畑の広さとそこでの農の生産力水準でほぼ上限が作られていく.

人口密度という指標がある. アジアは人口密度が高く，ヨーロッパは低いと教えられてきた. 人口密度の高いアジアは遅れていて，ヨーロッパには発展可能性が多く残されているというイメージが作られてきた. しかし，このイメージはかなりおかしなもので，ほんとうはアジアでは農業生産力が高く，ヨーロッパは粗放な遅れた農業地域だったのだ.

土地のもう一つの大切な特質として，農業生産手段としても均質ではなく，多様性に富むという点がある. 農業が発達していたアジアでは，土地

は有限な資源で，一見条件不利な土地でも，使い方を工夫して，さまざまな形の農業が編み出されていった．

土地は農業の絶対的基盤で，それは有限で不均質だという点が，農業経済学の重要な出発点となる．土地の，農地のそうした特質が，それぞれの地域の農業の独特な構造を作り，そこに独特な社会構造と社会問題を作り出す．わかりやすい例をあげれば，田んぼを拓きやすい地域では水田農業が優先となり，畑が拓きやすい地域では畑作農業が，傾斜地が多い地域では果樹農業が広がり，山間地では独特の特産物を見つけ出し，多彩な山間地農業が拓かれてきた．こうした土地を基礎とした農業の構造と変化の動向を解明していくことに農業経済学が他の社会科学と区別される独特な特色がある．

先に，人々は自然な土地に手を加えて農業がやりやすい田畑に変えたと書いたが，この取り組みは，農地開発の最初の段階だけでなく，その後も継続されていく．水はけの悪い畑には排水施工を積み上げ，陽当たりの悪いところはまわりの樹木を切り払い，風が強すぎるところには防風林を育て，用水の便の悪い水田では用水施設を改良し，農道も通りやすいように整備していく．こうした取り組みは，すぐには効果は現れにくいが，その蓄積によって確実に農地は良くなっていく．だから，こうした農地改良は，地域農業を良くしていくための社会資本投資と位置づけられ，国や自治体もそれを支援する場合が多い．そうした公的な財政投資の際には，その工法の妥当性や効果の程度などの検討が求められ，そんな場面も農業経済学は出番として活躍することになる．

また，個々の農業生産者の視点から見れば，土地にはそれぞれの個性があるので，それを活かした作物の選定や，それぞれの土地の生産力を高めていく土づくり（これを地力養成という）などが取り組まれていく．土地の豊かさは肥沃度という概念で整理されるが，それは自然的な条件を基礎として，社会資本投資，作物選定，土づくり（地力養成）などの積み上げのなかで独特の農業生産力基盤として構築されていく．こうした研究領域を土地経済学とよんでいる．

農業は，まずは生産者たちの暮らしの自給を主目的として取り組まれるが，余力が生まれれば，その余裕分は，社会に提供される．その形は，物々交換的な交易であったり，取り上げられる貢租だったり，租税だったり，商品だったりさまざまである．ほとんどの場合それらは経済価値として計測評価される．それが商品である場合には，価格がつき，ほかの産地との棲み分けや競争がさまざまな形で始まっていく．社会はさまざまな農産物を需要するから，土地の多様性を基盤とした棲み分けの論理は地域農業存立の基本を形成していく．農業地域のほとんどは独特の産地となっているが，そうした産地の形成過程や課題，展望を現地の状況に則して解明していくのが産地形成論である．

また，同一の主要作物ごとに土地の生産力のあり方を解明していくのが地代論とよばれる領域である．

さらに最近では，かつての農村地域にも都市的な開発が広がり，農地や林地は住宅地や商工業用地に転用されるケースが広がっている．1950年代，60年代の高度経済成長と大都市の爆発的拡大，それに引き続く『日本列島改造論』（田中角栄著，1972年）を契機とした全国的な列島改造ブームで，農村地域での都市的開発は過激に展開するようになる．都市や商工業側は，農村や農業は生産性が低く，土地需要は小さいのだから，都市開発や商工業地に土地をたくさん提供すべきだと強く要求し，農村，農地側は農村や農地の生活環境を守るために防戦するのだが，結局は無秩序な転用ではなく計画的転用ならば良しとする妥協が成立して今日に至っている．この流れのなかで，農村，農地の土地価格は開発を前提とする地域が広がり高騰し，農業政策もそれを前提とせざるを

えなくなっている.

10.4.3 農業の担い手 ── 小農という存在

　工業では生産の担い手のほとんどは株式会社である. 商業は個人商店が普通だったが, 最近では大手スーパーマーケットやコンビニエンスストアなどの巨大企業の比重が劇的に拡大し, ここでも株式会社が主要な担い手となりつつある.

　それに対して農業の担い手は小さな個人農家が圧倒的な多数を占めている. こうした担い手による農業は家族農業（社会科学用語では「小農」）と呼ばれていて, 日本だけでなく, アジアでもヨーロッパでも農業の担い手のほぼ普遍的なあり方となっている. アメリカやオーストラリアなどでは, 巨大農場が支配的となっており, 企業形態は株式会社が多いようだが, そこでもほとんどの場合は株式を公開するような大企業ではなく, 経営の基幹は家族であることが多く, ここでさえも家族農業の系譜は消え去ってはいない.

　日本やアジアの家族農業（小農）の特色は, 経営農地の面積が小さい（ヨーロッパ諸国の1/10弱程度, アメリカの1/100弱程度）, 雇用労力にほとんど頼らず主として家族労働力で耕作, 経営は主として世襲制で農地は家産として意識される, 地域の農家との協力関係が強い, 農業の経営目標は主として家計費充足で自家生活の自給も重要な意味をもつ, などの諸点にある. したがって企業としての投資と収益の向上を主目的とする工業, 商業の企業経営とは基本的な論理で異なっている.

　一般の企業経営では, 生産経費の回収, 雇用者への賃金の支払いなどのほかに投資に見合う利潤の獲得が存立の基本的前提である. しかし, 家族農業（小農）では, 農業の継続は当初からの前提で, そのための効率的な経営や家族の働き方が工夫される. 年によっては, あるいは作目によっては, 期待を大きく上回る収益を得ることもある. だが場合によっては, 家族への労賃も十分に手当

てできず, 投資した経費も十分には回収できないということも比較的たびたび起きる. 農業の経営条件は天候条件や市場価格の変動などによってたいへん不安定で, 確実な収益を見込みにくいのである. しかし, 家族農業（小農）においては, 生産がうまくいって, 市場価格も良い場合には大喜びだが, 作柄が悪く, 市場価格も下落した年にも, 農業は家業であるから, 廃業へは向かいにくく, そうした苦境を家族で支え合い, 家計を切り詰めたり, 出稼ぎをしたりして耐えて, 次のチャンスへと立ち向かうというしぶとさがある.

　最近のジャーナリズムでは, 農業においても株式会社が望ましく, そこには未来が開けているとさかんに報じられている. また, 農外の一般企業も「いま農業に商機あり」と踏んで農業への企業の新規参入も増えている. しかし, 現実には企業農業の経営的安定性はほとんどの場合確認できず, 参入後間もなくの撤退という動きも少なくない.

　むしろ現在の支配的な動きは, 生産現場のリスクは主として農家が負担し, 資金や技術や販売ルートは農外企業が担うという, 企業戦略のなかに農家を囲い込む（こういうあり方をインテグレーションとよんでいる）という形のようである.

　しかし, しぶとさのある家族農業（小農）も, 市場経済的に個人主義が優勢となっている現代社会では継続に難しさがあり, しっかりとした展望が見出しにくくなっている. 家族農業（小農）をこれからの時代においてどのように位置づけ, その存立と展望への道をどのように描いていくのかは農業経済学に課せられた大きな課題となっている.

　家族農業（小農）の継続の難しさは, それぞれの農家で農業後継者が確保できないという現実に端的に示されている. 2015年の農業就業者の平均年齢は67歳となってしまっている. 高齢者は元気に農業に取り組んでおり, 生き甲斐を得ているのだが, 若者たちの就農があまりにも少ないの

である.

しかし,他方で,かつては「3K」(きつい,汚い,危険)の職として若者たちから嫌われていた農業だが,農業には自然がある,雇われ労働ではない自由がある,食べもの生産としての社会的意義がある,暮らし方としてもナチュラルで好ましい,といった新しい価値観も広がってきていて,非農家出身者の就農希望者は確実に増えている.特に環境,自然,美味しさ重視の有機農業への新規参入の希望者が多くなっている.こうした新しい状況に対応するために,国も新規参入者への所得支援などの新しい施策をスタートさせている.

10.4.4 農業機械,農業施設,化学肥料・農薬などの農業資材の供給 ―― 農業関連産業

10.4.2 では,農業の基本的な生産手段は土地であると述べたが,農外産業の大展開のなかで農業を有力な市場とする農業関連産業も充実し,それらも農業生産力を支える重要な担い手となってきている.10.2 で紹介した 1961 年制定の農業基本法が進めた農業近代化政策の主要な中身の一つが,工業から供給されるこれらの関連資材の農業への導入だった.

戦前の日本では,明治の富国強兵政策以来,工業生産は急発展を遂げたが,その投資は輸出仕向けの繊維織物などの軽工業と軍需の重工業に集中され,農業関連産業の展開はきわめて弱かった.だから日本では昭和の戦前までは,農業生産力のほとんどは自然由来の生産力だった.ところが敗戦によって軍需産業は廃止解体され,民生産業に切り替えられた.その軍需から転換した民生産業の一つに農業関連産業も位置づけられるようになった.

戦後に大展開した石油化学工業に派生して,化学肥料や農薬が開発され生産供給が開始された.1950 年代以降のことでその利用は一気に広がった.しかし,1960 年代には農薬中毒や環境汚染

問題が広がり,社会的批判を浴びて,安全性や環境保全を重視した方向への転換が迫られるようになる.農業用ビニール利用も農業のあり方を大きく変えた.ビニールハウスなどを活用した施設園芸が農業の新しい形態を作っていく.1960 年代以降のことだった.

また戦後展開した民生産業には自動車産業などの機械工業があったが,それに派生して農業機械の開発と普及も進んだ.すべて手作業だった稲作の田植えや稲刈りは,田植機,コンバインの開発普及によって機械化し,鍬や犂での耕耘作業はトラクタによって代替されるようになった.1970 年代以降のことだった.

近代農学が大きく関与した品種改良と新品種の普及でも,農外関連企業が重要な役割を果たしている.明治時代頃までは,栽培する「種」はもっぱら農家による自家生産(自家採種)だった.品種改良も重要な農家の営みだった.だから種苗の市場流通はほとんどなかった.日本における農家主導の品種整備の水準は世界的に見てもきわめて高く,明治期頃までの日本の農業生産力水準の際だった高さは,この農家の品種力によるところが大きかった.

大正時代頃から,米を中心に国の研究機関が品種改良へ参画するようになり,昭和戦後になると園芸作物について民間の種苗会社による品種改良と販売流通体制の整備が進み,現在では農家の自家採種はごくまれな取り組みとなってしまっている.こうしたなかで,かつての日本農業を支えてきた農民主導の品種群は急激に失われ,その保全が急務となっている.

最近の問題としては遺伝子組換え(GM)種苗問題がある.1990 年代中頃から,アメリカの多国籍農薬企業が開発した遺伝子組換えダイズ(モンサント社が生産する除草剤「ラウンドアップ」使用とセットとなった「ラウンドアップレディ種」)を最初として,ナタネ,トウモロコシ,ジャガイモ,綿花などでの技術開発が進み,これらの

10.4 農業問題―土地と農民,企業的農業の展開としぶとく生きる伝統的な農業 *167*

品目では GM 種子が短期間に世界的にきわめて多くの面積を占めるようになっている. 日本でも一部の使用は許可されているが, 消費者の拒絶感が強く, 販売目的の商業栽培はまったく行われていない.

農業経済学の視点から見た GM の最大の問題点は, それに特許権が設定されている点にある. 農業技術のほとんどは世界各地の農民たちが長年の工夫の上に築き上げてきたもので, そのほとんどは人類の共有財産とされてきた. しかし, GM においてはアメリカ的な強い特許権が設定され, 排他的独占市場が短期間に形成されてしまってきた. この問題の基礎には工業と農業の技術論の本質的な相違があり, 農業における知的財産権のあり方は世界的な論争課題なっている.

10.4.5 ▶ 農業経営の展開

繰り返し述べたように, 日本農業の主な担い手は家族農業（小農）で, その経営論は一般の企業経営論とはそうとうに違っている. 個々の農業経営がどのような仕組みで運営され, そこにはどんな課題と展望があるのかを研究するのが農業経営学である. その具体的な姿は作目によってかなり違うので, 代表的な作目経営について少し紹介しよう.

■ **稲作経営 —— 日本農業の代表格**　ここではいま経営規模の拡大がめざましく進んでいる. 北海道を除く都府県についてだが, 半世紀前には水田面積 2〜3 ha くらいの規模が立派な経営の目標とされたが, 2015 年の現在では 100 ha を超えた巨大稲作経営も現れ始めている. 元気な稲作経営はほぼ 10 ha 以上となってきている. 拡大した水田面積はほとんどが借地である. 変化の技術的背景には, 高性能の農業機械の導入, 化学肥料や農薬, 除草剤の普及改良, 水田の基盤整備などがあった. その効果で, 単位面積当たり労働時間は著しく短縮された. 機械化が始まり出した頃の 10 a 当たり年間労働時間（稲作は一般的には年 1 作なので,

年間とはつまり 1 回の収穫につき, という意味だが）は 140 時間ほどだったが, 最近では 30 時間以下という大変化があった. なかでも大規模経営では 10 時間程度にまで短縮されている.

こうした大規模経営の悩みとしては, 借地した水田が各所に散在していて, 1 枚ずつの面積も小さいこと, 大面積経営ではきめ細かな栽培管理が難しく単位面積当たり収量が低下しがちである, 農業機械投資に多くの資金を必要とするなどがあげられている. 最近の米価の低迷, 下落はこうした大規模稲作経営に深刻な影響を与えている.

最近の一部の稲作経営における顕著な規模拡大は, 前に述べた高性能の農業機械の開発と導入, それを有効に利用できる水田の大区画化整備の進展などが技術的基盤になっている. また農村地域社会側の条件変化としては, 一般農家の高齢化の進行で農地の貸し手が急増し, 借地料が低下し, 農政も規模拡大農家を強く誘導しているなどが社会経済的背景となっている.

このような大規模稲作経営の展開はしかし, 少数に止まっており, 多数の稲作農家は, 経営縮小, 離農の動きを強めている.

■ **野菜作経営 —— 日本農業の幅広い活力を支える**
大都市の野菜需要は拡大しており, それに対応して大都市向けの野菜産地が各地で成長してきた. 高冷地などで展開する土地利用型の露地野菜産地とビニールハウスを活用した施設園芸地帯が代表格である. いずれも労働集約的で農村に残る多様な労働力に働き場を提供してきた. ここでは都市の新需要に対応した周年栽培の追求, 新規作目の導入, 新品種の導入などが経営展開の動力となってきた. 技術面の問題としては, 多肥, 多農薬, 連作が続き, 連作障害（同じ作物を連作すると野菜の生育が極端に悪くなる, 主に土壌の生物的性質の悪化による）がどこでも発生し, 土壌消毒（土壌への農薬施用）が不可避となってしまったことがあげられる. 都市の野菜需要は健康志向が支えており, こうした化学肥料や農薬の多用の実態は,

野菜需要のブレーキとなってしまっている．そうしたなかで安全性と環境調和を重視する有機農業への期待が高まっている．

■畜産経営──規模拡大と畜産公害の深刻化

日本農業では畜産は副次的な位置にあった．昔の畜産の主な目的は，畜産物の消費のため（用畜利用）というより，田畑への堆肥供給（糞畜利用）や運搬や農作業利用（役畜利用）のためで，その規模は小さかった．その畜産が急成長したのは，前に説明した1960年代以降の選択的拡大政策と都市における肉，卵，牛乳消費の伸びによるものだった．

畜産は家畜を飼うだけでなくエサの生産も不可欠としている．ところが1960年代以降の日本の近代畜産は，エサはアメリカなどからの輸入に依存し，家畜だけを飼うという加工型畜産とよばれる特殊な形態の畜産となっている．そのため規模拡大は比較的容易であるが，畜舎や搾乳施設などの投資も必要で，エサ代もかさむ．多頭化しているので収入は多いが経費も相当にかかるという特徴をもっている．そのため資金運用など一般企業と類似した経営問題が生じてくる．成功すれば大発展だが，資金繰りなどに失敗すれば倒産という事態にもなってしまう．また，加工型畜産は飼料生産用の畑を不要とする畜産だが，多頭化した家畜の糞尿が始末に負えない廃棄物として滞留してしまう．これが畜産公害で，日本の畜産経営の最大の難問となっている．

■有機農業──循環型複合農業への期待　　経営論の最後に有機農業を少し紹介しておこう．

上に紹介した，水田水稲作経営も野菜作経営も畜産経営も，いずれも大展開しているのは1つの部門だけを特化させた専作経営で，土地の循環的利用や経営部門の複合的連携などの農業ならではの持続性のある経営の方向を向いていない．それゆえに，農業にとっていちばん肝心な耕すことで土地が豊かになるというあり方が実現されていない．短期的な収益性確保には成功しているが，農業らしい持続的安定性には欠けているといわざるをえない．

そうした先進農業の対極にあるのが有機農業である．

有機農業は，「農業生産の基礎には自然があり，近代農業技術はその自然をダメにしてしまう．だからこれからの農業は改めて循環重視，自然尊重の方向に転換すべきだ」という考え方に基づく農業のあり方である．1930年代頃に，日本，ヨーロッパで同時多発的に提唱，開始された．技術的に難しいところもあり，信念をもった取り組みの継続が不可欠であり，在野のマイナーな存在だが，途絶えることなく続けられてきた．

近代農業を推進してきた日本の政府は有機農業に否定的だったが，2006年に国会は衆参両院の全会一致で有機農業推進法を可決成立させ，これを機に国の政策も有機農業推進に転じた．まだ実践農家数は1万2000戸程度でごく少数だが，かなりのスピードで増えており，先に紹介したように若者就農は有機農業に集中している．

▶10.4.6 農産物の流通とフードシステム

さて本節の最後に農産物流通について少し述べておこう．農村での農産物の生産があり，都市での消費があり，それを流通がつないでいる．先に食の節（10.3）でも述べたように，最近ではそこに食品加工産業が参入し，また外食産業も大きく伸びている．生産→流通・加工→消費の一連の流れは，現代社会の基本を作るもので，それがいま大きく変動しつつある．この一連の流れと変動の動向を捉えようとする研究方法にフードシステムアプローチがある．

どの産業分野でも，生産と消費の間には流通が介在し，それは市場と密接につながっているから生産にも消費にも強い影響力を発揮する．こうした現代的流通を端的に示す言葉としてマーケティングがある．生産も消費も流通の領域に参入し，その関連性を刷新することで新しい展開を作り出

そうとする取り組みである。農産物の領域は，そしてそのフードシステムとしての展開は，人々の健康，暮らしの環境，新しいライフスタイルなどと直接に関係するから，マーケティングの魅力的な対象として注目を集め続けている。

しかし，農産物の流通，なかでも生鮮農産物の流通には独特の難しさがあり，農の実態を知らないマーケッターの身勝手な作図のように展開するものではない。

農産物は人々の生存の必需品なので，社会がある限り消費はなくならない。しかし，生産は天候等の影響を受けやすく，他方，人々の胃袋は毎日ほぼ一定なので，両者をうまくつなぐことはたいへん難しい。いくら良質な野菜でも，1週間も放置しておけば腐ってだめになってしまう。また人が食べる量は限られており，過剰となった野菜は始末に負えない。日本の食は素材の新鮮さを信条としているので，くどくどした最新技術の加工などよりもそのまま食べたほうがずっと価値が高いという真理もある。

こうした諸点をしっかりとふまえて日本の青果物卸売市場は組み立てられ運営されてきた。大正時代にその原型が作られ，その後，時代の変化に適応しつつ姿を変えてきた。世界的にも最も合理的で公正な優れたシステムと評価されており，海外からの視察も続いている。

だからこの領域にもまだまだ大きな可能性と課題が残されている。多忙で楽ではないが，意欲ある若い働き手をたくさん求めている分野である。

10.5
農村問題 —— 地域，暮らし，環境

10.5.1 壊れていく地域社会

長い歴史のなかで，ほとんどの庶民は農村住民として生きてきた。農村住民のほとんどはなんらかの形で耕す仕事にも携わってきたから，大まかにいえば，ほとんどの人々は農民だった。今では，都市人口が農村人口をはるかに上回り，田畑を耕す人々はわずかになっている。50年ほどの間に起こった日本社会の大変化である。しかし，今都市で暮らしている人たちも少したどれば農村住民であり，農民だったのである。だから農村と農業は国民的故郷なのだ。

故郷には，安らぎがある。そこには人と人の安心できるつながりがあり，人と自然の尽きせぬ絆がある。

田畑は食べものを生み出す。穫れた野菜はご近所のみなさんにお裾分けする。春になれば山で山菜が採れる。秋にはきのこが採れる。とても食べきれないのでご近所にお裾分けする。

「互恵互譲」という言葉になじみのある人も少なくなってしまった。しかし，人の世の基本には助け合いと譲り合い，「互恵互譲」の関係があったのだ。そして人々の「互恵互譲」は自然の恵みによって支えられてきた。故郷に感じる安らぎは，実はこんなことが基礎となっているのだ。そこには経済的富だけでなく，人間的富と自然的富が備わっていた。そしてそれは今だけでなく，遠い昔の先祖たちからの伝統と未来への安心できる可能性へと続いている。

「風土」という言葉は聞いたことがあるだろう。それぞれの土地にはそれぞれの自然がある。自然は厳しくもあり，優しくもある。人々はそれぞれの土地の自然のなかで生きてきた。厳しさに耐え，優しさに支えられて，互いに助け合い，競い合い，そしてその土地らしい工夫を重ねてきた。豊かさを求めるその積み重ねのなかから，その土地に適した農業のあり方が作られ，それを基礎として地域の社会が作られ，地域の暮らし方が作られてきた。そうしたことの全体が「風土」という言葉に示されている。

こうした地域での社会のあり方に，日本社会の原点があると考えて，社会学的な研究を重ねてきたのが農村社会学という分野である。

こうした地域での暮らし方のなかに，日本社会

の暮らし方の原点があると考えて生活学的な研究を重ねてきたのが農村生活学の研究だった.

だが, そんな故郷としての農村の地域社会も農家らしい暮らし方も, 経済優先のグローバル化の流れの中で急速に崩れ, 消滅さえ心配されるような状況となってしまっている. 人口減少, 過疎問題が農村地域を覆っている. 特に山間地域の農村の危機は深刻である.

農村社会学や農村生活学では, 地域や暮らしの原点を探るだけでなく, 変貌の実相を把握し, その崩壊を食い止め, 新しい展望を拓こうとしている. 欲張りな課題だが, どれも外すことのできない切迫した重要課題である.

■10.5.2▶ 農村地域社会の仕組み

日本の農村地域社会には独特の仕組みがある. 前に農業は個々の農家としてだけでなく地域の協力によって拓かれ, 運営されてきたと述べたが, 日本の場合, 北海道や沖縄では様子が違っているが, それを除く地域の農村では, 「イエ」と「ムラ」というかなり独特な, タイトな社会システムが作られてきた.

まず家族の形態だが, 親子, 祖父母という直系の単婚家族が代々継続されていくという「イエ」という形がかなり強固に確立されている. 人は生まれ死んでいくが「イエ」は代々続いていく. 現在では民法で相続は子どもたちが等しく相続する「均分相続」が基本とされているが, 伝統的な農家では, 典型的には長男一人が農業と家産を相続する「長子相続」が普通のこととされてきた. こうしたイエのあり方は, 現在では時代劇の武家社会のあり方として知られるくらいだが, 武家のイエのあり方の原型は実は農家にあった.

このような「イエ」(家族)の地域連合として社会組織としての「ムラ」(集落)がある. 「ムラ」は広がりが明確に区切られ, 場合によっては山林などの共有財産をもち, その区切られた地域について, 資源利用と資源管理について権利と責任を

もっている.

「ムラ」(集落)組織にはそこに居住するすべての「イエ」(家族)が参加し, 「ムラ」についての重要事項は合議制で協議され, ほとんどの場合全会一致で運営される. 「イエ」は「ムラ」に対して平等の権利と義務を負っている. すべての「イエ」の同意, 納得が基本原則とされるたいへん民主主義的な組織なので, 意思決定には時間がかかるが, 議決事項の安定感は高い.

「ムラ」には共同作業がある. 生活道の道普請, 小川の改修, 草刈りなどの地域の環境整備. 農村ではこういう仕事は行政依存ではなく, 住民自治として運営されている.

「ムラ」は集落の農業を支える役割も担ってきた. 水田水利の末端組織は「ムラ」と重なっている場合が多く, 土地改良区などの水利組織の末端も担っている. 農業協同組合(JA)の末端組織も「ムラ」(集落)である. 農地法に基づく農地管理組織として市町村には農業委員会という行政委員会が置かれているが, その基盤にも「ムラ」(集落)が位置づけられている.

さらに最近のこととしては「集落営農」という農業形態も誕生してきた. 「イエ」(家族)が農業を担うのではなく(担い手の減少で担いきれなくなってしまったので), 集落組織が土地をまとめ, 機械などをそろえ, 働き手を確保して, 集落単位での農業経営を行うというもので, なかには集落を法人化する事例も生まれている.

「ムラ」は生活自治の組織でもある. 冠婚葬祭の取り仕切りも「ムラ」の大事な仕事だった. 火事や災害に備えて消防団も組織されている. 主婦たちは婦人会, 若いお嫁さんたちは若妻会, 若者たちは青年会(青年団)に集っている. お寺には檀家組織があり, 神社には氏子組織がある. これらも「ムラ」組織と密接に関連している.

■10.5.3▶ 農村・農家の暮らし

農村・農家には農村・農家らしい暮らし方があ

10.5 農村問題—地域, 暮らし, 環境 171

る．それは地域の自然，地域の農業，暮らしの伝統などに支えられた自給的な暮らし方である．そこでは暮らしの水準は経済力ではなく自給力，地域でのコミュニケーション力で決まってくる．暮らしの資源は地域にあり，暮らしの技術は伝統のなかに蓄積されている．それは「互恵互譲」の地域社会によって支えられている．

経済成長とグローバル化のなかで，庶民の暮らしも国境を失いつつあり，簡単・便利が暮らしをリードする基本コンセプトになりつつあるが，上に述べた農村・農家の暮らしはその対極にある．簡単・便利な暮らしは環境問題や国際紛争を作り出し，健康を損ね，文化的にも水準が低いことは，最近20〜30年の大都市での経験でおおよそ見えてきてしまった真実であろう．

2013年に「和食」がユネスコの世界文化遺産に登録された．そこでの和食のコンセプトは次の4点だった．
•「多様で新鮮な食品とその持ち味の尊重」
•「栄養バランスに優れた健康的な食生活」
•「自然の美しさや季節の移ろいの表現」
•「正月などの年中行事との密接な関わり」

ここで国際的に評価された和食は，料亭料理ではなく，農村・農家の自給的な庶民の食がその基本型となっている．多彩で新鮮な食材は田畑や川や海からもたらされる．栄養バランスは穀物と野菜，そして味噌，醤油などの発酵食品をしっかり食べることによって保障される．自然と季節は日本の農のいちばんの基礎だ．年中行事の大半は農事の関係である．

食については「身土不二」という言葉がある．また，「食養生」という言葉もある．人の健康と土（自然）は一体だ，食が健康をつくるという意味だ．究極の健康論であり，生活論である．

しかし，残念ながら近代の栄養学，食生活学（これらの学も近代農学とともに主として戦後に大展開したのだが）はこうした食の真理を大切に扱ってこなかった．それは遅れた風習で，その近代化

（この場合は洋風化）こそが課題だとされてきた．

しかし，栄養学や食生活学の分野でもこうした考え方はしだいに修正され，最近では農村・農家の自給的な食への評価も改められつつあるようだ．

法制度の関係では2005年に食育基本法が制定され，2008年にはそれに対応して学校給食法が大改正されている．

食育基本法の「基本理念」には次のように記されている．

「子どもたちが豊かな人間性をはぐくみ，生きる力を身に付けていくためには，何よりも「食」が重要である．

今，改めて，食育を，生きる上での基本であって，知育，徳育及び体育の基礎となるべきものと位置付けるとともに，様々な経験を通じて「食」に関する知識と「食」を選択する力を習得し，健全な食生活を実践することができる人間を育てる食育を推進することが求められている．」

また改正された学校給食法では学校給食の目的として次の諸点が加えられた．
•日常生活における食事について正しい理解を深め，健全な食生活を営むことができる判断力を培い，及び望ましい食習慣を養うこと
•食生活が自然の恩恵の上に成り立つものであることについての理解を深め，生命及び自然を尊重する精神並びに環境の保全に寄与する態度を養うこと
•食生活が食にかかわる人々の活動に支えられていることについての理解を深め，勤労を重んずる態度を養うこと

農村・農家の暮らしの問題は食だけに関わる事柄だけではないが，ここでは紙数の関係でこれでやめにしたい．これらのことは農村生活学の分野で研究されている．

10.5.4 農村・農業環境問題

「生物多様性の危機」という言葉はよく耳にするだろう．長い地球の歴史の中で育まれてきた生き物たちの種がいま急激な絶滅に瀕しているという地球環境のSOSだ．1992年のリオデジャネイロでの地球サミットで大きく取り上げられ，国際的な重要な政策課題とされるようになった．それは熱帯雨林などの手つかずの原生自然が壊され続けていることの帰結だと受け止められていたが，その後，生物種絶滅の危機は手つかずの原生自然の破壊だけでなく，ごく身近にあった農村的自然が急速に失われてきたことの帰結でもあったことも明らかにされてきた．

小学校唱歌で歌われたメダカもドジョウも，秋の七草のフジバカマも絶滅危惧種となってしまった．絶滅してしまったトキやコウノトリの復活が国家プロジェクトとして取り組まれているのは知っているだろう．

これらのこと自体は主として生態学の領域の課題だが，農村環境論とも深く関係している．

里地，里山という言葉は聞いたことがあるだろうか．宮崎駿さんの「トトロの森」の世界だ．里地・里山は熱帯雨林のような手つかずの原生自然ではなく，人が利用し，人の手が幾重にも加わりはぐくまれた自然だ．生態学はどちらかというと原生自然が好きだから，里地・里山のような自然は，二次的自然とよんで，自然度が低いと評価してきた．この評価も災いして，里地・里山は価値の低い自然だとされて開発と破壊が急激に進んでしまった．しかし，よく調べてみるとそこは豊かな自然の宝庫だったのだ．

里地・里山の自然は，この節で紹介してきた農村・農家の暮らしの必要から作られてきた自然である．里山を象徴する雑木林は，薪炭林，すなわち薪や炭を採るための森で，堆肥の落ち葉を採るための森で，基本的には人が植林した森である．林床は草刈りと落葉掻きのため裸足で歩けるほどに掃除されていたという．夏は木陰になるが，冬は落葉して明るい森となる．こうした人の手が適度に加わった森は，たくさんの生き物が共存するに適した環境となる．

農村には大小の川が流れ，湖沼があり，溜池もある．そしてそれらはみんな水の流れでつながっている．水の流れは魚たちの生きる場だ．湖沼のフナなどの川魚は，水温が比較的高く，水位が浅く安定している田んぼを産卵場所として生きてきた．春先には産卵のために魚たちが田んぼを目指して遡上してくる．「のっこみ」とよばれる春の川筋の風景である．そしてそういう川魚も農家の食を豊にしてくれる．

このような農村・農家の暮らし方の自然と結びあったあり方をきちんと把握し，その意義を解明し，その保全策を設計していくことも農村環境論の重要な課題となっている．

10.6 これからの農業・農村 ── 世代をつなぐ選択へ

さてすでに予定の紙数を超えてしまったので，結びのメッセージを記して終わりたい．

本章で紹介したような世界は，高校生のみなさんにはあまりなじみのないものだったと思う．日本社会が農村・農業型社会から都市・工業型社会に転換してすでに半世紀が過ぎているのだから仕方のないことではある．食料自給率がすでに38%という低水準で，それがTPPなどの影響でさらに急落しそうだという見通しを聞いても，ピンとこない人も少なくないだろう．

しかし，これからの日々の生活にとっても，大きな視点から見れば地球のこれからにとっても，農業や農村がこのまま失われてしまうことはきわめてまずい．農業や農村が社会のなかで果たす役割は永遠に大きい．農業や農村を失うことは未来の大きな可能性を捨てることだ．

この社会の大転換は私が大学で農学を学び始め

た頃に急激に開始された．いま日本で農業に従事しているのは私の世代がいちばん多数で，私より10歳ほど若い世代になるとその数は急減してしまっている．高校生のみなさんの父母たちはそれより若い世代がほとんどだろう．しかし，農業や農村がそれなりにメジャーで健全だった時代を生きてきたお年寄りたち（高校生のみなさんの祖父母ほどの世代の方々）もまだ健在だ．その方々が生きてきたあり方を文献としてだけでなく，生の形で感じ取り，学び取っていく可能性はわずかだが残されている．そこには見知らぬドキドキするような多彩な世界が隠されている．

　高校生の進路選択は，これからの新しい可能性を求めての旅立ちだが，そこには世代をつなぐという道もあることを知ってほしい．若い世代の新しい農へのチャレンジのうねりはすでに始まっているのだから．　　　　　　　　　　［中島紀一］

▶参考図書 ──────────────
【スタンダードな教科書】
生源寺眞一ほか（1993）『農業経済学』東京大学出版会．
高橋正郎編（1991）『食料経済 ── フードシステムからみた食料問題』オーム社．
東京農業大学食料環境経済学科 編（2007）『食料環境経済学を学ぶ』筑波書房．
橋本卓爾ほか（2004）『食と農の経済学』ミネルヴァ書房．
桝潟俊子ほか（2014）『食と農の社会学』ミネルヴァ書房．
伊丹一浩（2012）『環境・農業・食の歴史 ── 生命系と経済』御茶の水書房．

【読みやすい概説書】
農林水産省『食料・農業・農村白書』（各年次）

レスター・ブラウン『地球白書』（各年次）

【ためになる読み物】
井上ひさし（2002）『コメの話』新潮社．
小田切徳美（2014）『農山村は消滅しない』岩波新書．
梶井功（1996）『日本農業のゆくえ』岩波ジュニア新書．
ヴァンダナ・シヴァ（1997）『緑の革命とその暴力』日本経済評論社．
末原達郎ほか（2014）『農業問題の基層とは何か』ミネルヴァ書房．
生源寺眞一（2013）『農業と人間 ── 食と農の未来を考える』岩波書店．
徳野貞雄（2007）『農村の幸せ，都市の幸せ ── 家族・食・暮らし』NHK出版生活人新書．
祖田修（1989）『コメを考える』岩波新書．
祖田修（2016）『鳥獣害』岩波新書．
スーザン・ジョージ（1984）『なぜ世界の半分が飢えるのか』朝日選書．
守田志郎（1971）『農業は農業である』農山漁村文化協会．
吉田武彦（1982）『食糧問題ときみたち』岩波ジュニア新書．

【筆者の著作】
中島紀一（2006）『食べものと農業はおカネだけでは測れない』コモンズ．
中島紀一（2013）『有機農業の技術とは何か』農山漁村文化協会．
中島紀一ほか（2015）『有機農業がひらく可能性』ミネルヴァ書房．
小出裕章・明峯哲夫・中島紀一・菅野正寿（2013）『原発事故と農の復興』コモンズ．

編著者　生井兵治さんのこと
── ご逝去を悼んで ──

　本書「はじめに」の末尾に追記したように，本書の編著者の一人，生井兵治さんは，本書刊行を待たずして今年（2017年）4月に逝去された．享年78歳だった．生井さんは植物育種学の大学者であるが，同時に，若い世代へ農学，農業を伝えていく仕事にも大きな足跡を残された．この本の企画・刊行が期せずして生井さんの最後のお仕事となってしまったが，それはとても生井さんらしいことだった．

　生井さんは，筑波大学の開学にともなって閉学となった東京教育大学農学部を卒業され，最初の就職先は東京都大田区の中学校で，生物学を担当された．その後，母校に戻り大学教員となった．最初の任地は附属農場で，学生たちに農業の実地を教えた．筑波大の教員になった後も，研究はもちろん，学生教育にも熱血先生として尽力された．また，ひろく世界を訪ね，各地の農業について詳しく調べられた．その学識と経験をユネスコ（国際連合教育科学文化機関）に持ち込まれ，筑波大学と日本ユネスコ国内委員会の共同事業として「筑波アジア農業教育セミナー」（TASAE）を企画された．この国際セミナーは30年にわたって継続され，そこで生井さんは長い間，実質上の企画委員長・事務局長を務められた．そして筑波大学教授としての定年退職近くの3年間は筑波大学附属駒場中・高等学校の校長も務められた．

　生井さんは，植物育種学の膨大な研究論文を執筆され，その成果の一端は『植物の性の営みを探る』（1992年，養賢堂）という名著にまとめられた．その内容はその後，高校生向けの読み物『ダイコンだって恋をする─農学者「ポコちゃん先生」の熱血よろず教育講座』（2001年，エスジーエヌ）としてもまとめ直されている．

　生井さんはその本の前書きに次のように記されている．

　「生物的な自然に抱かれながら幼少年時代を過ごした私は，高校2年生の春に私にぴったりの植物育種学という進路を見つけました．けれども，家計がどん底だったゆえに，大学に進学しようと思っても両親の許しが得られませんでした．そこで，家出受験をして大学に合格し，超貧乏学生として4年間を過ごしましたが，その結果として現在の幸せな私があります．好きな道に進んだ私は，40年ほどの間，学生・院生たちとともに，植物の性の営みの研究を行い，農学，とくに品種改良につながる植物育種学や生物適応・分化論などを講じてきました．」

　生井さんには，専門である植物育種学についても素晴らしい世界的な研究成果があり，それについても記しておきたいことがたくさんある．しかし，ここはそれについて述べる場ではない．残念だが生井さんの学問的業績の顕彰は別の機会に譲らざるを得ない．

　生井さんの農学探究60年の最後の結論は，本書の「はじめに」，第1章「農学とは何か──総説──」に鮮明に示されている．本書の読者となる若い世代のみなさんに，農学者生井さんの心を込めたメッセージが本書の刊行という形で届けられることは，生井さんにとって大きな満足だろう．その仕事を分担できたわたしたち共著者としてもとても嬉しいことだ．

　この場をお借りして，旅立たれた生井さんへの最後のはなむけのことばとしたい．

2017年12月　共著者一同

索　引

ADI　92
BSE　148, 151
Bt 毒素　44, 86
CA 貯蔵　27
CLT　124, 126
DNA　42, 59
DNA 支援育種　48
DNA シークエンサー　86
DNA マーカー　48
F_1　38
F_1 種子　25
GC/MS 装置　93
GM 作物　86, 167
IBM　56
IgE 抗体　89
IGF　83
IPCC　160
IPM　56
I 型アレルギー　89
JABEE　110
JH　83
O 157　149
OIE　148
PCR 法　86
QTL　48
RNA　62
SAR　60
TAC　133
TPP　159

あ 行

アイガモ農法　72
アオカビ　77
アーカイバルタグ　134
褐毛和種　152
アーキア　59, 77
アトピー性皮膚炎　89
アドレナリン　82
アブジシン酸　80
アフラトキシン　150
網生け簀養殖　136, 139
アミノ酸　76
アミロース含有率　17

アルコール　76
アレルギー　89, 130
アレルギーマーチ　89
アレルゲン　89
アレロパシー　81
安全性試験　151

「イエ」　171
育種　33
育種学　33
育林学　121
石井象二郎　69
異質倍数体　40
一代雑種　38
遺伝子型×環境交互作用　51
遺伝子組換え　44, 85
遺伝子組換え作物（GM 作物）　86,
　167
遺伝子組換えサケ　145
遺伝資源　36, 151
遺伝子破壊　46
遺伝的攪乱　125
遺伝的侵食　37
遺伝マーカー　48
伊藤嘉昭　70
稲作経営　168
イネいもち病　61, 78
イベルメクチン　147
インスリン　82
インスリン様成長因子（IGF）　83
インテグレーション　166

ヴァヴィロフ, N.I.　13, 36
ウイルス　59, 150
上野英三郎　98, 105, 107
牛海綿状脳症（BSE）　148, 151
ウナギ養殖　136, 138, 142
ウリミバエ　66, 69
ウンカ　66, 68

栄養素　88
エキゾチックアニマル　147
益虫　67
エクジソン　83

エチレン　80
エバーメクチン　77
エフェクター　60
エフェクター認識機構　61
エリシター　81
エルニーニョ　134
沿岸漁業　132
園芸学　13
園芸作物　14
遠洋漁業　132

応用動物昆虫学　55, 65
大村智　77, 147
沖合漁業　132
オーキシン　79
越智勇一　149
オピストコンタ　60
オリザニン　88
温室効果ガス　125

か 行

開花期調節　20, 27
カイコ　67
害虫化　71
海面養殖　139
外来雑草　72
化学肥料　162
化学変異原　43
家禽　146
果菜類　25
果樹園芸学　26
過剰在庫整理　158
花成ホルモン　80
家族農業　166
カタクチイワシ　132
家畜　146
家畜化　151
家畜伝染病予防法　147
学校給食　159, 172
カビ毒　150
過敏感細胞死　60
環境決定論　6
環境地水学　102, 113

176　索　引

環境調節　30
環境保全型農業　93
完全養殖　141
環太平洋経済連携協定（TPP）　159
干拓　98
乾田化　19
ガンマグリーンハウス　43
ガンマフィールド　43
ガンマルーム　43
管理栄養士　88

飢餓と飽食の併存　160
起源地　35
機能性食品　89, 90
機能性表示食品　91
きのこ　120
木原均　40
共生微生物　75
競走馬　147
漁獲可能量制度（TAC）　133
漁業学　131
極限環境微生物　75
許容1日摂取量（ADI）　92
記録型標識　134
緊急開拓事業　98
近交弱勢　38
キンチ，E.　74
菌類　59, 75

区画整理　98
グスタフソン，Å.　42
熊沢三郎　29
グリーンプラスチック　94
グルタミン酸　76
クルマエビ養殖　136, 139
黒毛和種　152
グローバル化　21
クロマグロ養殖　141
クローン植物　26
群落光合成　30

経口免疫寛容　90
経済的被害水準　56
形質　33
形質転換　86
ゲノミックセレクション　49
ゲノム　40, 63
ゲノム解析　55
ゲノム編集　45
原核生物　75
減感作療法　90
原産地　13

公共事業　112

工芸作物　15
抗原提示細胞　89
光合成　21, 30
交雑　37
交雑種　143
コウジカビ　77
公衆衛生　146
光周性　19
抗生物質　77
高速液体クロマトグラフィー　93
『耕地整理講義』　105, 107
口蹄疫　148
高病原性鳥インフルエンザ　148
酵母　76, 77
広葉樹林化　124
国際協力　18
国際獣疫　147
国際獣疫事務局（OIE）　148
国際分業論　162
国有林　123, 128
互恵互譲　170
古細菌　59, 77
五大栄養素　88
個体群光合成　21
コッホ，R.　149
コッホの原則　58
駒場農学校　6, 7, 118
コメ余り　17
根菜類　25
昆虫のホルモン　83
根粒菌　76

さ　行

災害復旧　111
佐伯矩　88
細菌（バクテリア）　59, 75, 150
再興感染症　148
最小養分律（最小律）　4
サイトカイニン　79
栽培　13
栽培化　34
栽培漁業　135
栽培時期の可動性　20
栽培品種　35
細胞壁　60
細胞融合　42
作型　29
作物学　13
作物の生育経過　17
作物の誕生　34
作物モデリング　51
挿し木林業　127
殺菌剤　91

雑種　38
雑種強勢　38
雑種第一代　38
雑草学　55, 71
雑草防除　81
殺虫剤　67, 91
札幌農学校　6, 7, 131
里山　123, 127, 173
砂防学　121
砂防技術　127
産業動物　147
三大栄養素　88
山地防災学　121
残留検査　151

シオミズツボワムシ　137, 139
自家採種　167
資源管理　133
耳石　134
次世代シークエンサー　48
自然環境の保全　158
自然循環機能　158
自然毒　150
自然突然変異　33
自然分類　59
自然林　118
持続可能な社会　99
持続的林業　127
地代論　165
実験動物　147
質的形質　38, 47
ジベレリン　61, 80
脂肪交雑　153
ジャガイモ疫病　57
蛇籠　108
ジャスモン酸　80
斜面崩壊　114
シャル，G.H.　39
獣医学　146
獣医外科学　147
獣医師　147
獣医内科学　147
集合フェロモン　84
集落営農　171
収量構成要素　20
収量増加　17
受光態勢　20
種子処理技術　25
ジュニア農芸化学会　75
『種の起源』　33
種苗会社　29, 167
種苗生産（魚介類）　135
種雄牛　152
春化　19

索　　引　　177

醸造　77
小農　166
食育基本法　172
食中毒　150
食品アレルギー　89, 130
食品安全委員会　151
食品衛生　150
食品の三次機能　89, 90
植物ウイルス研究所　62
植物工場　31
植物生態学　15
植物生理学　15
植物病理学　55, 57
植物保護　54
植物ホルモン　61, 79
食物繊維　88
食用作物　15
食養生　172
食糧危機　158
食糧増産　20
食料・農業・農村基本法　157
食料・農業・農村白書　157
除草剤　72, 78, 81
除草剤抵抗性雑草　73
ジョーンズ, D. F.　39
シラスウナギ　138, 142
飼料作物　16
飼料添加物　151
人為突然変異　42
人為分類　59
真核生物　59
深耕化　19
新興感染症　148
人工光型植物工場　31
人工交配　20
人工種苗　138
人口増加　160
人工林　118, 127
人獣共通感染症　147, 148
シンテニー　46
身土不二　172
森林科学　117
森林計測学　122
森林経理学　123
森林水文学　120
森林生態学　119
森林土壌学　121
森林認証制度　126
森林風致学　123
森林保護学　120
森林利用学　122

水源涵養機能　121
水産化学　145

水産学　130
水産経済学　144
水産研究・教育機構　131
水産資源学　131
水産資源量　144
水田転換畑　18
水利環境工学　101
鈴木梅太郎　88
スズメノテッポウ　73
スタンレー, W. M.　62
ステロイドホルモン　82
ストレプトマイシン　77
ズーノーシス　148
スマート林業　126
すり身　130
スローフード運動　164

精英樹　119
生産費低減　18
生態調和工学　97, 104
性フェロモン　69, 84
生物環境工学　97, 102
生物環境情報工学　97, 103, 112
生物機械工学　97, 103
生物測定学　46
生物多様性　56, 128, 173
生物農薬　67
生物プロセス工学　97, 103
生分解性プラスチック　94
世代をつなぐ　174
絶滅限界水準　57
セミオケミカル　85
セルロース　79, 124
染色体構成　40
選択的拡大　158
線虫　59
選抜　37

総合生物多様性管理（IBM）　56
総合有害生物管理（IPM）　56
増収理論　21
増養殖学　135
促成栽培　30
蔬菜園芸学　24
粗飼料　153
祖先種　35, 36

た　行

大学基準協会　10
ダーウィン, C.　33, 38
他感作用　81
建部到　62
脱皮ホルモン　83

タバコモザイクウイルス　62
玉木佳男　69
ダメージ認識機構　61
多面的機能　158
単交雑　39

地域住民との対話　113
地域振興　111
地下ダム　108
地球温暖化　134
地球温暖化に関する政府間パネル
　（IPCC）　160
地球温暖化防止　125
畜産学　146, 151
畜産経営　169
畜産食品　153
治山学　121
忠犬ハチ公　98, 107
中山間地域総合整備事業　112
注油駆除法　68
腸管出血性大腸菌　149
地理情報システム　104

蔓牛　152

テーア, A. D.　3
低投入持続型農業　16
テトロドトキシン　131
天狗巣　64
天敵　56, 67
点滴灌漑　31
伝統的水産食品　130
天然種苗　138
天然林　118

土居養二　63
東京海洋大学　131
東京山林学校　118
東京農林学校　118
統計遺伝学　47
同質倍数体　40
同定　58
動物のホルモン　82
動物由来感染症　147, 148
動物用医薬品　151
特定保健用食品　90
篤農　3, 18, 68
特用林産学　120
土壌環境　102
土壌水分移動　113
土壌微生物　76, 115
土地改良　96
土地改良法　97
土地経済学　165

突然変異　33, 42
鳥居信平　105, 107
ドローン・リモートセンシング　51

な　行

中村哲　108
斜め堰　108
ナラ枯れ　120, 124
難波成任　64

ニカメイガ　66, 68, 71
200 海里　131
日本技術者教育認定機構（JABEE）
　110
日本農学賞　105
日本農学会　10
二峰圳ダム　108
ニホンジカ被害対策　125
日本短角種　152
『日本列島改造論』　165
乳酸菌　76
乳酸発酵　76

ネコブカビ　59

農　1
農外関連企業　167
農学　1
農学教育　8, 10
農業　1
農業関連産業　167
農業基本法　157
農業経済学　155
農業工学　96
　——を学べる学科名称　100
農業水利システム　101
農業水利施設　98
農業土木学　96
農業農村工学　97
農業農村工学会　104
農業農村整備事業　112
農業用水　98
農芸化学　74
農耕　34
　——の開始　34
濃厚飼料　153
農作物　14
農村　170
農村環境論　173
農村計画学　97
農村社会学　171
農地　164
農地環境工学　101

農地造成　98
農薬　55, 91, 150
　——の安全性評価　92
農林水産業の多面的機能　99
ノーフォーク式4種輪作制　3
ノロウイルス　150

は　行

バイオインフォマティクス　46
バイオエタノール　94, 126
バイオエネルギー　21, 94
バイオオーグメンテーション　94
バイオ水素　94
バイオスティミュレーション　94
バイオマス　94, 122, 124, 126
バイオマスエネルギー　103, 124,
　126
バイオミメティックス　67
バイオレメディエーション　79, 93
倍数性　40
倍数体　40
排他的経済水域　132
ハイブリッド　38
バクテリア（細菌）　59, 75, 150
畑地帯総合整備事業　112
ハダムシ　140
発酵　76
バーナリゼーション　19
原田輝雄　139
反芻動物　75, 146
伴侶動物　147

比較優位説　162
肥効調節型肥料　26, 93
微生物　57
非相似形モデル　115
非破壊品質評価　103
ビフィズス菌　76
ヒヨドリバナ　61
日和見感染　149
品質　17
品種　15, 34
品種改良　142

ファイトアレキシン　62, 81
ファイトプラズマ　62, 63
ファイトレメディエーション　93
ファーストフード　163
フィッシャー, R. A.　47
フィールドワーク　109
風土　170
フェロモン　56, 67, 84
フォトペリオディズム　19

複交雑　39
福羽逸人　28
藤永元作　139
普通作物　14
フードシステム　169
フードチェーン　104
フードバンク運動　163
不妊虫放飼法　69
ブラインシュリンプ　137, 139
ブラシノライド　80
ブラストサイジン S　61, 78
ブラックタイガー（ウシエビ）　139
ブラックバス　139
ブランド牛　153
プリオン　151
ブリ養殖　138, 140
フルーツ魚　137
プロトプラスト　62
フロリゲン　80
分子栄養学　89
分子パターン認識機構　60
分離育種　37
分類　59

ペット　146
ヘテロシス　39
ヘテロ接合　38, 39
ペニシリン　77
ヘミセルロース　79, 124
変異型クロイツフェルト・ヤコブ病
　151

放射性セシウム　94, 104, 125
放射線　43
放射線育種場　43
放射線環境工学　97, 104
放射冷却　113
防除　54
放線菌　75, 77
圃場作物　14
ポストハーベストテクノロジー
　103
ポマト　42
ホモ接合　38, 39
ホルモン　82
ボーローグ, N.　162
本草学　7
ボンビコール　84

ま　行

マイクロアレイ　46
マイワシ　132
マクロポア　115

索　引　179

マツ枯れ　120, 124
マップベースクローニング　46
マラー，H. J.　42
マルドリ方式　26
マルワリード用水路　108

ミツバチ　67
緑の革命　17, 162
ミレニアム開発目標　161

無角和種　152
無花粉スギ　119, 125
無機栄養説　4
無魚粉飼料　143
「ムラ」　171

メイチュウ　66, 68
螟虫連作法　68
メタン発酵法　76
メヒシバ　73
メンデルの法則　19, 37

木材改良学　123
木材化学　124
木材加工学　123
木材組織学　123
木材保存学　124
木材輸入自由化　127
木質バイオマス　124, 126
木造建築　127
モジャコ　138

守田志郎　164

や　行

薬剤抵抗性　56
野菜園芸学　24
野菜作経営　168
野生種　34
野生鳥獣管理学　120
野生動物　147
ヤング，A.　3

有機栄養説　3
有機栽培　25
有機農業　169
『ユートピア』　3

養液栽培　25, 31
葉菜類　25
養蚕　83
幼若ホルモン（JH）　83
養殖　135, 139
養殖マダイ　142
横井時敬　3, 18

ら　行

ライコムギ　42
ラウンドアップ　44, 167
乱獲　133
卵菌　59

リオ地球サミット　161
リカード，D.　162
リグニン　79, 124
リービッヒ，J. F. フォン　4
リモートセンシング　51, 104, 122
量的形質　38, 47
量的形質遺伝子座（QTL）　48
緑肥作物　16
林学　117
林業機械学　122
林業経済学　122
輪栽式農法　3
林政学　123
林木育種　119

冷害　19
レギュラトリーサイエンス　154
レジームシフト　133, 134
レプトケファルス　142
連作障害　81, 168
連鎖地図　47

ロボット農業　103
路網整備学　122

わ　行

和牛　152
ワクチン　149
和食　172
ワムシ　137, 139

編集者略歴

生井兵治
（なま い ひょう じ）

1938 年　東京都に生まれる
1960 年　東京教育大学農学部卒業
　　　　筑波大学農林学系教授，同大学附属駒場中・高等学校校長などを歴任
　　　　農学博士
2017 年　逝去

田付貞洋
（た つき さだ ひろ）

1945 年　京都府に生まれる
1970 年　東京大学大学院農学系研究科修士課程修了
現　在　東京大学名誉教授
　　　　農学博士

農学とは何か　　　　　　　　　　　　定価はカバーに表示

2018 年 1 月 25 日　　初版第 1 刷
2024 年 2 月 25 日　　　　第 5 刷

　　　　　　　　　　編集者　　生　井　兵　治
　　　　　　　　　　　　　　　田　付　貞　洋
　　　　　　　　　　発行者　　朝　倉　誠　造
　　　　　　　　　　発行所　　株式会社 朝　倉　書　店
　　　　　　　　　　　　　　　東京都新宿区新小川町 6-29
　　　　　　　　　　　　　　　郵 便 番 号　162-8707
　　　　　　　　　　　　　　　電　話　03（3260）0141
　　　　　　　　　　　　　　　F A X　03（3260）0180
〈検印省略〉　　　　　　　　　　　https://www.asakura.co.jp

© 2018 〈無断複写・転載を禁ず〉　　印刷・製本　デジタルパブリッシングサービス

ISBN 978-4-254-40024-3　C 3061　　　　　Printed in Japan

JCOPY 〈出版者著作権管理機構 委託出版物〉

本書の無断複写は著作権法上での例外を除き禁じられています．複写される場合は，
そのつど事前に，出版者著作権管理機構（電話 03-5244-5088, FAX 03-5244-5089,
e-mail: info@jcopy.or.jp）の許諾を得てください．

好評の事典・辞典・ハンドブック

火山の事典（第2版）	下鶴大輔ほか 編 B5判 592頁
津波の事典	首藤伸夫ほか 編 A5判 368頁
気象ハンドブック（第3版）	新田 尚ほか 編 B5判 1032頁
恐竜イラスト百科事典	小畠郁生 監訳 A4判 260頁
古生物学事典（第2版）	日本古生物学会 編 B5判 584頁
地理情報技術ハンドブック	高阪宏行 著 A5判 512頁
地理情報科学事典	地理情報システム学会 編 A5判 548頁
微生物の事典	渡邉 信ほか 編 B5判 752頁
植物の百科事典	石井龍一ほか 編 B5判 560頁
生物の事典	石原勝敏ほか 編 B5判 560頁
環境緑化の事典	日本緑化工学会 編 B5判 496頁
環境化学の事典	指宿堯嗣ほか 編 A5判 468頁
野生動物保護の事典	野生生物保護学会 編 B5判 792頁
昆虫学大事典	三橋 淳 編 B5判 1220頁
植物栄養・肥料の事典	植物栄養・肥料の事典編集委員会 編 A5判 720頁
農芸化学の事典	鈴木昭憲ほか 編 B5判 904頁
木の大百科［解説編］・［写真編］	平井信二 著 B5判 1208頁
果実の事典	杉浦 明ほか 編 A5判 636頁
きのこハンドブック	衣川堅二郎ほか 編 A5判 472頁
森林の百科	鈴木和夫ほか 編 A5判 756頁
水産大百科事典	水産総合研究センター 編 B5判 808頁

価格・概要等は小社ホームページをご覧ください.